"互联网+"新形态立体化教学资源特色教材
高等职业院校课程思政示范教材
职业教育校企合作开发特色教材

# 工程地质与土质土力

主　编　井　浩　马晓明
副主编　严莉华　吴　婧



扫描二维码
免费获取资源

北京交通大学出版社
· 北京 ·

## 内 容 简 介


本书系统介绍了工程地质学的基本知识、土的基本特性及土力学基本原理。全书分为 2 个模块，包含 12 个学习情境，包括矿物与岩石、地质构造、地貌与第四纪沉积物、地表水与地下水、岩体结构与稳定性分析、常见的几种地质灾害、工程地质勘察、土的物理性质及工程分类、土中应力、土的压缩性和沉降计算、土的抗剪强度与地基承载力、土压力与土坡稳定。

本书可作为高等职业院校交通土建类专业的教材，也可作为市政规划、铁道工程及水利水电等相关专业的工程技术人员参考书。





**图书在版编目（CIP）数据**

工程地质与土质土力 / 井浩，马晓明主编. —北京：北京交通大学出版社，2022.8
ISBN 978-7-5121-4692-1

Ⅰ. ① 工… Ⅱ. ① 井… ② 马… Ⅲ. ① 工程地质学-高等学校-教材 ② 土质学-高等学校-教材 ③ 土力学-高等学校-教材 Ⅳ. ① P642 ② TU43

中国版本图书馆CIP数据核字（2022）第050699号

**工程地质与土质土力**
GONGCHENG DIZHI YU TUZHI TULI

策划编辑：张　亮　　责任编辑：严慧明
出版发行：北京交通大学出版社　　电话：010-51686414　　http://www.bjtup.com.cn
地　　址：北京市海淀区高梁桥斜街44号　　邮编：100044
印 刷 者：北京时代华都印刷有限公司
经　　销：全国新华书店
开　　本：185 mm×260 mm　　印张：15.75　　字数：394千字
版 印 次：2022 年 8 月第 1 版　　2022 年 8 月第 1 次印刷
印　　数：1～2 000册　　定价：47.80元

本书如有质量问题，请向北京交通大学出版社质监组反映。对您的意见和批评，我们表示欢迎和感谢。
投诉电话：010-51686043，51686008；传真：010-62225406；E-mail：press@bjtu.edu.cn。

# 前 言

随着我国交通事业的蓬勃发展和交通领域的科技进步，交通行业对技能型人才的需求也日益增加。为了提高学生的职业素养和职业实践能力，培养学生的操作技能和技术服务能力，切实提高职业教育办学质量，编者编写本书。

本书以就业为导向，以服务为宗旨，采用了以模块为主体、以学习情境为分部的编排形式，共包括2个模块和12个学习情境。在内容上，本书以实用为准，以够用为度，突出了操作技能的培训。在风格上，本书力求知识浅显易懂、图文并茂，设计了实践教学环节。

当前，我国大力提倡将思政教育与理论课堂相结合，把思想政治工作贯穿到教学全过程，实现全程育人、全方位育人。基于此，编者在编写本书时，将思政元素融合在知识内容中，将做人道理同专业知识点结合在一起，实现了立德树人，润物无声。

本书的学习情境1、2、3、4、8由青海交通职业技术学院井浩编写，学习情境5、6、7由青海省玉树公路总段的马晓明编写，学习情境9、10由青海交通职业技术学院严莉华编写，学习情境11、12由青海交通职业技术学院吴婧编写。

本书在编写过程中参考了大量著作和文献资料，在此一并向有关作者、专家及单位表示诚挚的谢意。

由于作者水平有限及时间仓促，书中难免存在疏漏和不妥，敬请读者批评指正。

编 者

2021年12月22日

# 前言

# 目 录

## 模块1 工程地质


学习情境 1 矿物与岩石 ······ 1
工作任务 1.1 地质作用 ······ 1
工作任务 1.2 矿物 ······ 8
工作任务 1.3 岩石 ······ 14
工作任务 1.4 岩石的工程地质性质评述 ······ 29
思考与练习 ······ 36
学习情境 2 地质构造 ······ 37
工作任务 2.1 地质年代 ······ 37
工作任务 2.2 地质构造 ······ 44
子任务 2.2.1 水平构造和倾斜构造 ······ 44
子任务 2.2.2 褶皱构造 ······ 49
子任务 2.2.3 断裂构造 ······ 53
工作任务 2.3 分析和阅读地质图 ······ 58
思考与练习 ······ 70
学习情境 3 地貌与第四纪沉积物 ······ 71
工作任务 3.1 地貌 ······ 71
工作任务 3.2 第四纪沉积物 ······ 75
工作任务 3.3 特殊土及其工程地质性质 ······ 79
子任务 3.3.1 湿陷性黄土 ······ 79
子任务 3.3.2 膨胀土 ······ 84
子任务 3.3.3 冻土 ······ 88
子任务 3.3.4 盐渍土 ······ 93
思考与练习 ······ 96
学习情境 4 地表水与地下水 ······ 98
工作任务 4.1 地表水 ······ 98
工作任务 4.2 地下水 ······ 106
思考与练习 ······ 111
学习情境 5 岩体结构与稳定性分析 ······ 112
工作任务 5.1 岩体结构 ······ 112
工作任务 5.2 岩体稳定性分析 ······ 118
思考与练习 ······ 124

学习情境 6　常见的几种地质灾害……125
工作任务 6.1　崩塌……125
工作任务 6.2　滑坡……128
工作任务 6.3　泥石流……136
思考与练习……139
学习情境 7　工程地质勘察……140
工作任务 7.1　工程地质勘察方法……140
工作任务 7.2　公路工程地质勘察……143
思考与练习……146

## 模块2　土质与土力学

学习情境 8　土的物理性质及工程分类……147
工作任务 8.1　土的物理性质……147
工作任务 8.2　土的状态指标……156
工作任务 8.3　土的工程分类……159
工作任务 8.4　土的压实性……166
思考与练习……181
学习情境 9　土中应力……183
工作任务 9.1　土中自重应力计算……183
工作任务 9.2　土中附加应力的计算……186
工作任务 9.3　建筑物基础下地基附加应力的计算……195
思考与练习……197
学习情境 10　土的压缩性和沉降计算……199
工作任务 10.1　土的压缩性……199
工作任务 10.2　土的沉降计算……202
思考与练习……206
学习情境 11　土的抗剪强度与地基承载力……207
工作任务 11.1　土的抗剪强度理论……207
工作任务 11.2　抗剪强度指标的确定……210
工作任务 11.3　地基承载力特征值的确定……213
思考与练习……216
学习情境 12　土压力与土坡稳定……217
工作任务 12.1　静止土压力……217
工作任务 12.2　兰金土压力理论……221
工作任务 12.3　库仑土压力理论……226
工作任务 12.4　土坡稳定性分析……240
思考与练习……243
参考文献……245

# 模块 1　工 程 地 质

## 学习情境 1　矿物与岩石

### ▶工作任务 1.1　地质作用

视频+课件　思 政 课 堂

◎ **学习目标与要求**：掌握地球的圈层构造；掌握地质作用的概念、地质作用的分类；掌握风化作用的概念、类型；了解岩石风化程度的分类及特征。

◎ **重点**：地质作用的概念、分类；风化作用的概念、类型。

◎ **难点**：地质作用；风化作用。

**➤ 1. 地球的圈层构造**

地球是一个具有圈层结构的旋转椭球体。地球由表及里可分为外圈和内圈。外圈又分为大气圈、水圈和生物圈。内圈平均半径 6 371 km，根据火山喷发和物理勘探中地震波传播速度的突变推断，可将其分为地壳、地幔及地核，如图 1–1 所示。

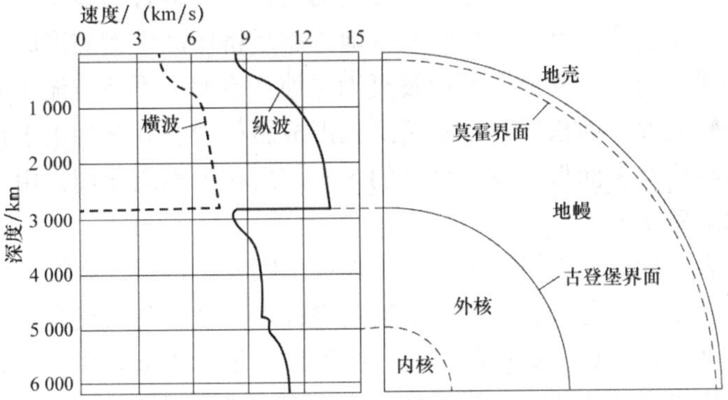


图 1–1　地震波传播速度与地球内部构造图

地球最内部的核心部分称为地核，位于古登堡界面以下，厚约 3 473 km，其体积约占地球总体积的 17%。据推测，地核密度为 9.71～17.9 g/cm³，温度在 2 000～3 000 ℃，压力可达 300～360 GPa，主要由含铁、镍量很高（少量硅、硫等轻元素）且成分很复杂的物质组成。外核物态为液态，其成分除铁、镍外，可能还有碳、硅和硫；内核物态为固态，其成分为铁镍物质。

地幔介于地核和地壳之间，又称中间层，可分上下两层。其上部与地壳的分界面为莫霍界面（Mohorovicic discontinuity），下部与地核的分界面为古登堡界面（Gutenberg discontinuity），厚约 2 800 km。其体积约占地球总体积的 82%，密度为 3.32～5.66 g/cm$^3$，平均密度为 4.5 g/cm$^3$。其温度一般为 1 200～2 000 ℃，压力随深度增加而增加，界面上压力约为 140 GPa，主要由铬、铁、镍、二氧化硅等物质组成。根据次级界面，地幔可分为上地幔和下地幔。上地幔从莫霍界面至地下 1 000 km，平均密度为 3.5 g/cm$^3$，主要成分为含铁镁质较多的超基性岩。在上地幔的上部 100～350 km 存在一个由柔性物质组成的圈层，称为软流圈（地震波的低速带）。此软流圈之上的固态岩石圈层，称为岩石圈。下地幔从地下 1 000 km 至古登堡界面，平均密度为 5.1 g/cm$^3$，成分仍为含铁镁质的超基性岩，但铁质的含量增加。

从地表至莫霍界面的固体外壳称为地壳，它主要由各种岩石组成。地壳的厚度很不均匀，各地有很大差异。地壳分为大陆型和大洋型两种类型。大陆型地壳分布在大陆及其边缘地区，其厚度较大，平均厚度为 33 km，越向高山区其厚度越大，如我国青藏高原地区，厚度可达 70 km 以上；大洋型地壳厚度较小，平均厚度只有 6 km，如大西洋和印度洋厚度为 10～15 km，而太平洋中央部分厚度为 5 km。对于地壳最薄处，目前的主流观点是圭亚那东部大西洋中脊处的地壳，厚仅 1.6 km。

地壳由各种化学元素组成，根据地球化学分析，在地壳中已发现有 90 多种元素，但各种元素含量差异很大，其中以 9 种元素为主，包括 O、Si、Al、Fe、Ca、Na、K、Mg。

地壳中的化学元素往往集聚成各种化合物或以单质出现，形成**矿物**。矿物的自然集合体又形成**岩石**。因此，矿物和岩石是组成地壳物质的基本单位，它们都是在地壳发展过程中各种地质作用的产物。

### ➤ 2. 地质作用

地球形成至今，经历了大约 50 亿年的发展历史，在这漫长的地质历史中，地球一直处在不停运动、变化和发展中。例如，有时一些地方遭受挤压产生褶皱形成高山，而另一些地方就会凹陷形成海洋；高山不断遭受剥蚀被夷为平地，沧海又不断被泥土充填变成桑田；坚硬岩石破碎成为松软泥沙，而松软泥沙不断沉积形成新的岩石。这种由于自然动力促使地壳的物质组成、内部结构及表面形态发生变化的各种作用称为地质作用。由地质作用所引起的各种自然现象称为地质现象。

地质作用有的表现为短暂而迅速的突变，如火山喷发、地震、山洪；但大多数地质作用表现为长期缓慢的渐变，不易被人察觉，但长期进行也往往能造成更为巨大的后果，如高山被夷平，大海被填淤。对于黄土高原的形成，据观察，堆积 1 m 厚的黄土需要 1 000 年，而兰州附近黄土的平均厚度约 200 m，需要 20 万年时间堆积而成。

地质作用是由各种自然力产生的，按照这些自然力来源的不同，可分为两大类：即由地球内部能量引起地球发生变化的内力地质作用和由地球外部能量引起地壳形态发生变化的外力地质作用（见表 1–1）。地质作用的具体分类如图 1–2 所示。

表 1–1　地质作用的分类

| | 分类 | 能量来源 | 表现形式 | 作用结果 |
|---|---|---|---|---|
| 地质作用 | 内力地质作用 | 地球自转产生的动能和放射性元素蜕变产生的热能 | 地壳运动、岩浆活动、变质作用和地震等 | 塑造山岭与凹地，是地形变化的主导因素 |
| | 外力地质作用 | 太阳辐射热能及重力位能、日月及天体引力 | 风化、剥蚀、搬运、沉积和硬结成岩作用等 | 削平高山，填平凹地 |

1）内、外力地质作用特征

（1）内力地质作用特征。

内力地质作用是因地球内部能而产生的地质作用，这类地质作用主要发生在地下深处，有的可波及地表。它使岩石圈发生变形、变位，或发生变质，或发生物质重熔，以至于形成新岩石。根据地质营力，内力地质作用又可分成以下 4 种。

① 地壳运动是指岩石圈物质的机械运动。它有垂直和水平两种运动形式。地壳运动可使岩石变形、变位，形成各种构造形迹，塑造岩石圈的构造，并决定地表形态发育的基础。地壳运动可引起海陆变迁。

② 地震是岩石中积蓄的应变能以弹性波形式突然释放而引起的地球内部的快速颤动。地震发源于地下深处，并波及地表。绝大多数地震是因地壳运动引起岩石断裂而发生的。

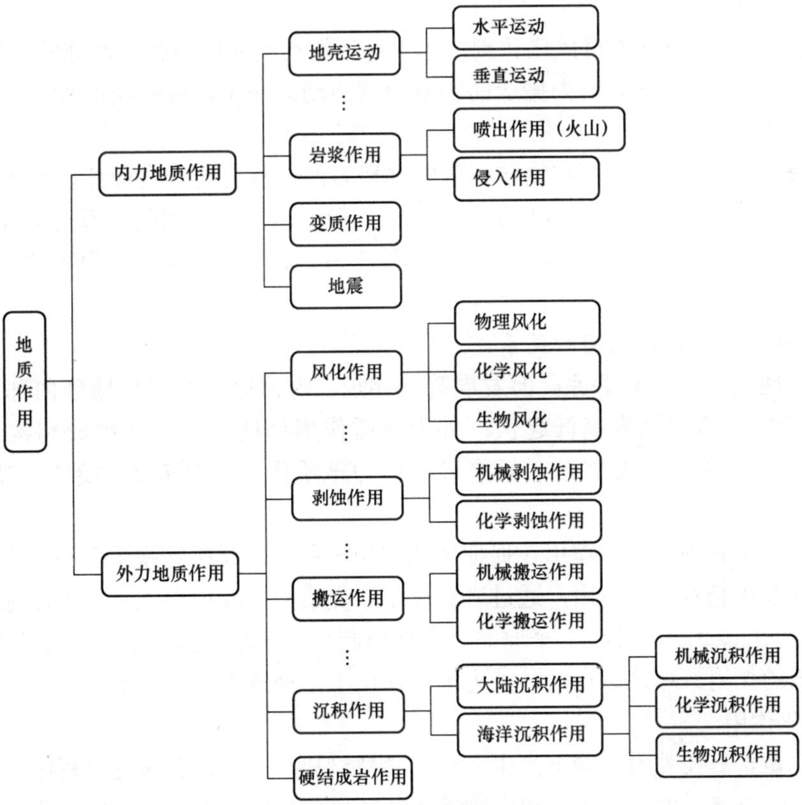


图 1–2　地质作用的具体分类

③ 岩浆作用是岩浆从形成、运动直到冷凝成岩的全过程。岩浆是地下岩石的高温（800～1 200 ℃）熔融体，它不连续地发源于地幔顶部或地壳深部。岩浆形成后循软弱带从深部向浅部运动，在运动中随温度、压力的降低本身也发生变化，并与周围岩石相互作用。

④ 变质作用是岩石在风化带以下受温度、压力和流体物质的影响，在固态下转变成新的岩石的作用。岩石变质后，其原有构造、矿物成分都有不同程度的变化，有的可完全改变原岩特征。

（2）外力地质作用特征。

外力地质作用是因地球外部能产生的，它主要发生在地表或地表附近。外力地质作用几乎都有重力能参与。外力地质作用使地表形态和地壳岩石组成发生变化。外力地质作用按照其发生的序列还可分成风化作用、斜坡重力作用、剥蚀作用、搬运作用、沉积作用和硬结成岩作用。

① 风化作用是地表环境中，矿物和岩石因大气温度的变化，在水分、氧、二氧化碳和生物的作用下发生原地分解、碎裂的作用。

② 斜坡重力作用是斜坡上的土和岩石块体在重力作用下顺坡向低处移动的作用。重力是主要营力，斜坡是必要条件，暴雨、地震、人为开挖往往起诱发作用。块体物质的运动方式分为崩落、滑移、流动和蠕动。前三者运动较快，后者较慢。

③ 剥蚀作用是河流、地下水、冰川、风等在运动中对地表岩石产生破坏并将其产物剥离原地的作用。

④ 搬运作用是地质营力将风化、剥蚀作用产生的物质从原地搬往他处的过程。

⑤ 沉积作用是各种被外营力搬运的物质因营力动能减小，或介质的物化条件发生变化而沉淀、堆积的过程。

⑥ 硬结成岩作用是松散沉积物转变为坚硬岩石的过程。这种过程往往是因上覆沉积物的重荷压力作用使下层沉积物减少孔隙，水分被排除、碎屑颗粒间的联系力增强而发生；也可以因碎屑间隙中的充填物质具有黏结力，或因压力、温度的影响，沉积物部分溶解并再结晶而发生。

2）内、外力地质作用之间的关系

内、外力地质作用互有联系，但发展趋势相反。内力地质作用使地球内部及地壳的组成和结构复杂化，造成地表高低起伏；外力地质作用使地壳原有的组成和构造改变，夷平地表的起伏，向单一化发展。一般来说，内力地质作用控制着外力地质作用的过程和发展。

内力地质作用和外力地质作用在促使地球演化过程中，既相互联系又相互矛盾。内力地质作用对地球演化起着主导作用，通过岩浆作用、变质作用和地壳运动等不断地改造地壳，并使地表产生大陆、海洋、山脉、平原等巨型地形起伏。外力地质作用则是进一步加工塑造，起着削高补低的作用。总之，在内、外力地质作用下，地球不断地发展变化。

### ➤ 3. 风化作用

岩石风化是岩石在外力影响下产生变化的必然结果，也是岩石演变过程中的一个重要阶段。岩石在太阳热能、大气、水分和生物等各种风化营力作用下，不断发生物理和化学变化的过程，称为岩石风化。这种促使岩石破碎甚至分解的地质作用，称为风化作用。

1）风化作用的类型

（1）物理风化作用。

由于温度变化，岩石孔隙、裂隙中水的冻融或盐类物质的结晶膨胀，使岩石发生的机械破碎作用，称为物理风化作用。

岩石是一种传热的不良导体，在白天受阳光暴晒温度升高时，岩石表层体积膨胀，但内部很少受到热力的影响（1～2 m 内，温差数十摄氏度）；夜间温度降低，岩石表层冷却收缩，而内部却因传进来的余热未散，仍处于膨胀状态。由于长期处于表里胀缩不一，便逐渐产生了纵横交错的裂隙以至于破裂，岩体便由表及里一层一层地遭受破坏，如图 1–3 所示。又因大多数岩石是由多种矿物组成的，而不同矿物的膨胀系数不同，相同矿物不同晶轴方向上的膨胀系数也不同，如石英、长石晶体，其沿某些晶轴方向上的线膨胀系数为其他方向的 20 倍。当温度变化时，矿物胀缩也不一致，时间久了，也能使岩体崩裂破碎，如粗粒结构的花岗岩风化后变成散砂。

在季节变化显著或高寒的地带，由于气温昼夜或寒暑变化，可使岩石裂隙中的水分发生冰冻和融解现象。低温时水结冰，体积膨胀（约增加 9%），可以产生很大的压力，使岩石裂隙扩大；温度上升时冰融化成水，水便继续向裂隙深处渗透。这样一冻一融反复进行，就像冰楔子一样把岩体劈开破裂，这种现象称冰劈作用（见图 1–4）。另外，当水中溶解有盐类物质时，水分蒸发后盐类便在裂隙中结晶，对岩石产生撑胀作用，也会使岩石裂隙扩大，导致岩石崩解。

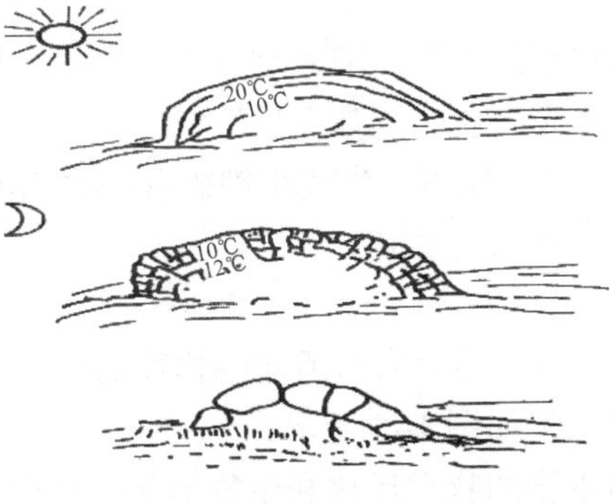

图 1–3　温差风化使岩石逐渐崩解

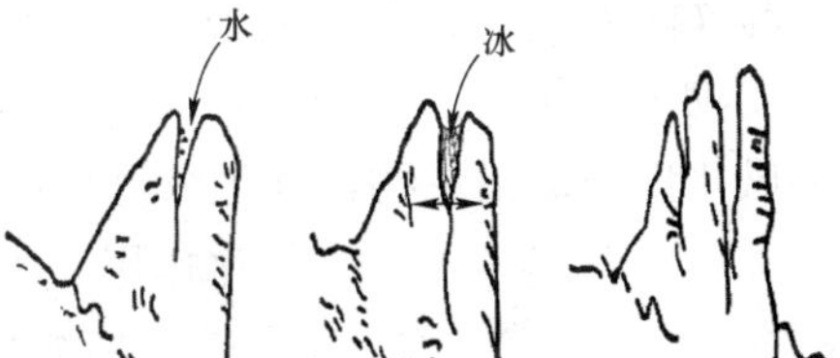

图 1–4　冰劈作用示意图

总之，物理风化作用的结果，是使岩石以崩解的方式破坏，形成大小不一的岩屑，堆积在基岩（母岩）之上。在日温差和年温差变化越大的地区，物理风化作用就越强烈。如我国西北有些地区，日温差可达 50 ℃，物理风化作用的速度就较快。同时岩石中的矿物颗粒越粗、矿物成分越复杂、颜色越深、岩体中裂隙越多，岩石就越容易发生风化。

（2）化学风化作用。

岩石在水溶液、氧及二氧化碳气体等的作用下，产生溶解、水解、水化及氧化等化学反应，这不仅使岩石的形态发生变化，岩体破碎，而且能改变岩石的化学成分，形成新的矿物。

① 溶解作用。岩石的溶解主要取决于构成岩石的矿物的化学元素及化合物的性质（溶解度由大到小：食盐、石膏、方解石、橄榄石、辉石、角闪石、长石、云母、石英）；其次是水和水溶液的温度、压力及二氧化碳的含量。当水中含有侵蚀性 $CO_2$ 或其他化学成分时，可将岩石中易溶成分溶解带走。如石灰岩与含侵蚀性 $CO_2$ 的水溶液作用，碳酸钙会变成重碳酸钙被水带走。其化学反应式如下：

$$CaCO_3 + CO_2 + H_2O = Ca(HCO_3)_2$$

② 水解作用。某些矿物与水作用后，出现离解现象，矿物的原有结构发生改变，形成带氢氧根（$OH^-$）的新矿物，这种作用称为水解作用。如正长石在水解作用下，变成高岭石、二氧化硅和氢氧化钾。其化学反应式如下：

$$4KAlSi_3O_8 + 6H_2O = Al_4(Si_4O_{10})(OH)_8 + 8SiO_2 + 4K(OH)$$

其中，二氧化硅和氢氧化钾呈溶液或胶体状态随水流运移，高岭石则呈松散状态残留于原地。

③ 水化作用。某些矿物与水接触时，发生化学反应，汲取一定量的水，形成含水的新矿物，这种作用称为水化作用。如硬石膏经水化作用后，变成石膏，化学反应式如下：

$$CaSO_4 + 2H_2O = CaSO_4 \cdot 2H_2O$$

水化作用改变了矿物的原有结构，削弱了岩石抗风化作用的能力；同时，还可使矿物体积膨胀，对围岩产生压力，从而促使物理风化作用的进行。

④ 氧化作用。自然界中的许多元素具有与氧结合的能力，氧化作用几乎成为一种普遍的自然现象。氧在空气中约占 20%。干燥空气的氧化作用不强，随着空气中湿度的增加，氧就变得活泼起来，氧化作用也随之增加。可以说，地壳表层时刻都在进行氧化作用，而水又大大加速了氧化作用的进行。如黄铁矿（$FeS_2$）在氧化作用下，生成褐铁矿（$Fe_2O_3 \cdot nH_2O$），并析出硫酸（$H_2SO_4$），对岩石及混凝土产生强烈的侵蚀破坏作用。

（3）生物风化作用。

生物风化作用是指生物在其生命过程中，直接或间接地对岩石所起的物理的和化学的风化作用。生物风化产物如图 1-5 所示。

图 1-5　生物风化产物

生物风化包括生物的物理风化和生物的化学风化。前者如植物在生长过程中，深入岩石空隙的根系逐渐变粗、增长和加多，使岩石的空隙扩宽、加深和形成新裂隙，从而引起岩石破坏的根劈作用（穴居地下的动物，经常挖掘洞穴对岩石进行破坏）；后者则是通过生物的新陈代谢和生物遗体腐烂分解来进行的。生物在新陈代谢过程中分泌出的各种化合物及生物死亡后分解成的腐殖质，都能引起岩石的化学风化。

上述三种风化作用在自然界并不是孤立进行的，而是相互联系、相互影响的统一过程。如物理风化作用使岩石逐渐破碎，这些破碎岩石又扩大了风化作用的接触面积，给化学风化作用提供了有利条件。而岩石的化学风化作用使岩石变得松软，有些矿物水化后发生体积膨胀，产生了很大的压力，又促进了物理风化作用的进行。但在某一自然地理条件下，经常以一种风化作用占主导地位，如高寒和干燥地区以物理风化作用占优势，而在潮湿炎热地区，则以化学风化作用及生物风化作用占优势。

2）*岩石风化带*

岩石风化的程度和深度各地不一。风化作用在地表最明显，随着深度的增加，其影响就逐渐减弱以至于消失。

被风化了的岩石圈的疏松表层称风化壳。岩石风化后的工程地质性质变化很大。为了选择合适的建筑场地，确定基础开挖深度和保证建筑物的稳定，必须对岩石风化程度、风化深度进行了解。对于岩石风化带界限的划分和岩石风化带的命名，在不同的工程实践中有不同的划分依据和命名方法。一般是根据岩石风化后的颜色、结构、矿物成分及物理力学性质等方面的变化，将风化岩石划分为全风化、强风化、弱风化和微风化四个带。按照《公路工程地质勘察规范》（JTG C20—2011）推荐方法，可根据波速比、风化系数及野外特征来划分岩石的风化程度（见表 1–2）。表 1–2 中所列 4 个风化带，不是在任何风化岩石的垂直剖面上都能见到，由于水流冲刷等外力影响，常保留其中 2～3 个风化带。

**表 1–2 岩石的风化程度划分**

| 风化程度 | 野外特征 | 参数指标 | |
|---|---|---|---|
| | | 波速比 $k_v$ | 风化系数 $k_f$ |
| 未风化 | 岩质新鲜，偶见风化痕迹 | 0.9～1.0 | 0.9～1.0 |
| 微风化 | 结构基本未变，仅节理面有渲染或略有变色，有少量风化裂隙 | 0.8～0.9 | 0.8～0.9 |
| 中风化 | 结构部分破坏，沿节理面有次生矿物，风化裂隙发育，岩体被切割成岩块，用镐难挖，岩芯钻方可钻进 | 0.6～0.8 | 0.4～0.8 |
| 强风化 | 结构大部分破坏，矿物成分已显著变化，风化裂隙很发育，岩体破碎，用镐可挖，干钻不易钻进 | 0.4～0.6 | ＜0.4 |
| 全风化 | 结构基本破坏，但尚可辨认，有残余结构强度，可用镐挖，干钻可钻进 | 0.2～0.4 | — |

注：1. 波速比为风化岩石弹性纵波速度与新鲜岩石弹性纵波速度之比。

2. 风化系数为风化岩石与新鲜岩石的单轴饱和抗压强度之比。

对于上述岩石的风化程度划分，目前主要是凭借肉眼观察判断做出定性划分。至于定量化的判定，如采用点荷载实验、地震波、声波和超声波等测试方法探讨评价岩石的风化程度，虽然规范推荐有定量参数波速比和风化系数，但是目前它们在实际操作中的应用还不广泛，有待于进一步研究和实践。

## ▶工作任务 1.2 矿物

视频+课件 思政课堂

◎ **学习目标与要求**：掌握矿物的概念及矿物的物理性质；结合矿物实验，掌握肉眼鉴定矿物的方法，能对矿物进行正确描述。

◎ **重点**：矿物的物理性质；肉眼鉴定矿物的方法。

◎ **难点**：矿物的物理性质。

### ➤ 1. 矿物的概念及类型

矿物是组成地壳的基本物质，它是在各种地质作用下形成的具有一定的化学成分和物理性质的单质体或化合物。自然界中只有少数矿物是以自然元素形式出现的，如金刚石（C）、自然金（Au）、硫黄（S）等；而绝大多数矿物是由两种或两种以上元素组成的化合物，如石英（$SiO_2$）、方解石（$CaCO_3$）、石膏（$CaSO_4 \cdot 2H_2O$）等。矿物绝大多数呈固态。固体矿物按其内部构造不同，分为晶质体和非晶质体两种。晶质体的内部质点（原子、离子、分子）呈有规律的排列，往往具有规则的几何外形。但是，矿物在岩石中受到许多条件和因素的控制，晶质体常呈不规则几何形状。非晶质体的内部质点的排列则是没有规律的，杂乱无章，因此不具有规则的几何外形，如蛋白石、玉髓（$SiO_2 \cdot nH_2O$）、褐铁矿（$Fe_2O_3 \cdot nH_2O$）。图 1–6 为玉髓碎屑。地壳中的矿物绝大部分是晶质体。

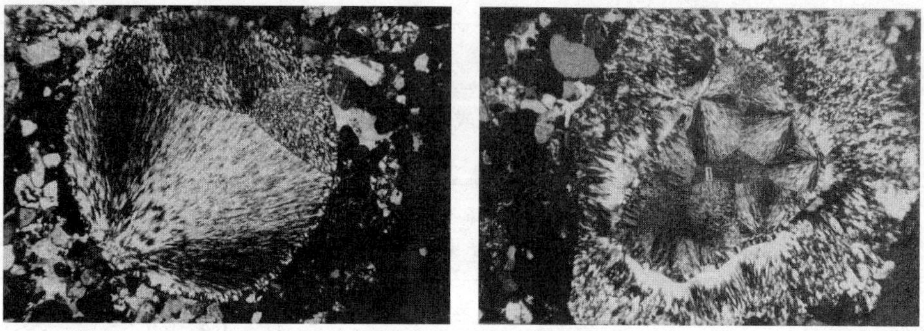

图 1–6 玉髓碎屑

自然界中的矿物按其成因可分为以下三大类型。

① 原生矿物。指在成岩或成矿的时期内，从岩浆熔融体中经冷凝结晶过程所形成的矿物，如石英、正长石等。

② 次生矿物。指原生矿物遭受化学风化而形成的新矿物，如正长石经过水解作用后形成的高岭石。

③ 变质矿物。指在变质作用过程中形成的矿物，如区域变质的结晶片岩中的蓝晶石和十字石等。

目前已发现的矿物超过 3 000 种，但构成岩石的主要成分并对岩石性质起决定性作用的矿物不过 30 多种，它们占岩石成分的 90%，一般把这些矿物称为造岩矿物。其中又以长石、石英、辉石、角闪石、橄榄石、黑云母、方解石、白云石最重要，它们的含量决定了岩石的名称及主要性质。

黄铁矿、石膏、黑云母、方解石、黏土矿物这几种矿物，在评定岩石的工程地质性质时，具有重要的意义。因为，黄铁矿遇水和氧时易形成硫酸，可使岩石发生迅速、剧烈的破坏。石膏具有较大的可溶性和膨胀性，受水作用后易于溶滤而使岩石中形成空洞。云母极易分裂成薄片，常成夹层状包含在岩石中，使岩石的强度降低、性质不均匀，容易碎裂成单独的板块，特别是黑云母含铁质，较白云母更易于受到破坏。方解石在一定条件下可溶解于水形成溶洞，这不仅会使岩石的强度降低而且产生渗透。黏土矿物（高岭石、蒙脱石、伊利石）遇水易软化，强度很低，极易产生滑动。

### ➤ 2. 矿物的物理性质及其鉴定

正确识别和鉴定矿物，对于岩石命名及研究岩石的性质是非常重要的。鉴定矿物的方法有很多。需要精确地鉴定矿物时，可以采用光学和化学的分析方法，如吹管分析、差热分析、光谱分析、偏光显微镜分析、电子显微镜扫描等。但这些方法需要较复杂的设备，不适宜野外工作。野外工作中一般采用肉眼鉴定法。

矿物的肉眼鉴定指，主要根据矿物的一些显而易见的物理性质，用肉眼或仅借助于几种简单的工具（如小刀、条痕板、低倍放大镜等）和药品（如稀盐酸），在野外确定矿物的名称。这种鉴定方法简单、方便、迅速，是室内进一步鉴定的基础。

矿物的物理性质，决定于矿物的化学成分和内部结构。由于不同矿物的化学成分或内部结构不同，因而反映出的物理性质也不同。所以矿物的物理性质是鉴别矿物的重要依据。

*1）矿物的形态*

矿物的形态（或形状），是指矿物的单个晶体外形或集合体的状态。矿物在生长条件合适时一般都具有一定的形态，因而可有助于识别矿物。如图 1–7 所示，常见的矿物单质体形态主要有片状、板状、柱状、多面体等。如图 1–8 所示，矿物集合体的形态主要有纤维状、土状、致密块状等。

图 1–7 矿物单质体形态

图 1–8　矿物集合体的形态

2）*矿物的光学性质*

矿物的光学性质是指矿物对自然光的吸收、反射和折射所表现出的各种性质。

（1）颜色。

矿物的颜色指矿物对可见光中不同光波选择吸收和反射后映入人眼的现象。它是矿物最明显、最直观的物理性质，常以标准色谱的红、橙、黄、绿、蓝、靛、紫及白、灰、黑来说明矿物颜色，也可以依据最常见的实物颜色来描述矿物的颜色。矿物根据成色原因分为以下 3 种。

① 自色。指由于矿物本身的化学成分中含有带色的元素而呈现的颜色，即矿物本身所固有的颜色，如赤铁矿多呈红色、黄铁矿多呈铜黄色等。

② 他色。指当矿物中含有杂质时，所出现的其他颜色。例如：石英一般为无色或白色，但当其含杂质时，可呈黄、红、棕、绿等色。他色一般无鉴定意义。

③ 假色。指由矿物内部的某些物理原因所引起的颜色，比如光的干涉、内散射等。

有些矿物粉末的颜色与它呈块状时的颜色不同，且前者一般比较固定。例如：整块赤铁矿可呈红、黑、钢灰等色，但其粉末只呈樱红色；整块黄铁矿为铜黄色，但其粉末为黑绿色。这种矿物粉末的颜色称为条痕色，简称为条痕。条痕一般指矿物在白色无釉瓷板上擦划时所留下的粉末痕迹。由于矿物的条痕较固定，所以在鉴定矿物时它比整块矿石的颜色更可靠。条痕对不透明、深色、金属矿物具有鉴定意义。

（2）光泽。

矿物表面对可见光的反射能力称为光泽。依据反射的强弱，光泽可以分为金属光泽（如金、银、铜、辉锑矿）、半金属光泽（如赤铁矿、褐铁矿）和非金属光泽。造岩矿物一般呈非金属光泽，如下所述。

① 玻璃光泽：反射较弱，如同玻璃表面所呈现的光泽（如水晶）。

② 油脂光泽：某些透明矿物（如石英）断口上所呈现的光泽，如同油脂的光泽。

③ 珍珠光泽：如同蚌壳内表面珍珠层上所呈现的光泽，具有极完全片状解理的浅色透明矿物，如云母等常具有这种光泽。

④ 丝绢光泽：是一种较强的非金属光泽，纤维石膏及石棉等表面的光泽最为典型。

此外还有金刚光泽（闪锌矿）、树脂光泽（角闪石）、脂肪光泽（滑石）、蜡状光泽（叶蜡石）、无光泽（石髓）。

（3）透明度。

矿物透光的能力不同，表现出不同明暗程度，这种性质称为透明度。透明度可分为透明的（如水晶、冰洲石）、半透明的（如石膏）、不透明的（如磁铁矿）等。

一般规定以 0.03 mm 的厚度作为标准进行对比，野外工作时也可以依据通过矿物碎片的边缘是否看见其他物体来衡量矿物的透明度。

3）*矿物的力学性质*

矿物的力学性质是指矿物在受力后表现的物理性质。

（1）硬度。

矿物抵抗机械作用（如刻划、压入、研磨）的能力称为硬度。德国矿物学家莫斯取自然界常见的 10 种矿物作为标准，将硬度分为 1 度到 10 度 10 个等级，此即莫氏硬度，见表 1–3。

**表 1–3 莫氏硬度**

| 硬度等级 | 1 | 2 | 3 | 4 | 5 | 6 | 7 | 8 | 9 | 10 |
|---|---|---|---|---|---|---|---|---|---|---|
| 标准矿物 | 滑石 | 石膏 | 方解石 | 萤石 | 磷灰石 | 长石 | 石英 | 黄玉 | 刚玉 | 金刚石 |

注：为快速记忆这 10 种矿物，可用顺口溜方法，只记矿物的第一个汉字，即“滑石方萤磷，长石黄刚金”。

在野外工作中，常用随身携带的物品简便地确定矿物的相对硬度。这些物品相应的硬度等级分别为：软铅笔（1）、指甲（2～2.5）、硬币（3～4）、小刀（5～5.5）、玻璃（6～7）、石英（7），如图 1–9 所示。

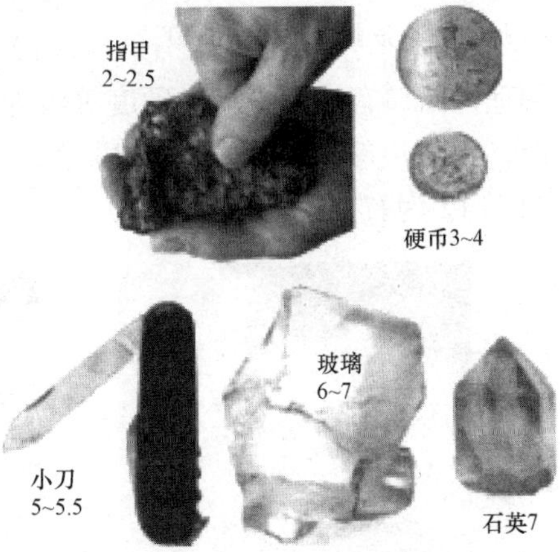

图 1–9 矿物相对硬度简易鉴别工具

（2）解理和断口。

矿物受敲击后，常沿一定方向裂开成光滑平面，这种特性称为解理，裂开的光滑平面称为解理面（见图 1–10）。根据解理面方向的数目，分为一组解埋（如云母）、二组解理（如长石）、三组解理（如方解石）及多组解理等。根据解理面发育的完善程度，解理又可分为：极完全解理（云母）、完全解理（如方解石）、中等解理（正长石）、不完全解理（磷灰石）等。若矿物受敲击后，裂开面无一定方向，呈各种凹凸不平的形状，如锯齿状（石膏）、贝壳状（石英）、平坦状（石引石）、土状（铝土矿）、粒状（大理石）等，则称为断口（见图 1–11）。

方解石的解理　　云母的解理　　在显微镜下观察角闪石的解理

图 1–10　矿物的解理

4）矿物的其他性质

有些矿物还具有独特的性质，如磁性（磁铁矿）、弹性（云母）、挠性（绿泥石）、滑感（滑石）、咸味（岩盐）、比重大（重晶石）、嗅味（硫黄）等物理性质，以及与冷稀盐酸发生化学反应而产生气泡（$CO_2$）（如方解石、白云石）等现象，对鉴别某些矿物有重要意义。

在鉴定矿物时，要善于抓住主要矛盾，注意比较各种矿物的异同点，找出各种矿物的特殊点。在鉴定造岩矿物时，应首先根据颜色确定被鉴定的矿物是属于浅色的（如石英、长石、白云母等）还是深色的（如橄榄石、黑云母、角闪石、辉石等），再以适当的物品确定出硬度范围，最后观察分析其他特征，即可作出结论。

图 1-11　水晶上的贝壳状断口

### 3. 常见造岩矿物的特征

（1）石英（$SiO_2$）：常为无色，因含杂质可呈各种颜色，无解理，断口有油脂光泽，硬度等级为 7，晶形为六方柱状、锥状，集合体为晶簇状、玻璃光泽，透明度较好。其化学性质稳定，抗风化能力强。含石英越多的岩石，其岩性越坚硬。图 1–12 为石英。

图 1–12　石英

（2）正长石 [K（$AlSi_3O_8$）]：如图 1–13 所示，呈短柱状或厚板状，颜色为肉红色或黄褐色或近于白色，玻璃光泽，硬度等级为 6，中等解理，两组解理面接近于 90° 正交。其易于风化，完全风化后形成高岭石、绢云母、铝土矿等次生矿物。

（3）云母：呈片状、鳞片状，薄片无色透明，珍珠光泽，硬度等级为 2～3，薄片有弹性，一组极完全解，有高的电绝缘性。其抗风化能力较强，主要分布在变质岩中。图 1-14 为黑云母。

图 1–13 正长石

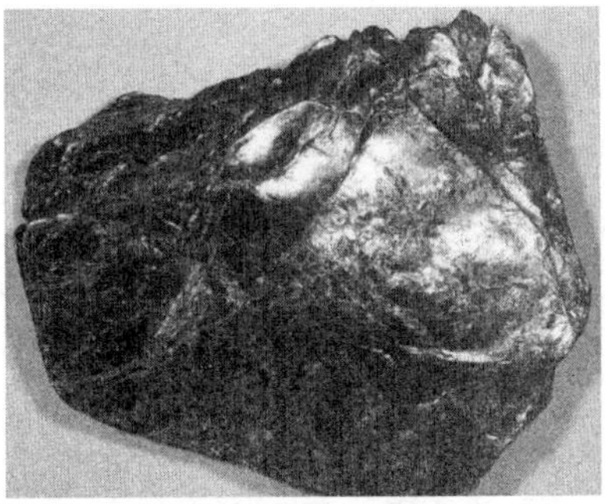

图 1–14 黑云母

（4）橄榄石：如图 1–15 所示，晶体呈短柱状或长柱状，但完整晶体的橄榄石少见，多呈不规则（他形）粒状。常呈绿色、黄绿、棕绿和暗绿色，玻璃光泽，硬度等级为 6.5～7，断口呈贝壳状。

（5）方解石（$CaCO_3$）：如图 1–16 所示，晶体呈菱面体或六方柱，无色或乳白色，玻璃光泽，硬度等级为 3，三组完全解理，与稀盐酸有起泡反应。方解石是组成石灰岩的主要成分，用于制造水泥和石灰等建筑材料。

图 1–15 橄榄石

图 1–16 方解石

（6）白云石 [$CaMg(CO_3)_2$]：如图 1–17 所示，菱面体，玻璃光泽，集合体呈块状，灰白色，硬度等级为 3.5～4，遇稀盐酸时微弱起泡。

（7）石膏（$CaSO_4 \cdot 2H_2O$）：如图 1–18 所示，集合体呈致密块状或纤维状，一般为白色，硬度等级为 2，玻璃光泽，一组完全解理，广泛用于建筑、医学等方面。

图 1–17 白云石

图 1–18 石膏

（8）滑石［$Mg_3(Si_4O_{10})(OH)_2$］：集合体呈致密块状，白色、淡黄色、淡绿色，珍珠光泽，硬度等级为 1，富有滑腻感，为工业上常用原料。其为富镁质超基性岩、白云岩等变质后形成的主要变质矿物。

（9）黄铁矿（$FeS_2$）：如图 1–19 所示，立方体，浅黄铜色，金属光泽，不规则断口，硬度等级为 6，易风化，风化后生成硫酸和褐铁矿。常见于岩浆岩和沉积岩的砂岩和石灰岩中。

图 1–19 黄铁矿

## ▶工作任务 1.3 岩石

思政课堂

◎ **学习目标与要求**：掌握岩浆岩、沉积岩及变质岩的矿物成分、结构和构造的特征；了解三大类岩石的分类及常见岩石的地质特征；掌握鉴定三大类岩石的方法，能对岩石的工程地质性质进行正确描述。

◎ **重点**：岩石的矿物成分、结构和构造及岩石的工程地质性质；鉴定岩石的方法。

◎ **难点**：岩石结构和构造。

### ➤ 1. 岩石的概念及分类

岩石是组成地壳的主要物质成分，也是构成地壳的基本物质单位，它是地壳发展过程中各种地质作用的自然产物。

岩石是在地质作用下产生的，由一种矿物或多种矿物以一定的规律组成的自然集合体。由于地质作用的性质和所处环境不同，不同岩石的矿物成分、化学成分、结构和构造等内部特征也有所不同。

岩石是建造各种工程结构物的地基和天然建筑材料。因此，了解最主要类型岩石的特征和特性，对工程设计、施工或地质勘测人员都十分必要。在研究各种岩石时，首先必须注意每一种岩石的特征，特征决定着它们的物理力学特性。主要从以下几个方面认识和区分岩石的种类，即：① 产状，指岩石在空间所占有的形状；② 成分，指岩石的矿物成分和化学成分；③ 结构，指构成岩石的（单个）矿物的结晶程度、颗粒的大小和形态及彼此之间的组合方式；④ 构造，指构成岩石的矿物集合体之间或矿物集合体与岩石的其他组成部分之间的排列及充填方式，反映出岩石的外貌特征。

自然界中岩石的种类很多，根据成因可分为三大类，即岩浆岩（火成岩）、沉积岩（水成岩）和变质岩。

视频+课件

### ➤ 2. 岩浆岩

1）岩浆岩的成因及产状

岩浆岩又称火成岩，是由岩浆侵入地壳上部或喷出地表凝固而成的岩石。岩浆位于地壳深部和上地幔中，是以硅酸盐为主的和一部分金属硫化物、氧化物、水蒸气及其他挥发性物质（F、Cl、$CO_2$ 等）组成的高温、高压熔融体。

岩浆是熔融体，具有流动性。岩浆流动是地球物质运动的一种重要形式，常与地壳运动相伴发生。当地壳运动使得地壳出现大断裂带或者岩浆压力超过了上覆岩层压力时，破坏了均衡条件，则岩浆向压力低的地方运动，沿断裂带或地壳薄弱地带侵入地壳上部岩层中，称为侵入作用；若岩浆沿一定通道流动直至喷出地表，称为喷出作用。因此，在地壳较深的地方（一般是距地表 3 km 以下）由于侵入作用形成的岩石称为深成岩，在地壳浅处（通常是地表以下 3 km 以内）形成的岩石称为浅成岩，在地表由于喷出作用形成的岩石称为喷出岩。

按照岩浆活动和冷凝成岩的情况，岩浆岩体可具有各种复杂的产状，岩浆岩的产状指岩浆岩的形状、规模及在空间的位置，如图 1–20 所示。

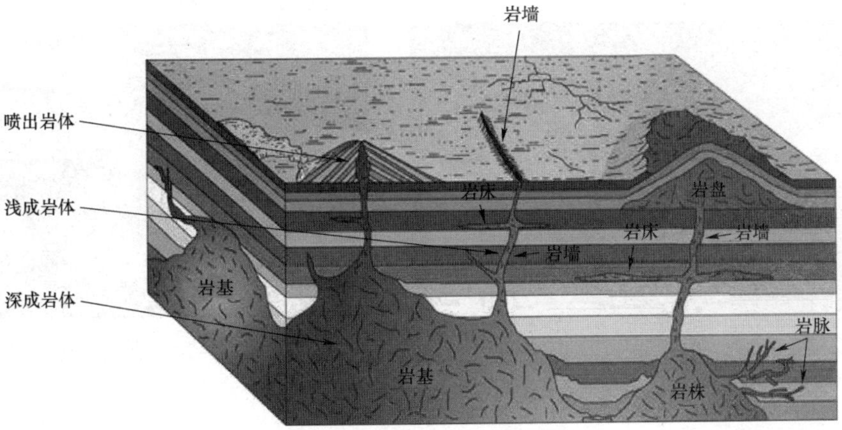


图 1–20　岩浆岩体的产状

（1）深成岩体的产状——岩基和岩株。

岩基是一种规模宏大的深成岩体，下部直接与岩浆相连，分布面积可达几百至几千平方千米。如三峡坝址区（湖北省宜昌市境内的三斗坪）就是选定在面积约 200 多 km$^2$ 的花岗岩——闪长岩岩基的南部，此处岩石结晶好、性质均一、强度高，是良好的建筑地基。岩株的出露面积小于 100 $km^2$，平面形状多呈浑圆形，其下与岩基相连，也常是岩性均一的良好地基。

（2）浅成岩体的产状——岩脉、岩墙、岩床、岩盘。

岩浆沿着围岩裂隙侵入并切断岩层所形成的厚度较小的脉状岩体，称为岩脉（见图1–21）；若厚度较大且近于直立，称为岩墙（见图1-22）。岩浆沿着围岩的层面侵入而形成的板状侵入岩体称为岩床。若岩浆顺岩层侵入，使岩层隆起而形成蘑菇状的岩体，称为岩盘（又称岩盖）。

图1–21 岩脉

图1–22 岩墙

（3）喷出岩体的产状——火山锥、熔岩流。

岩浆沿火山颈喷出地表形成圆锥状的岩体，称为火山锥（见图1–23）。岩浆喷出地表后，沿着倾斜地面流动时而形成的岩石，称为熔岩流（见图1–24）。

图1–23 菲律宾马荣火山锥

图1–24 玄武岩熔岩流

2）*岩浆岩的化学成分及矿物成分*

岩浆岩的化学成分几乎包括了地壳中所有的元素，但其含量却差别很大。若以氧化物计，则以 $SiO_2$、$Al_2O_3$、$Fe_2O_3$、FeO、CaO、MgO、$Na_2O$、$K_2O$、$H_2O$、$TiO_2$ 等为主，占岩浆岩化学元素总量的 99%以上，其中以 $SiO_2$ 含量最大，约占 59.14%，其次是 $Al_2O_3$，占 15.34%。$SiO_2$ 的含量，在不同的岩浆岩中有多有少，很有规律。因此，根据 $SiO_2$ 含量的多少，可将岩浆岩分为酸性岩类（$SiO_2$ 含量大于 65%）、中性岩类（$SiO_2$ 含量为 52%～65%）、基性岩类（$SiO_2$

含量为 45%～52%）和超基性岩类（$SiO_2$ 含量小于 45%）四类。

组成岩浆岩的矿物有 30 多种，其中主要是硅酸盐类矿物，含量最多的有石英、长石类、云母、角闪石、辉石和橄榄石等 10 余种。矿物按照在岩石中的相对含量及其在分类中所起的作用，分为主要矿物和次要矿物。① 主要矿物，是指岩石中那些含量多（一般超过 10%），并对岩石大类命名起决定性作用的矿物。② 次要矿物，在岩石中的含量较少，一般在 1%～10%。次要矿物对岩石大类的划分虽不起决定性作用，但它的存在又是岩石进一步定名的依据。

岩浆岩中的矿物还可以按其颜色及化学成分分为浅色矿物和暗色矿物两类。浅色矿物富含硅、铝，如正长石、斜长石、石英、白云母等；暗色矿物富含铁、镁，如黑云母、辉石、角闪石、橄榄石等。但是，对具体岩石来讲，并不是同时存在这些矿物，而通常是仅由二三种主要矿物组成，如花岗岩的主要矿物是石英、正长石和黑云母，辉长岩的主要矿物是基性斜长石和辉石。

3）岩浆岩的结构和构造

在研究岩浆岩时，除了要鉴定其矿物成分外，还必须了解这些矿物是以什么样的方式组合构成岩石的。成分相同的岩浆，在不同的冷凝条件下，可以形成结构、构造不同的岩浆岩。即岩浆岩的结构和构造，反映了岩石形成环境和物质成分变化的规律性，与矿物成分一样是区分、鉴定岩浆岩的重要标志，也是岩石分类和定名的重要依据之一，同时它还是直接影响岩石强度高低的主要特征。

（1）岩浆岩的结构。

岩浆岩的结构是指岩石中矿物的形态、大小和结晶程度，以及颗粒之间的关系。

① 岩浆岩的结构根据岩石中矿物的晶粒大小可分为以下 3 种，如图 1–25 所示。

a）显晶质结构：岩石全部由结晶较大的矿物组成，用肉眼或放大镜即可辨认。

b）隐晶质结构：岩石全部由结晶微小的矿物组成，用肉眼和放大镜均看不见晶粒，只有在显微镜下可识别。

c）玻璃质结构：岩石全部由非晶质矿物组成，均匀致密似玻璃。

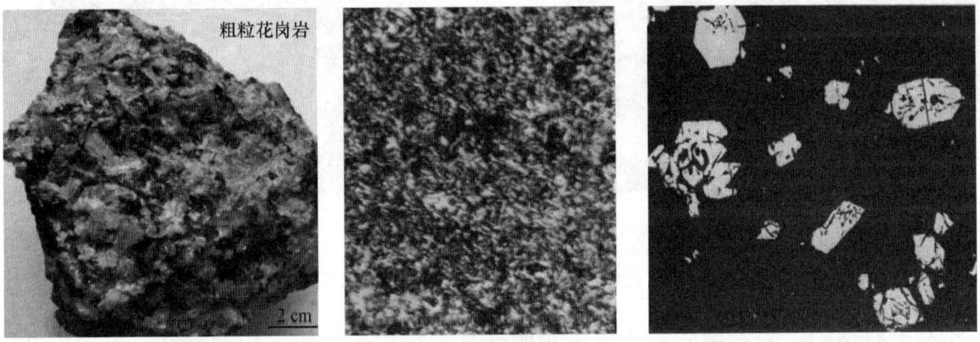


（a）显晶质结构　（b）隐晶质结构　（c）玻璃质（指黑色部分）结构

图 1–25　岩浆岩的结构（按晶粒大小分）

② 岩浆岩的结构根据岩石中矿物的结晶程度可分为以下 3 种。

a）全晶质结构：如图 1–26(a)所示，岩石全部由结晶的矿物组成。这种结构是岩浆在温度缓慢降低的情况下形成的，通常是侵入岩特有的结构。

b）半晶质结构：如图 1–26(b)所示，岩石由结晶的矿物和非晶质矿物组成。这种结构主要为浅成岩具有的结构，有时在喷出岩中也能见到。

c）非晶质结构：岩石全部由非晶质矿物组成，又称玻璃质结构。这种结构是在岩浆喷出地表迅速冷凝而来不及结晶的情况下形成的，为喷出岩特有的结构。

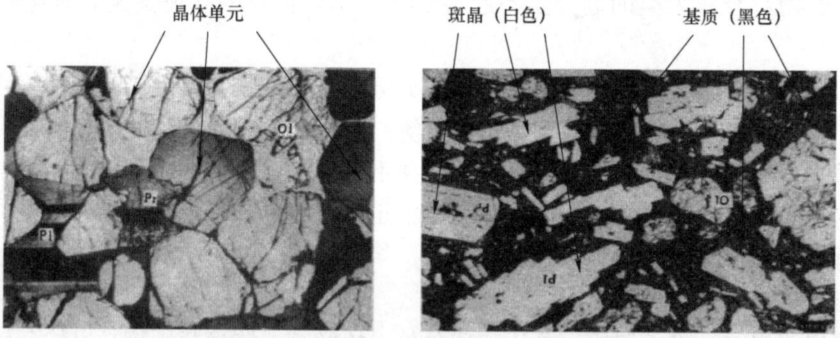


(a) 全晶质结构

(b) 半晶质结构（斑状结构）

图 1–26　岩浆岩的结构（按结晶程度分）

③ 岩浆岩的结构根据岩石中矿物结晶颗粒的相对大小可分为以下 2 种，如图 1–27 所示。

a）等粒结构：岩石中的矿物全部是显晶质粒状，同种主要矿物的结晶颗粒大小大致相等［见图 1–27(a)］。等粒结构是深成岩特有的结构，按矿物结晶颗粒大小可进一步划分为：粗粒结构（矿物结晶颗粒的平均直径大于 5 mm）、中粒结构（矿物结晶颗粒的平均直径为 1～5 mm）、细粒结构（矿物结晶颗粒的平均直径小于 1 mm）。

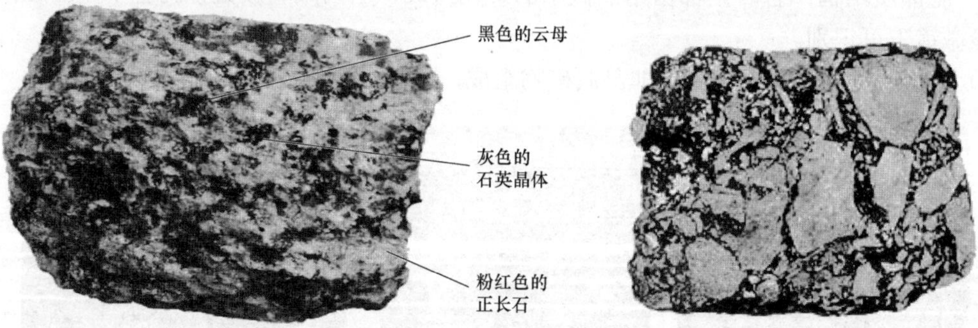


(a) 等粒结构

(b) 不等粒结构

图 1–27　岩浆岩的结构（按矿物结晶颗粒的相对大小分）

b）不等粒结构：岩石中同种主要矿物的结晶颗粒大小不等，相差悬殊［见图 1–27(b)］。其中较大的晶体矿物叫斑晶，细粒的微小晶粒或隐晶质、玻璃质叫基质。按其颗粒相对大小又可分为斑状结构和似斑状结构。斑状结构：基质为隐晶质或玻璃质，此种结构是浅成岩或喷出岩的重要特征。似斑状结构：基质为显晶质，此种结构多见于深成岩体的边缘或浅成岩中。

一般侵入岩多为全晶质等粒结构，喷出岩多为隐晶质致密结构和玻璃质结构，有时为斑状结构。

（2）岩浆岩的构造。

岩浆岩的构造是指岩石中矿物的空间排列及其填充的方式。岩浆岩常见的构造有以下几种。

① 块状构造：岩石中矿物分布比较均匀，无定向排列，称为块状构造。这种构造在侵入岩中最为常见。

② 流纹状构造：是因岩浆边流动边冷凝而在岩石中形成的不同颜色和拉长的气孔呈定向排列的构造［见图 1–28(a)］。这种构造多出现在喷出岩中，如流纹岩就具有典型的流纹状构造。

③ 气孔状构造：指岩石中有很多气孔，由岩浆中的气体成分挥发而成［见图 1–28(b)］。这种构造多出现在玄武岩等喷出岩中。

④ 杏仁状构造：岩石中的气孔被后来的物质如方解石、石英、蛋白石等所充填，形成形似杏仁状的构造［见图 1–28(c)］，如某些玄武岩和安山岩的构造。

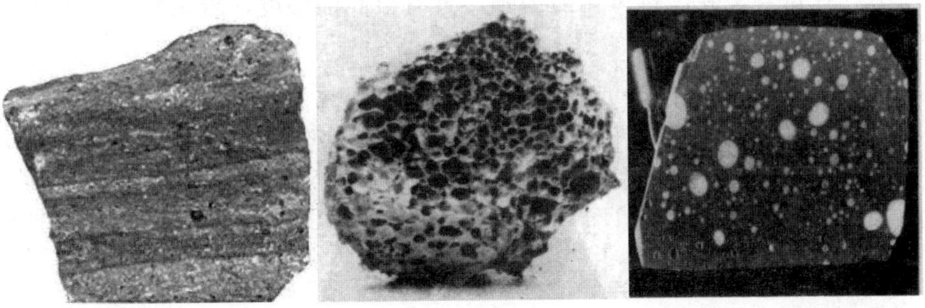

(a) 流纹状构造　　(b) 气孔状构造　　(c) 杏仁状构造

图 1–28　岩浆岩的构造

4）常见的岩浆岩

（1）花岗岩。

花岗岩为酸性深成岩，分布非常广泛，常为肉红色或灰白色，具有全晶质细粒、中粒或粗粒结构，块状构造。其含有大量石英，约占 30%，正长石多于斜长石，暗色矿物以黑云母为主，并有少量的角闪石，总计不超过 10%。花岗岩的产状常呈巨大的岩基或岩株。花岗岩性质均一、坚硬，是良好的建筑物地基和天然建筑材料，但易风化，风化深度可达 50～100 m。

（2）花岗斑岩。

花岗斑岩的成分与花岗岩相同，为酸性浅成岩。其为斑状结构，斑晶由长石、石英组成，石基多为细小的长石、石英及其他矿物，块状构造。若斑晶以石英为主，称石英斑岩。

（3）流纹岩。

流纹岩是酸性喷出岩，呈岩流状产出。其颜色一般较浅，大多是灰、灰白、浅红、浅黄褐等色。流纹岩常具有流纹构造，斑状结构，细小的斑晶由长石和石英等矿物组成，石基多由隐晶质和玻璃质的矿物所组成。流纹岩性质坚硬，强度高，可作为良好的建筑材料，但若作为建筑物地基，需要注意下伏岩层和接触带的性质。

（4）正长岩。

正长岩多为微红色、浅黄或灰白色，具有中粒、等粒结构，块状构造，主要矿物成分为正长石，其次为黑云母、角闪石等；有时含少量的斜长石和辉石，一般石英含量极少。其物理力学性质与花岗岩类似，但不如花岗岩坚硬，且易风化，常呈岩株产出。

（5）闪长岩。

闪长岩是中性深成岩体，为浅灰至深灰色，也有黑灰色。其主要矿物成分为斜长石、角闪石，其次有辉石、云母等，暗色矿物在岩石中占 35%。含石英时，称为石英闪长岩，常呈细粒的等粒状结构。其分布广泛，多为小型侵入体产出。闪长岩坚硬，不易风化，岩块抗压强度可达 130～200 MPa，可作为各种建筑物的地基和建筑材料。

（6）辉长岩。

辉长岩为基性深成岩体，岩石多呈黑色或灰黑色。其矿物成分以斜长石、辉石为主，也含有少量的黑云母、角闪石矿物。辉长岩具有中粒或粗粒结构，块状构造，常呈岩盘或岩基产出。辉长岩坚硬，抗风化能力强，具有很高的强度，岩块抗压强度可达 200～250 MPa。

（7）辉绿岩。

辉绿岩多为暗绿色、黑绿色或暗紫色，其矿物成分与辉长岩相当，常含一些次生矿物，如方解石、绿泥石、绿帘石及蛇纹石等。其为隐晶质致密结构，常具有杏仁状构造，多呈岩床或岩脉产出。辉绿岩具有良好的物理力学性质，抗压强度也很高，但因节理往往较发育，易风化破碎，会使强度大为降低。

（8）玄武岩。

玄武岩是岩浆岩中分布广泛的基性喷出岩，岩石呈黑色、褐色或深灰色。其主要矿物成分与辉长岩相同，但常含有橄榄石颗粒，呈隐晶质细粒或斑状结构，具有气孔状构造。当气孔中为方解石、绿泥石等所充填时，即构成杏仁状构造。玄武岩致密坚硬、性脆，岩块抗压强度为 200～290 MPa，具有抗磨损、耐酸性强的特点。

视频+课件

**➤ 3. 沉积岩**

沉积岩是指在地表或接近于地表的岩石遭受风化、剥蚀破坏的产物，经搬运、沉积和硬结成岩作用而形成的岩石。

沉积岩在地表分布极广，出露面积约占陆地表面积的 75%。分布的厚度各处不一，且深度有限，一般不过几百米，仅在局部地区才有巨厚的沉积（数千米甚至上万米）。尽管沉积岩在地壳中的总量并不多，但各种工程建筑如道路、桥梁、水坝、矿山等几乎都以沉积岩为地基，同时沉积岩本身也是建筑材料的重要来源。因此，研究沉积岩的形成、物质组成、结构和构造等特征，有很大的实际意义。

1）沉积岩的形成

沉积岩是在地表和地表下不太深的地方形成的地质体。它是在常温常压条件下，由外力地质作用促使地壳表层先生成的矿物和岩石遭到破坏，将其松散碎屑搬运到适宜的地带沉积下来，再经压固、胶结而形成的层状的岩石。

2）沉积岩的物质组成

沉积岩的物质组成主要来源于先生成的各种岩石的碎屑、造岩矿物和溶解物质。组成沉积岩的物质按成因可分为以下 4 类。

（1）碎屑物质。

碎屑物质指原岩经风化破碎而生成的呈碎屑状态的物质，其中主要有矿物碎屑（如石英、长石、白云母等一些抵抗风化能力较强、较稳定的矿物颗粒）、岩石碎块、火山碎屑等。在岩浆岩中常见的橄榄石、辉石、角闪石、黑云母、基性斜长石等形成于高温高压环境，在常温常压表生条件下是不稳定的。岩浆岩中的石英，大部分形成于岩浆结晶的晚期，在表生条件下稳定性较大，一般以碎屑物形式出现在沉积岩中。

（2）黏土矿物。

黏土矿物主要是一些原生矿物经化学风化作用分解后所产生的次生矿物。它们是在常温常压下富含二氧化碳和水的表生环境条件下形成的，如高岭石、蒙脱石、水云母等。这些矿物粒径小于 0. 005 mm，具有很大的亲水性、可塑性及膨胀性。

（3）化学沉积矿物。

它是从真溶液或胶体溶液中沉淀出来的或通过生物化学沉积作用形成的矿物，如方解石、白云石、石膏、岩盐、铁和锰的氧化物或氢氧化物等。

（4）有机质及生物残骸。

它是由生物残骸或经有机化学变化而形成的矿物，如贝壳、珊瑚礁、硅藻土、泥炭、石油等。

在沉积岩的组成物质中还有胶结物，这些胶结物或是通过矿化水的运动被带到沉积物中，或是来自原始沉积物矿物组分的溶解和再沉淀。常见的胶结物有以下几种。

① 硅质胶结——胶结物成分为 $SiO_2$，颜色浅，岩性坚固，强度高，抗水性及抗风化性强。

② 铁质胶结——胶结物成分为铁的氧化物和氢氧化物，颜色深，呈红色，强度仅次于硅质胶结。

③ 钙质胶结——胶结物成分为 Ca、Mg 的碳酸盐，颜色浅，强度比较低，具有可溶性。

④ 泥质胶结——胶结物成分为黏土，多呈黄褐色，胶结松散，强度低，易湿软、风化。

3）沉积岩的结构

沉积岩的结构指沉积岩中颗粒的性质、大小、形态及其相互关系，它随其成因类型的不同而各具特点。沉积岩的结构主要有以下几种。

（1）碎屑结构。

碎屑结构即由粗粒的碎屑和细粒的胶结物胶结而成的一种岩石结构，按碎屑颗粒大小分为砾状结构［粒径大于 2 mm，见图 1-29］、砂状结构（粒径为 0.05～2 mm，其中粗砂结构的粒径为 0.50～2 mm，中砂结构的粒径为 0.25～0.50 mm，细砂结构的粒径为 0.05～0.25 mm）、粉砂状结构（粒径为 0.005～0.05 mm，见图 1–30）。其中胶结物的成分不同，岩石的工程性质差异很大。硅质胶结的颜色浅，强度高；铁质胶结的颜色呈红褐色，强度较高；钙质胶结的颜色浅，强度较低，性脆，易于溶蚀；泥质胶结结构松散，强度最低，遇水易软化。

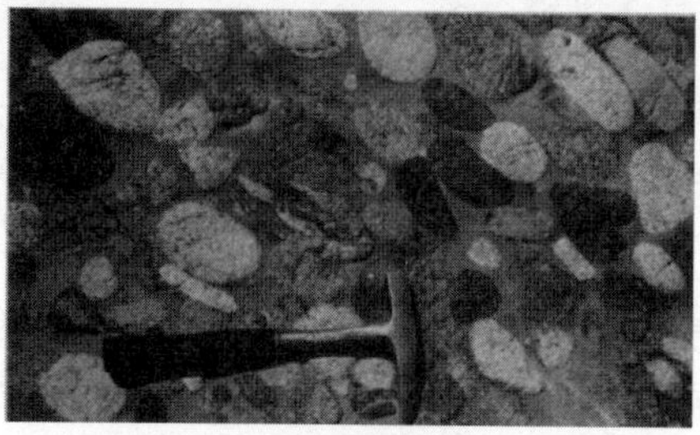

(a) 砾状结构

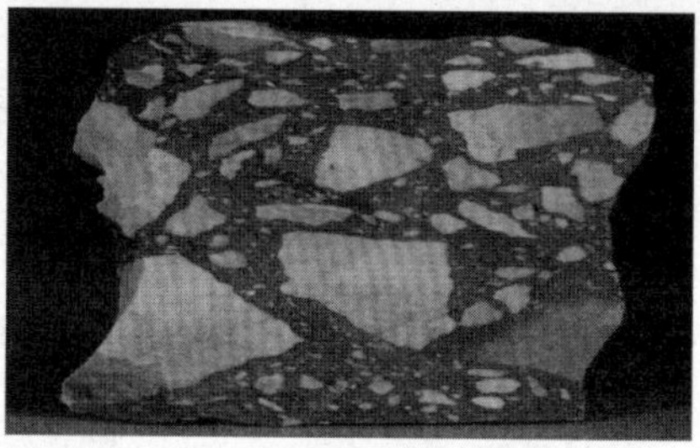

(b)（角）砾状结构

图 1–29 碎屑结构

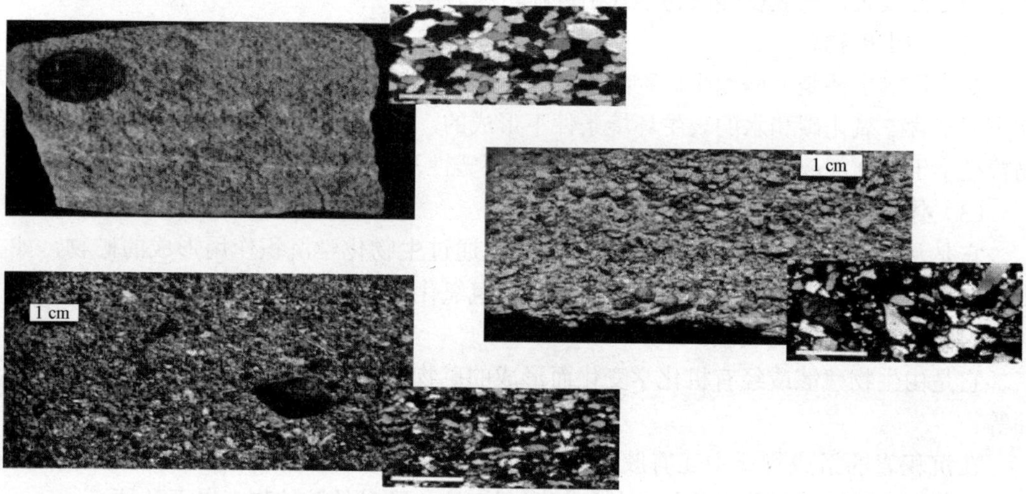


图 1–30 粉砂状结构

（2）泥质结构。

这种结构是几乎全部（大都在 95%以上）由极细小的黏土颗粒（粒径小于 0.005 mm）所组成的结构（见图 1–31）。这种结构是黏土岩的主要特征。

图 1–31 泥质结构

（3）晶粒结构。

这种结构是由岩石中的颗粒在水溶液中结晶（如方解石、白云石等）或呈胶体形态凝结沉淀（如燧石等）而成的，可分为鲕状、结核状、纤维状、致密块状和晶粒结构等。

（4）生物结构。

这种结构几乎全部是由生物遗体与碎片所组成的，如生物碎屑结构、贝壳结构、珊瑚结构等（见图 1–32）。

图 1–32　生物结构

4）沉积岩的构造

沉积岩的构造，是指沉积岩各个组成部分的空间分布和排列方式。

① 层理：它是成分、结构、颜色等在垂向上（垂直于沉积物表面的方向）的变化面显示的一种层状构造。层理可分为下列类型：水平层理、斜层理、交错层理、块状层理。层理类型示意图如图 1–33 所示。

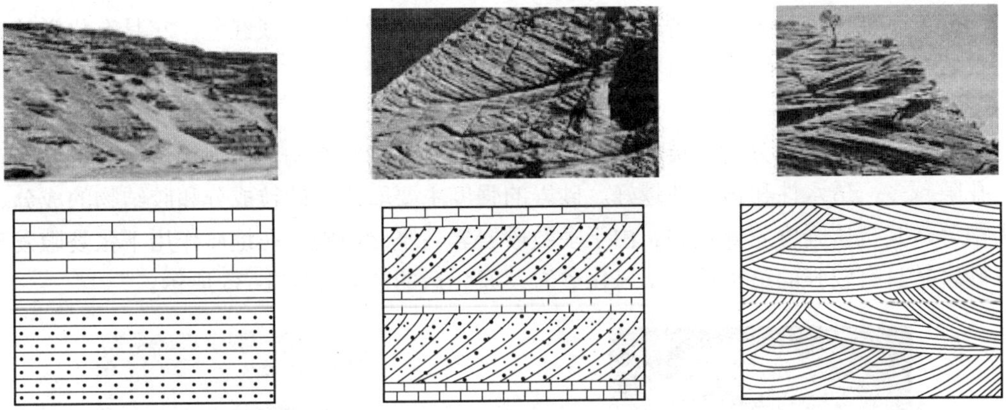

(a) 水平层理　(b) 斜层理　(c) 交错层理

图 1–33　层理类型示意图

② 层面构造：包括波痕、泥裂、雨痕和雹痕、流痕、缝合线、结核、虫迹。图 1–34 为部分层面构造示意图。

③ 化石：化石是岩层中保存的经石化了的各种古生物遗骸和遗迹。

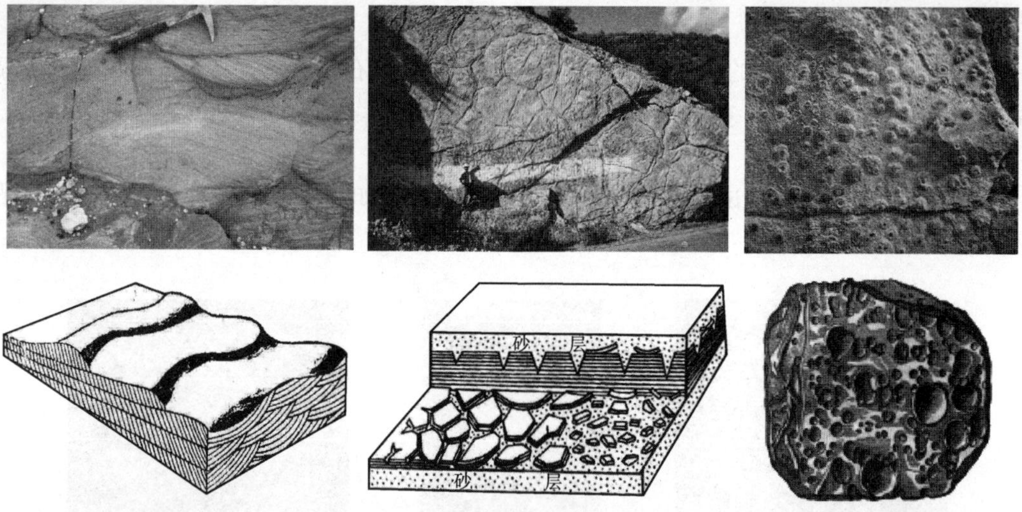


（a）波痕　　（b）泥裂　　（c）雨痕

图 1–34　层面构造

5）常见的沉积岩

（1）石灰岩。

石灰岩主要由方解石组成，次要矿物有白云石、黏土矿物等，具有化学结晶结构、生物结构，块状构造。石灰岩致密、性脆，一般抗压强度较差。它是烧制石灰和水泥的重要原材料，也是用途很广的建筑石材。但由于石灰岩属微溶于水的岩石，易形成裂隙和溶洞，对基础工程影响很大。

（2）白云岩。

白云岩主要由白云石和方解石组成，颜色灰白，略带淡黄、淡红色。它具有化学结晶结构，块状构造，可作高级耐火材料和建筑石料。

（3）砂岩。

砂岩砂粒的主要成分为石英、长石及岩屑等，具有砂状结构，层理构造。砂岩为多孔岩石，孔隙越多，透水性和蓄水性越好。砂岩的强度主要取决于砂粒成分和胶结物的成分、胶结类型等，其抗压强度差异较大。由于多数砂岩岩性坚硬而脆，在地质作用下张裂隙发育，所以砂岩常具有较强的透水性。未风化砂岩及风化后的砂岩如图 1–35 所示。

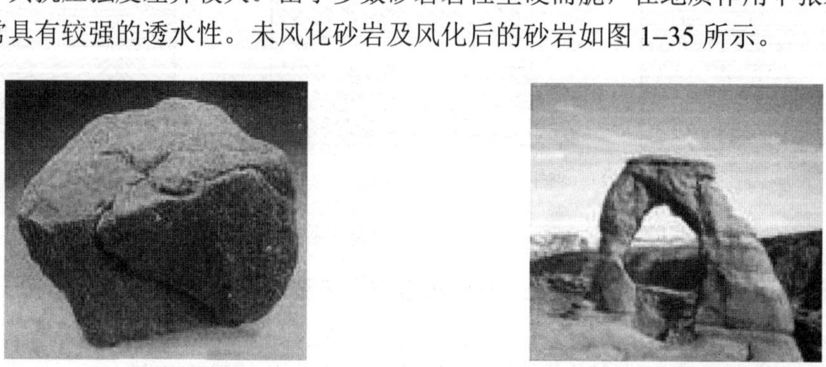

（a）未风化砂岩　　（b）风化后的砂岩

图 1–35　未风化砂岩及风化后的砂岩

（4）粉砂岩。

粉砂岩由50%以上粒径在0.002～0.074 mm的粉砂粒胶结而成，其成分主要是石英，其次是白云母、长石和黏土矿物等，胶结物多为泥质。粉砂岩因颗粒细小，肉眼难以区分其成分及胶结物。其具有粉砂质结构，层理构造，结构疏松，强度和稳定性不高。

（5）砾岩及角砾岩。

砾岩（或角砾岩）由50%以上粒径大于2 mm的砾（或角砾）胶结而成，具有砾状结构，块状构造（见图1–36）。硅质胶结的石英砾岩，非常坚硬，开采加工较困难，泥质胶结的则相反。

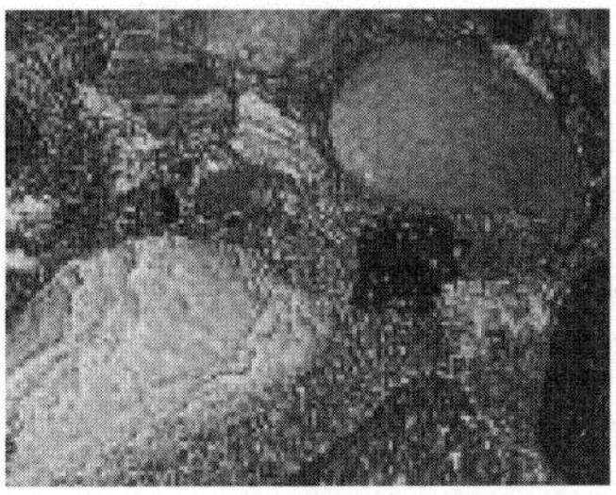

(a) 砾岩

(b) 角砾岩

图1–36　砾岩及角砾岩

（6）泥岩。

泥岩主要由黏土矿物经脱水固结而形成，具有黏土结构，层理不明显，呈块状构造，固结不紧密、不牢固，如图1–37(a)所示。其强度较低，一般干试样的抗压强度在5～30 MPa，遇水易软化，强度显著降低，饱水试样的抗压强度可降低50%左右。

（7）页岩。

页岩主要由黏土矿物经脱水固结而形成，具有黏土结构，页理构造，富含化石，如图1–37(b)所示。一般情况下，页岩岩性松软，易于风化成碎片状，强度低，遇水易软化而丧失稳定性。

(a) 泥岩

(b) 页岩

图1–37　泥岩与页岩

### 4. 变质岩

地壳中的先成岩石，由于地壳运动和岩浆活动等所造成的物理、化学条件的变化，使原来岩石的成分、结构、构造等发生一系列改变而形成的新岩石，称为变质岩。这种使岩石发生质的变化的过程，称为变质作用。

视频+课件

1）变质作用的影响因素及类型

变质作用的影响因素有温度、压力及化学活动性流体。变质温度的基本来源包括地壳深处的高温、岩浆及地壳岩石断裂错动产生的高温等。引起岩石变质的压力包括上覆岩石重量引起的静压力、侵入岩体空隙中的流体所形成的压力，以及地壳运动或岩浆活动产生的定向压力。化学活动性流体则是以岩浆、$H_2O$、$CO_2$为主，并含有其他一些易挥发、易流动的物质。

变质作用的类型主要有接触变质作用、动力变质作用和区域变质作用三大类，如图1–38所示。

图1–38 变质作用

① 接触变质作用：以温度因子为基础的，称为热力变质作用。产生重新结晶及新的矿物，发生在侵入体接触带或其附近，变质的程度随着距离侵入岩的远近而变化。

② 动力变质作用：主要是指在静压力较小、温度较低的情况下，以动压力为主要因子而产生轻度变质。

③ 区域变质作用：在广大的岩层构造变动地带（造山带）发生，受到高压高热的影响。处于深部位的岩石，无论是哪种岩石，均变成了各种结晶的片岩或片麻岩，以至于难以区别它们是由哪些岩石变来的。

2）变质岩的矿物成分

变质岩的最大特征是具有变质矿物——变质作用中形成的矿物，它是鉴定变质岩的可靠依据。常见的变质矿物有滑石、石榴子石、十字石、蓝晶石、硅线石、红柱石等。除变质矿物外，原岩经变质作用后仍保留的部分矿物称残留矿物，如石英、长石、方解石、白云石等。

3）变质岩的结构

变质岩的结构是指变质岩中矿物的粒度、形态及晶体之间的相互关系，它按成因可分为变晶结构、变余结构、碎裂结构。

（1）变晶结构。

变晶结构指原岩在固态条件下，岩石中的各种矿物同时发生重结晶或变质结晶所形成的结构。因变质岩的变晶结构与岩浆岩的结构相似，为了区别起见，一般在岩浆岩结构名称上加“变晶”二字。

（2）变余结构。

当岩石发生轻微变质时，重结晶作用不完全，变质岩还可保留有母岩的结构特点，称为变余结构。如泥质砂岩变质以后，泥质胶结物变成绢云母和绿泥石，而其中碎屑物质（如石英）不发生变化，便形成变余砂状结构。除此之外，还有其他的变余结构，如与岩浆岩有关的变余斑状结构、变余花岗结构等。

（3）碎裂结构。

局部岩石在定向压力作用下，引起矿物及岩石本身发生弯曲、破碎，而后又被黏结起来而形成新的结构，称为碎裂结构。碎裂结构常具有条带和片理，是动力变质中常见的结构，根据岩石的破碎程度可分为碎裂结构、碎斑结构、糜棱结构。

4）变质岩的构造

变质岩的构造，是指变质岩中各种矿物的空间分布和排列方式。

变质岩的构造与岩浆岩及沉积岩有显著的区别，是鉴定变质岩的可靠特征。变质岩的构造分为片理构造和块状构造两大类。在大多数情况下，构成变质岩的片状、板状及柱状矿物在定向压力作用下呈相互平行排列，沿此排列方向易使岩石裂开成薄片，这种特性称为片理。裂开的面称为片理面。片理面可能是平的、弯曲的或波状的，并且平滑光亮，据此可与沉积岩的层理及层面相区别。

（1）片理构造。

根据片理面特征、变质程度等特点，片理构造可进一步分为片麻状构造、片状构造、千枚状构造和板状构造。

① 片麻状构造。片麻状构造又称片麻理，其特征是鳞片状、柱状或针状矿物呈大致平行排列，其间常夹着不规则的粒状矿物（如石英、长石等），互相构成深色与浅色条带交互的状态。具有这种构造的岩石叫片麻岩（见图1–39）。通常片麻岩的矿物结晶程度高，颗粒较粗大。

② 片状构造。片状构造指岩石中大量片状或柱状矿物（如云母、绿泥石、滑石、绢云母、石墨等）定向排列所形成的薄层状构造。片理薄而清晰，沿片理面易剥开成不规则的薄片。狭义的片理构造即指片状构造。具有这种构造的岩石叫片岩。

③ 千枚状构造。千枚状构造的特点是片理面呈较强的丝绢光泽，有小的皱纹，由极薄的片组成，易沿片理面劈成薄片状。具有这种构造的岩石叫千枚岩。

图1–39 片麻岩

④ 板状构造。板状构造又称板理，指岩石中由显微片状矿物大致平行排列所形成的具有平行板状劈理的构造。岩石一般变质程度较浅，呈厚板状，板面平整，沿板理极易劈成薄板状，板面微具光泽。具有这种构造的岩石叫板岩。

（2）块状构造。

当变质作用中没有定向、高压这一因素时，则形成的变质岩中，矿物排列无一定方向，结构均一，一般称块状构造。部分大理岩和石英岩具有此种构造。它与岩浆岩的块状构造相似，但又不完全一样。

5）常见的变质岩

（1）片麻岩。

片麻岩具有明显的片麻状构造（见图1-39），其主要矿物为长石、石英，两者含量之和大于50%，且长石含量一般多于石英。鳞片状或柱状矿物可以是云母、角闪石、辉石等，有时也含有硅线石、石榴子石、蓝晶石等特征变质矿物。中、粗粒鳞片状变晶结构多呈肉红色、灰色、深灰色。片麻岩为变质程度较深的区域变质岩，岩石的物理力学性质视含有矿物成分不同而异，一般抗压强度达 120～200 MPa。岩石中若云母含量增多且富集在一起，则其强度大为降低。片麻岩由于片理发育，故较易风化。

（2）片岩。

片岩具有典型的片状构造，主要由云母、石英矿物组成，其次为角闪石、绿泥石、滑石、石墨、石榴子石等。片岩以不含长石区别于片麻岩。片岩依所含矿物成分不同可分为云母片岩、绿泥石片岩、角闪石片岩、滑石片岩等。片岩强度较低，且易风化，由于片理发育，易沿片理裂开。

（3）千枚岩。

千枚岩是具有典型千枚状构造的浅变质岩，多由黏土矿物、粉砂岩变质而成，主要由细小的绢云母、绿泥石、石英、斜长石等新生矿物组成。千枚岩一般具有细粒鳞片变晶结构，片理面上有明显的丝绢光泽和微细皱纹或小的挠曲构造。千枚岩性质软弱，易风化破碎，在荷载作用下容易产生蠕动变形和滑动破坏。

（4）板岩。

板岩是页岩经浅变质而成的，多为深灰至黑灰色，也有绿色及紫色。其主要成分为硅质和泥质矿物，肉眼不易辨别，结构致密均匀，具有板状构造，沿板状构造易于裂开成薄板状（见图 1–40）。击之发出清脆声，据此可与页岩区别开来。板岩能加工成各种尺寸的石板而作为建筑材料。板岩透水性弱，可作隔水层加以利用，但在水的长期作用下会发生软化、泥化，形成软弱夹层。

图 1–40 板岩

（5）石英岩。

石英岩由石英砂岩和硅质岩变质而成，矿物以石英为主，其次为云母、磁铁矿、角闪石。它一般呈白色，油脂光泽，具有变余粒状结构，块状构造，是一种极坚硬、抗风化能力很强的岩石，岩块抗压强度可达 300 MPa 以上，可作为良好的建筑物地基。但石英岩因性脆，较易产生密集性裂隙，形成渗漏通道，使用时应采取必要的防渗措施。

（6）大理岩。

大理岩为石灰岩重结晶而成，具有细粒、中粒和粗粒结构，主要矿物为方解石和白云石。纯大理岩为白色，称为“汉白玉”。大理岩含有杂质时带有灰色、黄色、蔷薇色，具有美丽花纹，是贵重的雕刻和建筑石料。大理岩硬度小，与盐酸作用起泡，所以很容易鉴别。大理岩具有可溶性，其强度随其颗粒胶结性质及颗粒大小而异，抗压强度一般为 50～120 MPa。

综上所述，地壳是由各种各样的岩石组成的，岩石是地壳发展过程中的内、外力地质作用下的必然产物。由于各类岩石的形成条件不同，它们在产状、矿物组成、结构、构造等方面也各具特点。据此，可对三大类岩石进行属性比较和分类鉴定。

# ▶工作任务 1.4 岩石的工程地质性质评述

岩石是地质作用的产物，因此，各类岩石的工程地质性质，首先取决于岩石的成因类型，包括岩石产状、矿物组成、结构、构造等，其次是各种地质作用对岩石的影响。下面按照岩石的成因类型，分别评述各类岩石的工程地质性质。

## ➤ 1. 岩浆岩的工程地质性质评述

岩浆岩的特征主要取决于岩浆岩的形成环境和岩浆岩的成分。特别是岩浆岩的形成环境，它控制着岩浆岩的结构、构造及矿物之间的联结能力，也决定了岩石的工程地质性质。一般来说，岩浆岩具有较高的力学强度，可作为各种建筑物良好的地基及天然建筑石料。但各类岩石的工程地质性质有所差异，也应注意。

（1）深成岩。

深成岩具有结晶联结，晶粒粗大均匀，孔隙率小、裂隙较不发育，透水性小，力学强度高。其次，岩体大、整体稳定性好，是良好的建筑物地基，也是常用的建筑材料。但应注意这类岩石由多种矿物结晶组成，晶粒粗大，抗风化能力较差，特别含 Fe、Mg 较多的基性岩，更易风化破碎，故应注意研究其风化程度及深度。

（2）浅成岩。

浅成岩和脉岩常呈斑状结构，也有呈伟晶、细晶和隐晶质结构，所以这一类岩石的力学强度各不相同。一般情况下，中、细晶质和隐晶质结构的岩石透水性小，力学强度较高，抗风化性能较深成岩强。但斑状结构岩石的透水性和力学强度变化较大，特别是脉岩类，岩体小，且穿插于不同的岩石中，易风化，使力学强度降低、透水性增大。

（3）喷出岩。

喷出岩由于结构构造多种多样，产状不规则，厚度变化大，岩性很不均一，所以其强度和透水性相差悬殊。致密状玄武岩的容重、密度都较大，力学强度高，抗风化能力较强，是良好的地基和建筑材料。但玄武岩常具有气孔构造和原生柱状节理，致使岩石强度降低、透水性增大。第四纪多期性喷发的玄武岩，常覆盖在松散堆积物或软弱岩石上，这就需要考虑该层玄武岩体本身能否稳定，下伏岩层是否会产生沉降，接触带是否漏水等。玄武岩柱状节理发育，可形成陡坡，常产生崩塌现象。流纹岩的“斑晶”较细，“基质”多为玻璃质，常具有流纹构造，岩性各向异性，强度变化也较大。

## ➤ 2. 沉积岩的工程地质性质评述

在评述沉积岩的工程地质性质时，应着重考虑沉积岩的两个重要特点。一是各类沉积岩都具有成层分布规律，存在各向异性特征，且层的厚度各不相同；二是沉积岩从成分上分为碎屑岩、黏土岩、化学岩及生物化学岩，它们的工程地质性质存在很大的差异。

（1）碎屑岩。

碎屑岩包括砾岩、砂岩、粉砂岩，其工程地质性质一般较好，其特征主要取决于胶结物成分、胶结类型和碎屑颗粒成分。如硅质胶结的岩石，强度高、孔隙率小、透水性低；钙质、泥质胶结的岩石，强度低，抗水性弱，在水的作用下，可溶解或软化。此外，基底式胶结的岩石，比较坚固，且强度高，透水性较弱；接触式胶结的岩石则强度较低，透水性较强；而孔隙式胶结的岩石，其强度和透水性介于前述两者之间。一般情况下，粉砂岩较砂砾岩差，其中硅质胶结的石英砂岩，强度比其他砂岩要高；而钙质、泥质胶结的砂砾岩，尤其粉砂岩，强度极低，抗风化能力弱，遇水容易溶解或软化。我国南方各省的红色岩层，多为钙质、泥质胶结的砂砾岩、粉砂岩和黏土岩互层，在这类红色岩层地区筑坝，应注意地基能否沿泥化夹层产生滑动。

（2）黏土岩。

黏土岩和页岩的性质相近，抗压强度和抗剪强度低，受力后变形量大，浸水后易软化和泥化。若含蒙脱石成分，还具有较大的膨胀性。这两种岩石对建筑物地基和建筑场地边坡的稳定都极为不利，但其透水性小，可作为隔水层和防渗层。

（3）化学岩及生物化学岩。

化学岩和生物化学岩抗水性弱，常具有不同形态的可溶性。碳酸盐类岩石具有中等强度，一般能满足工程设计要求，但存在于其中的各种不同形态的岩溶往往成为集中渗漏的通道。易溶的石膏、岩盐等化学岩，往往以夹层形式存在于其他沉积岩中，质软，浸水易溶解，常常导致地基和边坡的失稳。

此外，前述砂岩、砾岩、石灰岩的孔隙率较大，往往储存有较丰富的地下水资源。

### 3. 变质岩的工程地质性质评述

变质岩一般情况下由于是原岩矿物成分在高温高压下重结晶的结果，岩石的力学强度较变质前相对增高。但是，如果在变质过程中形成某些变质矿物，如滑石、绿泥石、绢云母等，则其力学强度会相对降低，抗风化能力变差。

（1）动力变质岩。

经动力变质作用形成的变质岩，其岩石性质取决于碎屑矿物的成分、粒径大小和压密胶结程度。但通常动力变质岩胶结得不好，孔隙、裂隙发育，强度变低，抗水性差。

（2）接触变质岩。

接触变质岩因经过重结晶，岩石的力学强度较变质前相对增高。但由于变质程度各处不一，距侵入体越近，越易变质，在很小的范围内变质程度就相差悬殊，岩性很不均一。接触变质岩常因受地壳运动的影响而裂隙发育，加上有小岩脉穿插，岩性显得复杂多样，其工程地质性质变化较大。

（3）区域变质岩。

区域变质岩分布范围广，厚度大，变质程度和岩性较均一，但因多数岩石具有片理构造，使岩石具有各向异性特征。随着片理的发育，滑石、绿泥石、云母等含量增加，岩石强度显著降低。一般来说，板岩、千枚岩、滑石片岩、绿泥石片岩、云母片岩等岩石的工程地质性质较差；而片麻岩、石英岩及大理岩等岩石致密坚硬，岩性比较均一，强度高，是建筑物的良好地基。但当遇裂隙发育或有较大断裂带时，常常形成裂隙含水带和地下水渗漏的通道，也常是岩体滑动的较弱带，而使其工程地质性质变差。

综上所述，不同种类的岩石，由于其成因、成分、结构和构造不同，岩石的工程地质性质差异很大，因此还应结合具体工程的要求来进行评价。

能力拓展

## 训练1 造岩矿物的鉴定与认识

**一、目的与要求**

（1）通过对造岩矿物标本的观察，认识常见造岩矿物的形态、晶面条纹、光学性质、力学性质等主要特征。

（2）学习根据造岩矿物的形态和物理特性，用肉眼鉴定常见造岩矿物的技能和描述矿物的方法。

（3）熟练地掌握几种常见造岩矿物的鉴定特征。

**二、准备工作**

预习教材中有关矿物的内容，准备简单的工具，包括玻璃片、硬币、小刀、无釉瓷板、放大镜及稀盐酸等。

**三、方法及步骤**

1. 观察矿物特性

（1）观察矿物单体形态：如六方柱→石英（水晶）；菱面体→方解石；长柱状或纤维状→普通角闪石；短柱状→普通辉石；板状→板状石膏、长石；片状→云母。

（2）观察矿物集合体形态：如晶簇状→石英晶簇；粒状→橄榄石；纤维状→石膏；结核状→（鲕状、豆状、肾状）赤铁矿。

（3）观察矿物的光学性质、力学性质（矿物的解理与断口）及其他特性。

2. 综合观察常见造岩矿物的鉴定特征

结合标本，对照教材中介绍的常见造岩矿物的特征，逐块、逐项地进行观察。但需注意，教材中所述矿物的各项物理特性，在同一块标本上不一定能全部显示出来，所以在观察时，必须善于抓住矿物的主要特征，尤其是那些具有鉴定意义的特征。还要注意相似矿物的对比分析，如石英、斜长石、方解石、石膏等矿物都是白色或乳白色，但在硬度、解理、晶形、盐酸反应方面却有较大差别。

**四、结果整理**

参照教材中相关内容，结合标本，在教师指导下自行观察、分析、记录。在独立观察的基础上，掌握并归纳常见造岩矿物的主要鉴定特征，完成主要造岩矿物的物理性质鉴定记录表（见表1–4）。

表1–4 主要造岩矿物的物理性质鉴定记录表

| 编号 | 颜色 | 形态 | 条痕 | 光泽 | 硬度等级 | 解理 | 断口 | 比重 | 其他 | 矿物名称 |
|---|---|---|---|---|---|---|---|---|---|---|
| 1 | 黑色 | 薄片状 | 浅黑 | 珍珠 | 2～3 | 1组 | 锯齿状 | 3.02～3.12 | 薄片具有弹性 | 黑云母 |
| | | | | | | | | | | |
| | | | | | | | | | | |
| | | | | | | | | | | |
| | | | | | | | | | | |
| | | | | | | | | | | |
| | | | | | | | | | | |
| | | | | | | | | | | |
| | | | | | | | | | | |
| | | | | | | | | | | |

## 训练2 岩浆岩的鉴定与认识

### 一、目的与要求

（1）通过对岩浆岩标本的观察，熟悉其结构、构造特征。

（2）运用肉眼鉴定造岩矿物的方法，分析常见岩浆岩的矿物组成。

（3）学习岩浆岩的简易分类原则和肉眼鉴定方法。

### 二、准备工作

预习教材中有关岩浆岩的内容，准备简单的工具，包括硬币、小刀、无釉瓷板、放大镜等。

### 三、方法及步骤

1. 观察常见岩浆岩的结构

结合标本，从矿物的结晶程度、颗粒大小、颗粒级配及连接关系等方面，来认识矿物的结构特征。如：等粒结构→花岗岩、闪长岩；斑状结构→正长斑岩、闪长玢岩；似斑状结构→花岗斑岩。

2. 观察常见岩浆岩的典型构造

观察标本的典型构造特征，如：块状构造→花岗岩、闪长岩、辉长岩；流纹构造→流纹岩；气孔构造→浮岩、粗面岩；杏仁状构造→玄武岩。

3. 识别岩浆岩中常见的矿物成分

（1）石英：观察花岗岩，石英在岩石中多呈粒状，具有油脂光泽，硬度等级为7。

（2）长石：观察花岗岩、闪长岩，正长石多为肉红色，斜长石多为灰白色。

（3）辉石与角闪石：观察辉长岩和闪长岩，辉石和角闪石在岩浆岩中均为深灰色至黑色，光泽也甚相似，但在形状和断面上有所差异。辉石纵断面呈短柱状，横断面为八边形（近似正方形）；角闪石纵断面为长柱状，横断面为六边形。

4. 综合观察常见岩浆岩的特征

结合标本，对照教材中关于各类岩浆岩的分类表，逐类、逐块、逐项地进行观察，应特别注意各自的鉴定特征。

**四、结果整理**

参照教材中的相关内容，结合标本，在教师指导下自行观察、分析、记录。在独立观察的基础上，掌握并归纳常见岩浆岩的主要鉴定特征，完成主要岩浆岩的鉴定记录表（见表1–5）。

**表1–5　主要岩浆岩的鉴定记录表**

| 编号 | 颜色 | 矿物成分 | | 结构 | 构造 | 其他 | 岩石名称 |
|---|---|---|---|---|---|---|---|
| | | 主要矿物 | 次要矿物 | | | | |
| | | | | | | | |
| | | | | | | | |
| | | | | | | | |
| | | | | | | | |
| | | | | | | | |
| | | | | | | | |
| | | | | | | | |
| | | | | | | | |
| | | | | | | | |
| | | | | | | | |
| | | | | | | | |

## 训练3　沉积岩的鉴定与认识

**一、目的与要求**

（1）通过对沉积岩标本的观察，掌握其典型结构、构造及物质组成特征。

（2）了解常见沉积岩的基本分类和肉眼鉴定方法。

（3）掌握常见沉积岩的鉴定特征。

**二、准备工作**

预习教材中有关沉积岩的内容，准备简单的工具，包括玻璃片、硬币、小刀、无釉瓷板、放大镜及稀盐酸等。

**三、方法及步骤**

1. 认识沉积岩的典型结构

（1）碎屑结构。观察砾岩、角砾岩、砂岩的组成物质的颗粒大小与形状等特征。

（2）泥质结构。观察页岩、黏土岩，注意其致密状的特点。

（3）晶粒结构及生物结构。观察石灰岩（或结晶石灰岩）、白云岩。

2. 认识沉积岩的典型构造

利用照片，在建立层理构造宏观特征的基础上，观察页岩等手标本上的层理，观察具有交错层理的陈列标本。

3. 综合观察常见沉积岩的特征

结合标本，对照教材中关于各种常见沉积岩的描述，逐类、逐块地进行观察。

## 四、结果整理

参照教材中的相关内容，结合标本，在教师指导下自行观察、分析、记录。在独立观察的基础上，掌握并归纳常见沉积岩的主要鉴定特征，完成主要沉积岩的鉴定记录表（见表1–6）。

**表1–6　主要沉积岩的鉴定记录表**

| 编号 | 颜色 | 物质成分 | 结构 | 构造 | 其他 | 岩石名称 |
|---|---|---|---|---|---|---|
| | | | | | | |
| | | | | | | |
| | | | | | | |
| | | | | | | |
| | | | | | | |
| | | | | | | |
| | | | | | | |
| | | | | | | |
| | | | | | | |
| | | | | | | |
| | | | | | | |

# 训练4　变质岩的鉴定与认识

## 一、目的与要求

（1）通过对变质岩标本的观察，学习变质岩的构造、结构和矿物的组成特征。

（2）学习常见变质岩的命名和肉眼鉴定方法。

（3）掌握常见变质岩的鉴定特征。

## 二、准备工作

预习教材中有关变质岩的内容，准备简单的工具，包括玻璃片、硬币、小刀、无釉瓷板、放大镜及稀盐酸等。

## 三、方法及步骤

1. 认识变质岩内常见的矿物

（1）浅色：石英、长石、白云母、绢云母、方解石及滑石等。

（2）深色：角闪石、辉石、黑云母、绿泥石等。

其中，除绢云母、滑石及绿泥石等为变质作用生成的变质岩所特有的矿物外，其余均为原岩所具有的矿物。

2. 认识变质岩结构

变质岩中除少数岩石（如板岩、千枚岩等轻变质岩）具有隐晶结构外，其余大多数变质岩均为显晶结构。

（1）变晶结构：大理岩、角闪片麻岩。

（2）变余结构：变质砂岩。

（3）碎裂结构：糜棱岩、碎裂岩。

3. 认识变质岩的典型构造

（1）板状构造：板岩。

（2）千枚状构造：千枚岩。

（3）片状构造：结晶片岩。

（4）片麻状构造：片麻岩（正、副片麻岩）。

（5）块状构造：石英岩、大理岩。

4. 观察常见变质岩的综合特征

结合标本，对照教材中关于各类常见变质岩的具体描述，逐类、逐块地进行观察，包括板岩、千枚岩、片麻岩、糜棱岩、大理岩和石英岩。

## 四、结果整理

参照教材中的相关内容，结合标本，在教师指导下自行观察、分析、记录。在独立观察的基础上，掌握并归纳常见变质岩的主要鉴定特征，完成主要变质岩的鉴定记录表（见表1–7）。

**表1–7 主要变质岩的鉴定记录表**

| 编号 | 颜色 | 主要矿物成分 | 结构 | 构造 | 其他 | 岩石名称 |
|---|---|---|---|---|---|---|
| | | | | | | |
| | | | | | | |
| | | | | | | |
| | | | | | | |
| | | | | | | |
| | | | | | | |
| | | | | | | |
| | | | | | | |
| | | | | | | |
| | | | | | | |
| | | | | | | |

## 思考与练习

1. 什么是地质作用？简述其分类。

2. 什么是风化作用？简述其分类。

3. 什么是矿物？矿物有哪些主要物理性质？常见的造岩矿物有哪几种？

4. 试述原生矿物、次生矿物和变质矿物的本质区别。

5. 依次熟记莫氏硬度各硬度等级对应的代表矿物，并掌握在野外鉴别矿物硬度的方法。

6. 对比下列矿物，指出它们之间的异同点。

A. 正长石、斜长石、石英

B. 角闪石、辉石、黑云母

C. 方解石、白云石、石英

7. 什么叫岩石？岩石都是由矿物组成的吗？建材上称呼的花岗石、石灰石、大理石是岩石还是矿物？如果是岩，为什么叫石？岩与石有什么区别？

8. 简述岩浆岩的颜色、矿物成分和化学性质之间的内在规律。

9. 酸性、中性、基性、超基性的岩浆岩矿物成分有何不同？

10. 什么是岩浆岩的结构？有哪些分类方法？

11. 简述硅质、铁质、钙质和泥质胶结物的性质。

12. 简述沉积岩的形成过程。

13. 试述解理、层理、片理之间的主要区别。

14. 对比区分下列名词：

A. 解理、断口、硬度

B. 斑状结构、玻璃质结构

C. 流纹状构造、层理构造、片理构造

D. 结晶质、非晶质、隐晶质、玻璃质

15. 分析三大类岩石在成因上的关系。

16. 试述三大类岩石的主要工程地质性质。

# 学习情境 2　地质构造

## ▶工作任务 2.1　地质年代

视频+课件　思 政 课 堂

◎ **学习目标与要求**：掌握相对地质年代及绝对地质年代的含义；了解岩层间各种接触关系的类型及特征；熟悉地质年代表。

◎ **重点**：相对地质年代及绝对地质年代。

◎ **难点**：岩层间各种接触关系的类型及特征。

### ➤ 1. 地质年代的含义

地壳发展演变的历史叫作地质历史，简称地史。据科学推算，地球的年龄至少有 45.5 亿年。在这漫长的演变过程中，地壳经历了许多强烈的构造运动、岩浆活动、海陆变迁、剥蚀和沉积作用，形成了不同的地质体。查明地质事件发生（或地质体形成）的时代和先后顺序是十分重要的。要想了解一个地区的地质构造、地层的相互关系，以及当阅读地质资料和地质图件时，必须掌握地质年代的相关知识。

根据同位素年龄，生物演化的顺序、过程、阶段，老的构造运动，古地理环境变化等，将地壳的全部历史划分成许多自然阶段，即地质年代。

简单地说，地质年代就是指地球上各种地质事件发生的时代，它有**相对地质年代**和**绝对地质年代**两种表示方法。

**相对地质年代**指地质体形成或地质事件发生的先后顺序（相对先后关系），它是根据生物的演化顺序和岩石的新老关系，确定地质体形成或地质事件发生的先后顺序。它能说明岩层形成的先后顺序及其相对新老关系，能反映岩层形成的自然阶段，适用于沉积岩地区。

**绝对地质年代**指地质体形成或地质事件发生距今有多少年（确切年龄），它是依据同位素年龄测定地质体形成或地质事件发生时距今多少年。它能说明岩层形成的确切时间，但不能反映岩层形成的地质过程。它适用于岩浆岩、变质岩地区。

### ➤ 2. 地质年代单位与地层单位

1）地层和岩层的区别

① 岩层。由两个平行或近于平行的界面（岩层面）所限制的同一岩性组成的层状岩石，称为岩层。岩层是沉积岩的基本单位，没有时代的含意。

② 地层。在地质学中，把某一地质时期形成的一套岩层及其上覆堆积物统称为那个时代的地层。

2）地质年代单位和地层单位

划分地质年代单位和地层单位的主要依据是地壳运动和生物演变。地壳发生大的构造变动之后，自然地理条件将发生显著变化。因而，各种生物也将随之演变，适者生存，这样就形成了地壳发展历史的阶段性。在不同地质年代相应地形成不同的地层，故地层是地壳在各地质年代里变化的真实记录。地质学家们根据几次大的地壳运动和生物界大的演变，把地质历史划分为五个“代”，每个代又分为若干“纪”。纪内因生物发展及地质情况不同，又进一步被划分为若干“世”和“期”，以及一些更细的段落，这些统称为地质年代单位。与地质年代单位相对应的地层单位是界、系、统、阶、带，如古生代形成的地层称为古生界地层，在白垩纪形成的地层，不论其岩性、厚度或化石的差异如何，统称为白垩系地层。

地质年代单位与地层单位对应关系为：

地质年代单位　　　　　地层单位

宙--------------------------------宇

代----------------------------界

纪--------------------系

世-----------统

期-----阶

### ➤3. 地质年代表

通过对全世界各地区地层剖面的划分和对比，综合岩石同位素年龄测定和古生物研究资料，结合我国实际，将地球发展演化的历史按从新到老的顺序进行系统性排列，编制而成的年表称为地质年代表，见表 2–1。

**表 2–1　地质年代表**

<table>
<tr><th colspan="5">地质年代、地层单位及其代号</th><th colspan="2">绝对年龄/百万年</th><th rowspan="2">构造阶段</th><th colspan="2">生物演化</th><th rowspan="2">中国主要地质生物现象</th></tr>
<tr><th>宙（宇）</th><th>代（界）</th><th colspan="2">纪（系）</th><th>世（统）</th><th>时间距</th><th>距今年龄</th><th>动物</th><th>植物</th></tr>
<tr><td rowspan="7">显生宙</td><td rowspan="7">新生代 Kz</td><td colspan="2" rowspan="2">第四纪 Q</td><td>全新世 $Q_4/Q_h$</td><td rowspan="2">约 2～3</td><td>0.012</td><td rowspan="7">喜马拉雅阶段（新阿尔卑斯阶段）</td><td rowspan="2">人类出现</td><td rowspan="7">被子植物繁盛</td><td rowspan="2">冰川广布，黄土生成</td></tr>
<tr><td>更新世 $Q_1/Q_2/Q_3$</td><td>2. 48（1.64）</td></tr>
<tr><td rowspan="5">第三纪 R</td><td rowspan="2">晚第三纪 N</td><td>上新世 $N_2$</td><td>2.82</td><td>5.3</td><td rowspan="5">哺乳动物繁盛</td><td rowspan="2">西部造山运动</td></tr>
<tr><td>中新世 $N_1$</td><td>18</td><td>23.3</td></tr>
<tr><td rowspan="3">早第三纪 E</td><td>渐新世 $E_3$</td><td>13.2</td><td>36.5</td><td>哺乳类分化</td></tr>
<tr><td>始新世 $E_2$</td><td>16.5</td><td>53</td><td>蔬果繁盛</td></tr>
<tr><td>古新世 $E_1$</td><td>12</td><td>65</td><td></td></tr>
</table>

续表

| 宙（宇） | 代（界） | 纪（系） | 世（统） | 时间距（绝对年龄/百万年） | 距今年龄（绝对年龄/百万年） | 构造阶段 | 动物（生物演化） | 植物（生物演化） | 中国主要地质生物现象 |
|---|---|---|---|---|---|---|---|---|---|
| 显生宙 | 中生代 Mz | 白垩纪 K | 晚白垩世 $K_2$ | 70 | 135（140） | （老阿尔卑斯段）燕山阶段 | 爬行动物繁盛 | 被子植物繁盛 | 造山作用强烈，火成岩生成 |
| | | | 早白垩世 $K_1$ | | | | | 裸子植物繁盛 | |
| | | 侏罗纪 J | 晚侏罗世 $J_3$ | 73 | 208 | | | | 恐龙极盛，大陆煤田生成 |
| | | | 中侏罗世 $J_2$ | | | | | | |
| | | | 早侏罗世 $J_1$ | | | | | | |
| | | 三叠纪 T | 晚三叠世 $T_3$ | 42 | 250 | | | | 恐龙发育 |
| | | | 中三叠世 $T_2$ | | | 印支阶段 | | | |
| | | | 早三叠世 $T_1$ | | | | | | |
| | 古生代 Pz　晚古生代 $Pz_2$ | 二叠纪 P | 晚二叠世 $P_2$ | 40 | 290 | 海西阶段 | 两栖动物繁盛 | 蕨类植物繁盛 | 冰川广布，造山作用强烈 |
| | | | 早二叠世 $P_1$ | | | | | | |
| | | 石炭纪 C | 晚石炭世 $C_3$ | 72 | 362（355） | | | | 煤田生成，爬行类昆虫发生 |
| | | | 中石炭世 $C_2$ | | | | | | |
| | | | 早石炭世 $C_1$ | | | | | | |
| | | 泥盆纪 D | 晚泥盆世 $D_3$ | 47 | 409 | | 鱼类繁盛 | 裸蕨植物繁盛 | 森林发育，鱼类极盛，两栖类发育 |
| | | | 中泥盆世 $D_2$ | | | | | | |
| | | | 早泥盆世 $D_1$ | | | | | | |
| | 早古生代 $Pz_1$ | 志留纪 S | 晚志留世 $S_3$ | 30 | 439 | 加里东阶段 | 海生无脊椎动物繁盛、硬壳物繁盛 | 藻类及菌类繁盛 | 珊瑚礁发育，造山运动强烈 |
| | | | 中志留世 $S_2$ | | | | | | |
| | | | 早志留世 $S_1$ | | | | | | |
| | | 奥陶纪 O | 晚奥陶世 $O_3$ | 71 | 510 | | | | 海水广布，无脊椎动物极繁盛 |
| | | | 中奥陶世 $O_2$ | | | | | | |
| | | | 早奥陶世 $O_1$ | | | | | | |
| | | 寒武世 $\epsilon_3$ | 晚寒武世 $\epsilon_3$ | 60 | 570（600） | | | | 浅海广布，生物开始大量发展 |
| | | | 中寒武世 $\epsilon_2$ | | | | | | |
| | | | 早寒武世 $\epsilon_1$ | | | | | | |
| 元古宙 | 元古代 Pt　新元古代 $Pt_3$ | 震旦纪 Zz | | 230 | 800 | | 裸露物繁盛 | 真核生物出现 | 冰川广布，晚期海侵加广 |
| | | 青白口纪 | | 200 | 1 000 | 晋宁阶段 | | | 沉积深厚造山变质强烈，火成岩矿产生成 |
| | 中元古代 $Pt_2$ | 蓟县纪 | | 400 | 1 400 | | | | |
| | | 长城纪 | | 400 | 1 800 | | | （绿藻） | |
| | 古元古代 $Pt_1$ | | | 700 | 2 500 | 吕梁阶段 | | | |
| 太古宙 | 太古代 Ar　新太古代 $Ar_2$ | | | 500 | 3 000 | 陆核形成阶段 | | 原核生出现 | 早期基性喷发，变质强烈 |
| | 古太古代 $Ar_1$ | | | 800 | 3 800 | | 生命现象出现 | | |

注：“距今年龄”列中括号中的数字是国际地层年龄。当中国地层年龄与国际地层年龄不一致时列于括号中。

## 4. 相对地质年代的确定

1）沉积岩相对地质年代的确定

沉积岩相对地质年代，是通过层序、岩性、接触关系和古生物化石来确定的。

（1）地层序律。

沉积岩在自然形成过程中，下面的总是先沉积的地层，上覆的总是后沉积的地层，形成自然的层序。若这种自然层序没有被褶皱或断层打乱，那么岩层的相对地质年代可以由其在层序中的位置来确定。但并非现在野外见到的地层都是下老上新，对于后期地壳运动使地层变动（倾斜、倒转）的地层层序，可用沉积构造中的层面构造（波痕、泥裂、印模等）作为“示底构造”恢复顶底后，判断先后顺序（见图 2–1）。

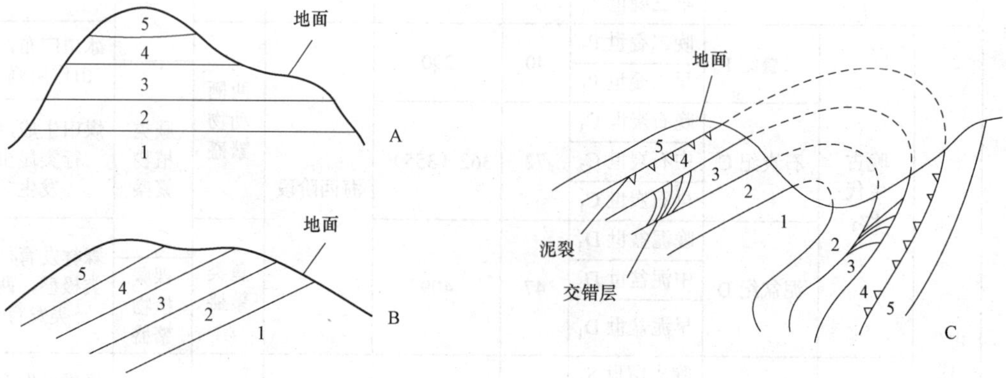


A—原始水平层理；B—倾斜层理；C—倒转地层；1、2、3、4、5—地层依次从老到新。

图 2–1 地层序律示意图

层面泥裂的“示底构造”，V 形开口的方向指向上层面，如图 2–2 所示。上层面地层较新。波滚湖底和雨打沙滩都是典型的“示底构造”，分别如图 2–3、图 2–4 所示。

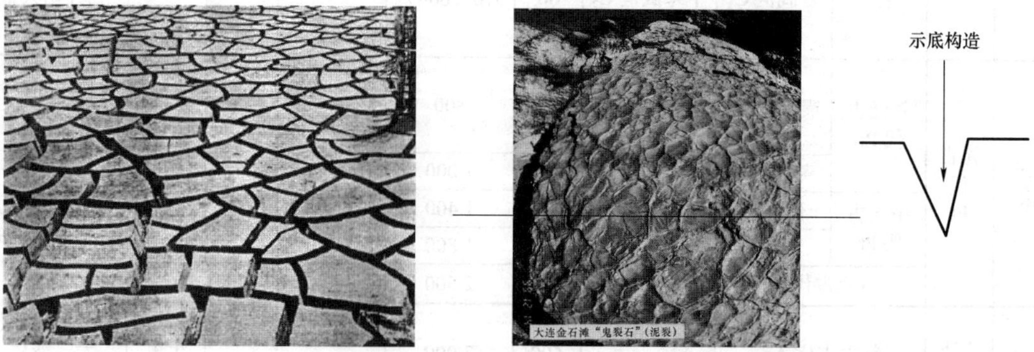


图 2–2 层面泥裂的“示底构造”

图 2–3　波滚湖底

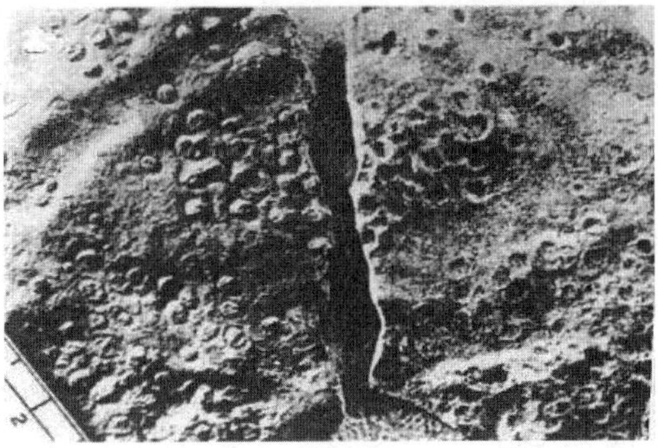

图 2–4　雨打沙滩

（2）生物层序律。

按照生物演化的规律，从古到今，生物总是由低级到高级、由简单到复杂逐步发展。主地质年代的每一个阶段中，都发育有生物群。因此，在不同地质年代沉积的岩层中，都会有不同特征的古生物化石。含有相同化石的岩层，一定是同一地质年代中形成的，无论相距多远。所以，只要确定出岩层中所含标准化石的地质年代，那么也就可以随之确定岩层的地质年代了。

化石：埋藏在岩层中的古代生物遗体或遗迹称为化石，如动物的骨骼、甲壳；植物的根、茎、叶；动物足迹、蛋、粪、动植物印痕。生物实体被某种物质（$CaCO_3$、$SiO_2$、黄铁矿等）充填或置换而石化；生物遗体中不稳定成分挥发逸去，仅留下碳质薄膜，生物结构保持不变。

标准化石：指在地质历史中演化快、延续时间短，特征显著，数量多、分布广，对研究地质年代有决定意义的化石，如菊石、三叶虫、腕足动物等，如图 2–5 所示。

(a) 菊石　　(b) 三叶虫

图 2–5　标准化石

生物层序律含有两个方面的信息。一方面，年代越老的地层中所含生物越原始、越简单、越低级，年代越新的地层中所含生物越进步、越复杂、越高级。另一方面，不同时期的地层含有不同类型的化石及其组合，而在相同时期相同环境中所形成的地层，只要原来海洋或陆地相通，都含有相同化石及其组合。

地层层序和生物层序是相辅相成的，根据地层序律确定地层新老，可以帮助确定化石的新老；反过来，根据地层中化石的新老，也可以确定地层的新老。这样经过多年的对比积累，就能建立起地层顺序。

运用地层序律和生物层序律对地层相对地质年代进行确定，其实际工作就是地层的划分和对比。一般根据岩性、化石及地层层序进行地层的划分与对比。

（3）标准地层对比法。

通常情况下，一定区域同一时期形成的岩层，其岩性特点应是一致或近似的。可以以岩石的组成、结构、构造等岩性特点作为岩层对比的基础，但此方法具有一定的局限性和不可靠性。

（4）接触关系。

① 整合接触。上下两套地层的地层层序连续，岩性及所含化石一致或递变。上下两套地层的产状基本一致或平行［见图2–6(a)］。整合接触代表了沉积环境连续变化，以沉积为主、无间断的过程。

② 不整合接触。在很多沉积岩序列里，不是所有的原始沉积物都能保存下来。地壳上升可以形成侵蚀面，然后下降又被新的沉积物所覆盖，这种埋藏侵蚀面称为不整合面。上下岩层之间具有埋藏侵蚀面的这种接触关系，称为不整合接触。不整合接触面以下的岩层先沉积，年代较老，不整合面以上的岩层后沉积，年代较新。由于发生了阶段性的变化，不整合接触面上下的岩层，在岩性及古生物等方面往往都有显著不同。因此，不整合接触就成为划分地层相对地质年代的一个重要依据。

沉积岩的不整合接触关系主要有以下两种。

a）角度不整合。埋藏侵蚀面将年轻的、新的、变形较轻的沉积岩同倾斜或褶皱的沉积岩分开，不整合面上下之间有一角度差异，如图 2–6(b)所示。

b）平行不整合。大体上互相平行的岩层之间有起伏不平的埋藏侵蚀面，如图 2–6(c)所示。

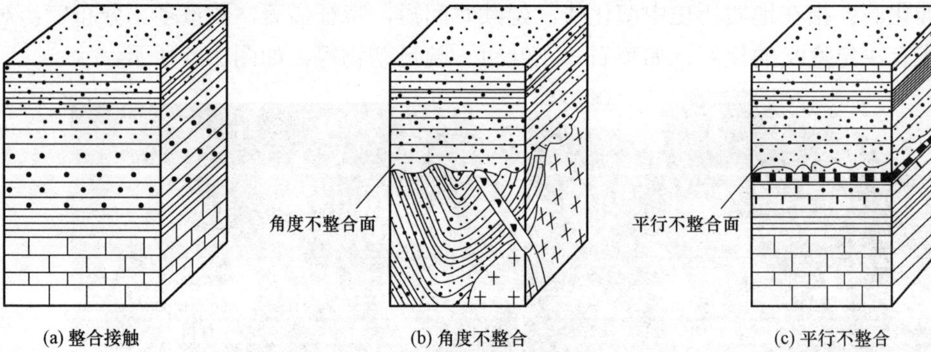


图 2–6 沉积岩地层接触关系

2）岩浆岩相对地质年代的确定

岩浆岩的相对地质年代，是通过它与沉积岩的接触关系及它本身的穿插构造来确定的。

（1）接触关系。

① 侵入接触。岩浆侵入体侵入沉积岩层之中，使围岩发生变质现象。它说明岩浆侵入体的形成年代，晚于发生变质的沉积岩层的地质年代，如图 2–7(a)所示。

② 沉积接触。岩浆岩形成之后，经长期风化剥蚀，后来在侵蚀面上又有新的沉积。侵蚀面上部的沉积岩层无变质现象，而在沉积岩的底部往往有由岩浆岩组成的砾岩或岩浆岩风化剥蚀的痕迹。这说明岩浆岩的形成年代，早于沉积岩的地质年代，如图 2–7(b)所示。

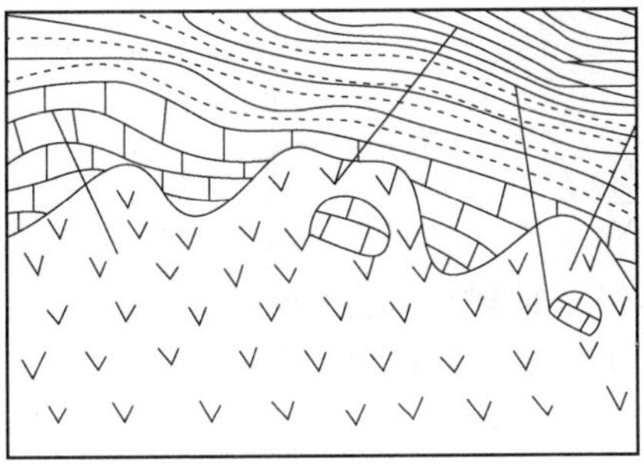

(a) 侵入接触

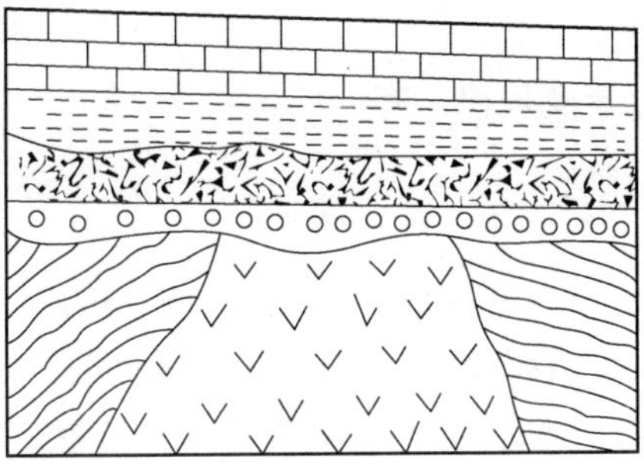

(b) 沉积接触

图 2–7　岩浆岩与沉积岩的接触关系

（2）切割律或穿插关系。

穿插的岩浆岩侵入体（如岩株、岩脉和岩基等），总是比被它们所侵入的最新岩层还要年轻，而比不整合覆盖在它上面的最老岩层要老。

侵入岩相对年龄的确定：根据侵入、包裹、切割或穿插关系来确定，侵入者年代新，被侵入者（围岩）年代老。

切割或穿插关系：切割或穿插者年代新，被切割或被穿插者年代老。

图 2–8 为侵入岩切割或穿插关系示意图。

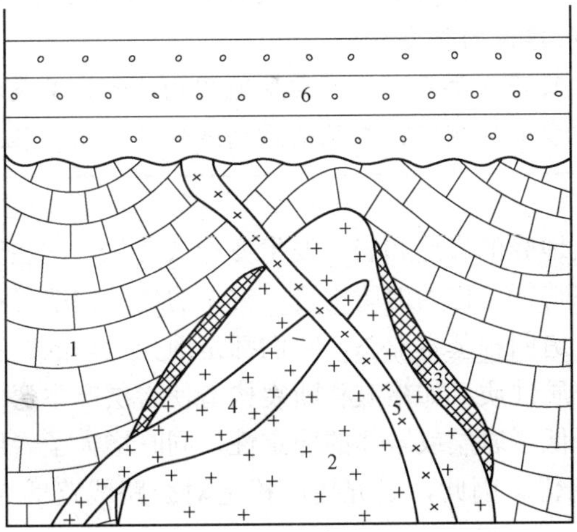


1　石灰岩；2　花岗岩；3　矽卡岩；4　闪长岩；5　辉绿岩；6　砾岩。

图 2–8　侵入岩切割或穿插关系示意图

### ➤ 5. 同位素年龄测定（绝对年龄）

放射性同位素方法是 1904 年英国物理学家卢福首先提出的。

具有不同原子量（中子数不同、质子数相同）的同种元素的变种称为同位素。有的同位素其原子核不稳定，会自动放射出能量，即具有放射性，称为放射性同位素，如 $^{238}U$、$^{235}U$、$^{234}Th$、$^{232}Th$、$^{87}Rb$、$^{40}K$ 等。放射性同位素经过放射性衰变（放出 α 粒子、β 粒子、γ 射线）变成稳定同位素。放射性同位素都具有固定的蜕变速度。某一放射性元素蜕变到它原来数量的一半所需的时间称为半衰期，它是一个常数，如 $^{238}U \rightarrow ^{238}Pb$ 半衰期为 4. 49×$10^9$ 年，$^{234}Th$ 的半衰期为 24.1 天。

根据衰变规律，有

$$T=\frac{1}{\lambda}\cdot\frac{D}{N}$$

式中：$T$——包含该放射性元素的矿物的同位素年龄（放射性同位素的年龄）；

$\lambda$——衰变常数（每年每克母体同位素能产生的子体同位素克数）；

$D$——蜕变而成的子体同位素克数；

$N$——矿物中放射性同位素蜕变后剩下的母体同位素克数。

自然界的矿物和岩石一经形成，其中所含有的放射性同位素就开始以恒定的速度蜕变，这就像天然的时钟一样，记录着它们自身形成的年龄。当知道了某一放射性元素的蜕变速度后，那么含有这一元素的矿物晶体自形成以来所经历的时间，就可根据公式求得。

思政课堂

# ▶工作任务 2.2　地质构造

◎ **学习目标与要求**：掌握地质构造的概念；掌握岩层产状及产状要素的含义，了解岩层产状要素的测定和表示方法；熟悉各种常见地质构造的含义、组成要素、分类及特征，正确认识地质构造对工程建设的重要意义。

◎ **重点**：岩层产状及产状要素含义；常见地质构造的含义及特征。

◎ **难点**：岩层产状要素的测定；常见地质构造的特征及工程地质性质评价。

由地壳运动导致组成地壳的岩层和岩体发生变形或变位，这些变形和变位长久残留于地壳中，其空间展布和形态特征，称为地质构造。常见的地质构造包括岩层的水平构造、倾斜构造、褶皱构造和断裂构造四种基本形态，它们都是地壳运动的产物。地质构造大大改变了岩层和岩体原来的工程地质性质，如褶皱和断裂构造使岩层产生弯曲、破裂和错动，破坏了岩层或岩体的完整性，降低了岩层或岩体的稳定性，同时增大了岩层或岩体的渗透性，使建筑地区工程地质条件复杂化。因此，研究地质构造对公路线路的布置、设计和施工等都具有很重要的实际意义。

## ▶子任务2.2.1　水平构造和倾斜构造

### ➤ 1. 水平构造

在地壳运动影响轻微、大面积均匀隆起或坳陷的地区，地层保持近于成岩时，水平状态（小于 5°）的地质构造称为水平构造（见图 2–9）。

水平构造的地层经风化剥蚀，可形成一些独特的地貌景观：层理面平直、厚度稳定的岩层，往往形成阶梯状陡崖；交互沉积的软硬相间水平岩层，经风化后可形成塔状、柱状、城堡状地形；若水平岩层的顶部为坚硬的厚层岩层所覆盖，由于上部岩层抗风化侵蚀能力强，则可形成方山和桌状山地形。

（1）水平岩层特征。

① 时代较新的岩层叠置在较老岩层之上。

② 水平岩层的露头分布形态完全受地形的影响，其地质界线（岩层面在地面的出露线）在地质图上与地形等高线平行或重合，而不相交。

③ 水平岩层的厚度就是该岩层顶面和底面的标高之差。

④ 水平岩层的露头宽度（岩层上、下层面的地质界线的水平距离）取决于岩层的厚度和地面坡度。

（2）水平构造的工程地质评价。

① 作为地基的工程性质。水平岩层的露头向四方延伸，一层层地铺盖着，而且在水平方向上，同一岩层的岩性、厚度大体均一，因此是理想的路基及桥基地基。

② 对边坡的影响。当软弱结构面为水平时，这种岩层开挖的路堑边坡一般比较稳定。

③ 对隧道工程的影响。对于较薄的水平岩层，若彼此之间联结性差，又属不同性质的岩层，在开挖洞室（特别是大跨度的洞室）时，常常发生塌顶，因为此时洞顶岩层的作用如同过梁，它很容易由于层间的拉应力到达极限强度而导致破坏。如果水平岩层具有各个方向的裂隙，则常常造成洞室大面积的坍塌（见图 2–10）。

图 2–9　水平构造

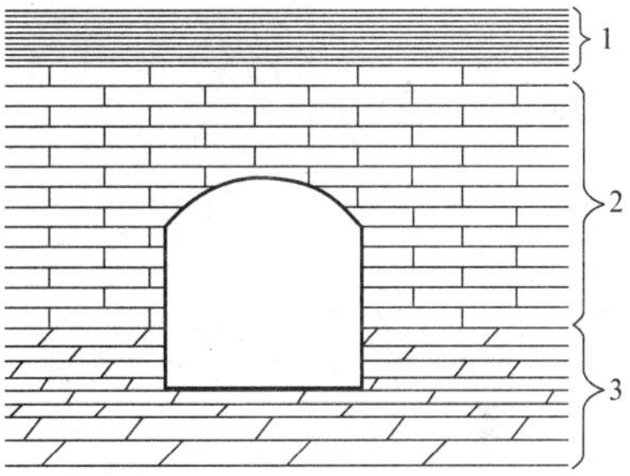


1—页岩；2—石灰岩；3—泥灰岩。

图 2–10　水平构造对洞室的影响

对于厚度大的水平岩层（厚度大于洞室高度 2 倍以上者），且层间联结紧密、不透水、裂隙不发育，又无断裂破碎带的水平岩体部位，岩层的承受力比较好。若在这些地段选择洞室位置，对修建洞室是有利的。

**➤ 2. 倾斜构造**

原来呈水平状态的岩层，当经构造变动而成为与水平面呈一定角度（5°～85°）的倾斜岩层时，称为倾斜构造（见图 2–11）。在一定范围内，岩层倾斜方向和倾斜角度大体一致的单斜岩层，可称为单斜构造。单斜构造的岩层，当倾角较小（小于 35°）时，在地貌上往往形成单面山（见图 2–12）；当倾角较大（大于 35°）时，在地貌上则往往形成猪背岭。

（1）单斜岩层的主要特征。

① 当岩层顺序正常时，地面出露的顺序为顺倾向方向由老到新变化，从反倾向方向观察，地层是从新到老依次出露的。

② 当岩层顺序倒转时，则顺倾向与逆倾向方向地层出露的新老次序与上述情况相反。

图 2–11 倾斜构造

图 2–12 单面山

③ 单斜岩层的露头宽度取决于岩层厚度、地面坡度和岩层倾角三者之间的关系，露头形态受地形坡度与岩层倾向之间的关系及岩层倾角与坡角大小关系等因素影响。

（2）单斜构造的工程地质评价。

① 对道路选线的影响。当线路通过单斜山时［见图 2–13(a)］，两侧边坡的稳定性条件不同，背向岩层倾向的一侧山坡对路基及边坡的稳定性有利，顺向岩层倾向的一侧山坡则正好相反。当线路通过单斜谷时［见图 2–13(b)］，路线应选择在岩层倾向背向山坡的一岸。

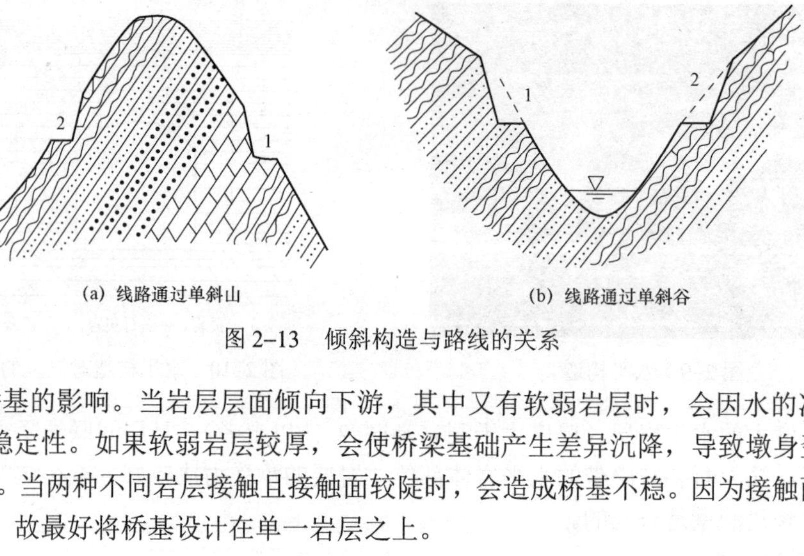


图 2–13 倾斜构造与路线的关系

② 对桥基的影响。当岩层层面倾向下游，其中又有软弱岩层时，会因水的冲蚀作用而影响基础的稳定性。如果软弱岩层较厚，会使桥梁基础产生差异沉降，导致墩身歪斜或倾覆（见图 2–14）。当两种不同岩层接触且接触面较陡时，会造成桥基不稳。因为接触面一般都是软弱结构面，故最好将桥基设计在单一岩层之上。

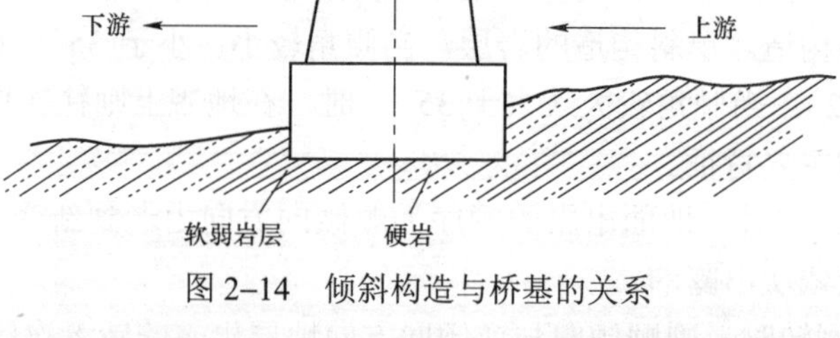


图 2–14 倾斜构造与桥基的关系

（3）单斜构造对隧道工程的影响。

当洞室轴线平行于岩层走向时［见图 2–15(a)］，这一般对于在倾斜岩层中设计洞室轴线来说是不利的，因为此时岩层完全被洞室切割。若岩层间缺乏紧密联结，加上又有几组裂隙切割，则洞室两侧边墙所受的侧压力不一致，容易造成洞室边墙的偏压破坏。

当洞室轴线与岩层走向垂直时［见图 2–15(b)］，为较好的洞室布置方案。因为在这种情况下，当开挖导洞时，由于导洞顶部岩石应力再分布，断面形成一抛物线形的自然拱，大大削弱了由于岩层开挖对岩体稳定性的影响。尤其是当岩性均一、结构致密、各岩层间联结紧密、节理裂隙不发育时，在这些岩层中开挖隧道工程最好。

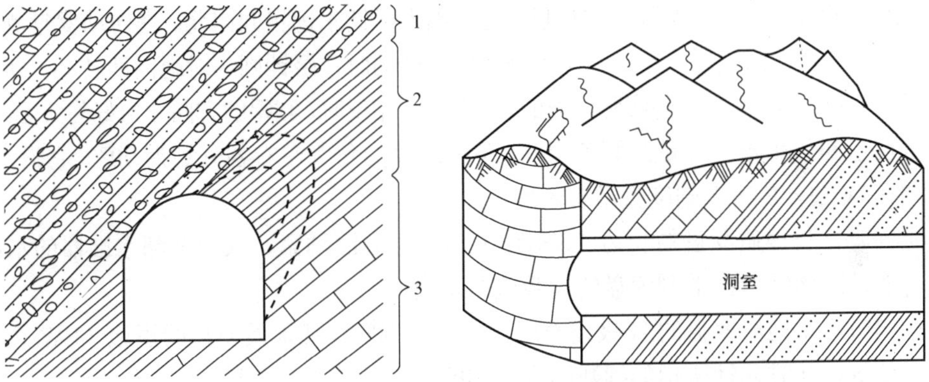


(a) 洞室轴线平行于岩层走向　　(b) 洞室轴线垂直于岩层走向

图 2–15　单斜构造与洞室轴线的关系

### ➤ 3. 岩层产状

*1）岩层产状要素*

视频+课件

岩层在地壳中的空间方位和产出状态，称为岩层产状。它由岩层面在空间的延伸方向和倾斜程度来确定，用走向、倾向和倾角表示，称为岩层产状要素（见图 2–16）。在野外，用地质罗盘来测量岩层产状要素。

（1）走向。

岩层面与水平面交线的水平延伸方向称为该岩层的走向。岩层走向用方位角表示。因此，同一岩层的走向可用两个方位角数值表示，如 NW 300° 和 SE 120°，表示该岩层在水平面上的两个延伸方向。

（2）倾向。

岩层面上垂直于走向线 *acb*，沿层面倾斜向下所引的直线，叫作倾斜线（图 2–16 中的 *ce* 线）。它在水平面上的投影线所指的层面倾斜方向为该岩层的倾向（图 2–16 中的 *cd*）。因此，岩层的倾向只有一个方位角数值，并与同一岩层的走向方位角数值相差 90°。

（3）倾角。

岩层面上的倾斜线与它在水平面上的投影线之间的夹角，即倾斜岩层面与水平面之间的二面角（图 2–16

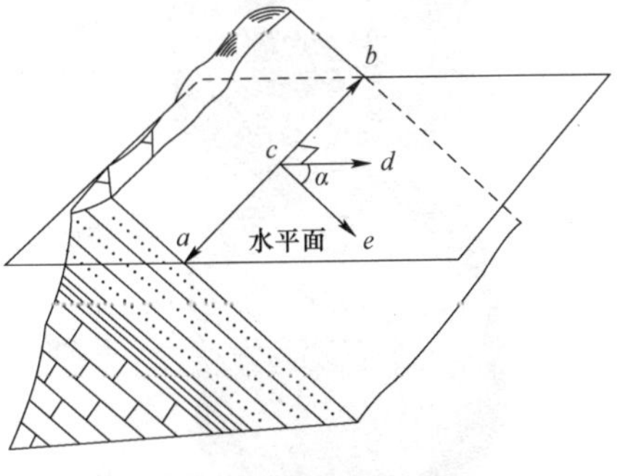


α—倾角；*ab*—走向；*cd*—倾向。

图 2–16　岩层产状要素

中的 $\alpha$ 角），为岩层的倾角。

2）*岩层产状要素的测量方法*

测量岩层产状要素时一般使用地质罗盘。地质罗盘有矩形或八边形（圆形）两种，其主要构件有：磁针、上刻度盘、下刻度盘、倾角指示针（摆锤）、圆水准器、长水准器等。

上刻度盘多数按方位角分划，以北为零度，按逆时针方向分划为360°。当按象限角分划时，则北和南均为零度，东和西方向均为90°。在刻度盘上用4个符号代表地理方位，即N代表北，S代表南，E代表东，W代表西。当刻度盘上的南北方向和地面上的南北方向一致时，刻度盘上的东西方向和地面实际方向相反，这是因为磁针永远指向南北。在转动罗盘测量方向时，只有刻度盘转动而磁针不动，即当刻度盘向东转动时，磁针则相对地向西转动。所以，只有当刻度盘上刻的东、西方向与实际地面的东、西方向相反时，测得的方向才恰好与实际相一致。

下刻度盘和倾角指示针是测倾角用的。下刻度盘的角度左右各分划为90°，它没有方向，通常只刻在W边，E边下刻度盘没有刻度。

测走向时，将地质罗盘的长边（NS 边）与岩层层面贴紧、放平（圆水准器的水准泡居中）后，北针或南针所指上刻度盘的读数就是走向。

测倾向时，用地质罗盘的N极指着层面的倾斜方向，使地质罗盘的短边（EW 边）与层面贴紧、放平，此时北针所指的读数即为所求的倾向。

测倾角时，将地质罗盘侧立，以其长边贴紧层面，并与走向线垂直，这时倾角指示针所指下刻度盘的读数就是倾角，如图2–17所示。有的地质罗盘的倾角指示针是用长水准器的水准泡来调正的，测倾角时要用手调背面的旋柄，使长水准器的水准泡居中间位置，然后再读数。

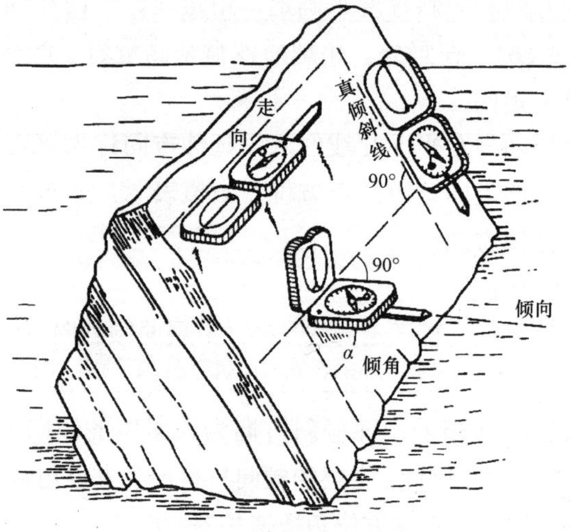


图2–17 地质罗盘和测量岩层产状要素

3）岩层产状的记录方法

岩层产状的记录方法有以下两种。

（1）象限角表示法。

此种记录方法以北的方向（0°）为准，一般记走向、倾向、倾角。如 N65°W/25°S，即表示走向北偏西 65°、倾角 25°、大致向南倾斜；又如 N30°E/27°SE，即表示走向北偏东 30°、倾角 27°、倾向南东。

（2）方位角表示法。

此种记录方法一般只记录倾向和倾角。如 205°∠25°，前者是倾向的方位角，后者是倾角，即表示倾向 205°、倾角 25°。再用加或减去 90°的方法计算出走向。岩层产状的三要素在地质图上可用符号 ⊥25° 来表示：长线表示走向，短线表示倾向，数字代表倾角。

## ▶子任务2.2.2　褶皱构造

视频+课件

岩层在地壳运动作用下，产生一系列连续的波状弯曲，称为褶皱。绝大多数褶皱是在水平挤压力作用下形成的，有的褶皱是在垂直作用力下形成的。褶皱是地壳中最常见的地质构造之一，它的规模大小相差悬殊。巨大的褶皱可延伸达数十至数百千米，而微小的褶皱则可在手标本上见到。

### ➤ 1. 褶曲要素

为了分析研究褶皱构造和对褶皱进行分类，首先要确定褶皱的基本单位——褶曲。褶曲是岩层的一个弯曲，两个或两个以上褶曲的组合叫褶皱。褶曲的各组成部分称为褶曲要素，任何褶曲都具有以下基本要素（见图 2–18）。

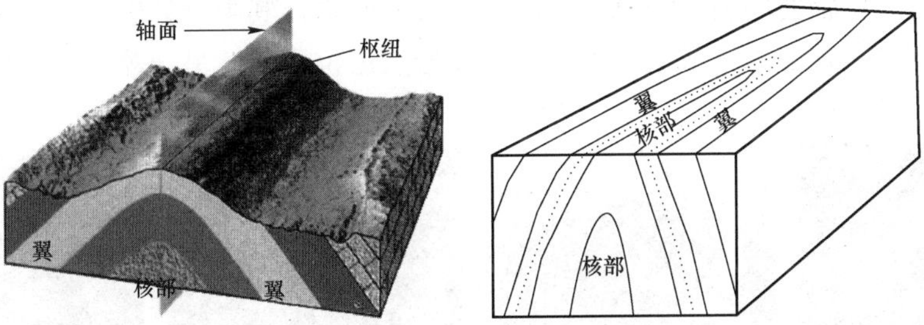


图 2–18　褶曲要素

① 核部：褶曲弯曲的中心部分，如背斜核部是较老岩层，而向斜核部则为较新岩层。

② 翼：褶曲核部两侧的岩层。

③ 轴面：大致平分褶曲两翼的假想面，可为平面或曲面，它的空间位置和岩层一样可用产状表示，有直立的、倾斜的或水平的。

④ 轴线：指轴面与水平面的交线，它是水平的直线或曲线。轴线的方向表示褶曲的延长方向，轴线的长度反映褶皱在轴向上的规模大小。

⑤ 枢纽：指褶曲岩层的层面与轴面相交的线。它是水平的、倾斜的或波状起伏的，并能反映褶曲在轴面延伸方向上产状的变化。背斜的枢纽称为脊线，向斜的枢纽称为槽线。

### ➤ 2. 褶曲的基本类型及特征

褶皱的形态是多种多样的，但其基本类型只有两种，即背斜与向斜。

① 背斜：岩层向上拱起，经风化、剥蚀后露出地面的地层，向两侧呈对称出现，自核部向翼岩层时代依次由老到新，新地层在两侧，即两翼岩层常相背向外倾斜，这种褶皱构造被称为背斜。

② 向斜：岩层向下弯曲形成槽型褶皱，自核部向翼岩层时代依次由新到老，两翼岩层常相对向内倾斜的称为向斜。在一系列褶皱中，背斜与向斜常常是并存相连的（见图2–19）。

图 2–19　背斜与向斜

### ➤ 3. 褶曲的形态分类

1）*按轴面和两翼岩层的产状分类*（见图 2–20）

① 直立褶曲：轴面近于垂直，两翼岩层向两侧倾斜，倾角近于相等。

② 倾斜褶曲：轴面倾斜，两翼岩层向两侧倾斜，倾角不等。

③ 倒转褶曲：轴面倾斜，两翼岩层向同一方向倾斜，其中一翼岩层层位倒转。

④ 平卧褶曲：轴面水平或近于水平，一翼岩层层位正常，另一翼岩层层位倒转。

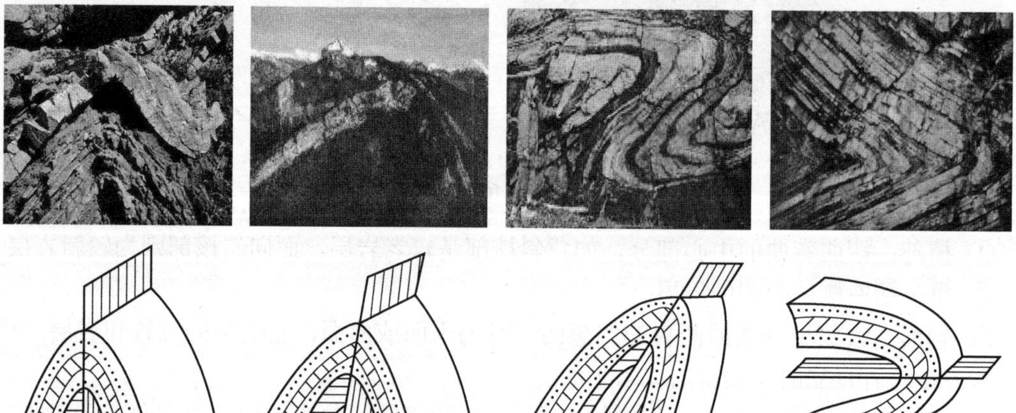

(a) 直立褶曲　　(b) 倾斜褶曲　　(c) 倒转褶曲　　(d) 平卧褶曲

图 2–20　褶曲的形态分类示意图（按轴面和两翼岩层的产状分类）

2）按枢纽产状分类（见图 2–21）

① 水平褶曲：枢纽水平，两翼同一岩层的走向基本平行。

② 倾伏褶曲：枢纽倾斜，两翼同一岩层的走向不平行而呈弧形变化。

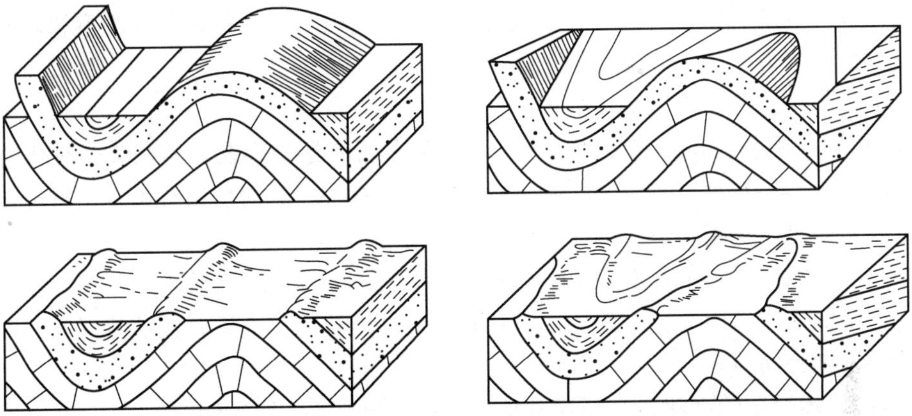

(a) 水平褶曲　　(b) 倾伏褶曲

图 2–21　褶曲的形态分类示意图（按枢纽产状分类）

**➤ 4. 褶皱的识别**

在野外进行地质调查及地质图分析时，为了识别褶皱，需要先查明地层的层序和确定地层的时代，并测量岩层的产状要素，然后根据下列方法来分析判断是否有褶皱存在，进而确定是向斜还是背斜。

1）穿越法

穿越法就是沿选定的调查路线，垂直岩层走向进行观察。使用穿越法便于了解岩层的产状、层序及其新老关系。若在路线通过地带的岩层呈有规律的对称出现，则可判断为褶皱构造（见图 2–22）。

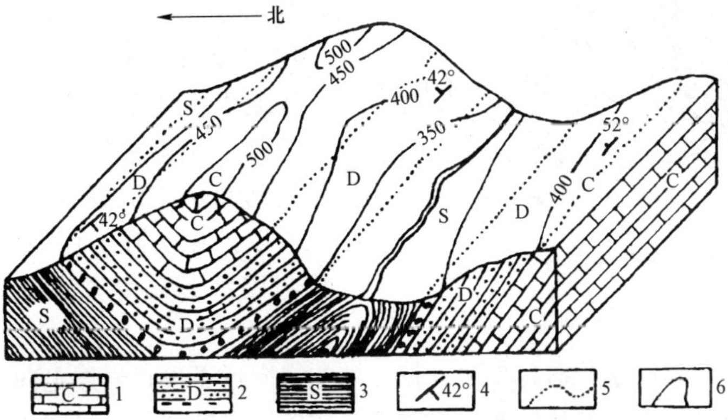


1—石炭系；2—泥盆系；3—志留系；4—岩层产状；5—岩层界线；6—地形等高线。

图 2–22　褶皱构造立体图

2）追索法

追索法即为平行于岩层走向进行观察的方法。平行于岩层走向进行追索观察便于查明褶曲延伸的方向及其构造变化的情况。当两翼岩层在平面图上彼此平行展布时，为水平褶曲；若两翼岩层在转折端闭合或呈 S 形弯曲，则为倾伏褶曲。

穿越法和追索法不仅是野外观察识别褶皱的主要方法，同时也是野外观察和研究其他地质构造现象的基本方法。

褶皱的分析判定遵循以下规律。

① 根据岩层是否有对称重复的出露，可判断是否有褶皱存在。若在某一时代的岩层两侧有其他时代的岩层对称重复出现，则可确定有褶皱存在。若岩层虽有重复出露现象，但并不对称分布，则可能是断层形成的，不能误认为褶皱。

② 对比褶皱核部和两翼岩层的时代新老关系，判断褶皱是背斜还是向斜。若核部地层时代较老，两侧依次出现渐新的地层，为背斜；反之，若核部地层时代较新，两侧依次出现渐老的地层，则为向斜。

③ 根据两翼岩层的产状，判断褶皱是直立的、倾斜的，还是倒转的。

此外，为了对褶皱进行全面认识，除进行上述横向分析外，还要沿褶曲轴线延伸方向进行平面分析，了解褶曲轴线的起伏情况及其平面形态的变化。若褶曲轴线是水平的，呈直线状，或在地质图上两翼岩层对称重复，并平行延伸，则称为水平褶皱；若在地质图上两翼岩层对称重复，但彼此不平行，且逐渐折转会合，呈 S 形，则为倾伏褶皱。

### ➤ 5. 褶曲构造的工程地质性质评价

褶曲构造对工程建筑有以下几方面的影响。

1）褶曲核部的工程性质

褶曲核部的岩层由于受水平挤压作用，应力集中，节理发育，产生许多裂隙，岩石破碎，易受风化，岩体强度低，渗透性强，所以工程地质条件较差（见图 2–23）。在核部布置各种建筑工程，如桥基、坝址及隧道等，必须要注意防治岩层的坍落、漏水及涌水问题。

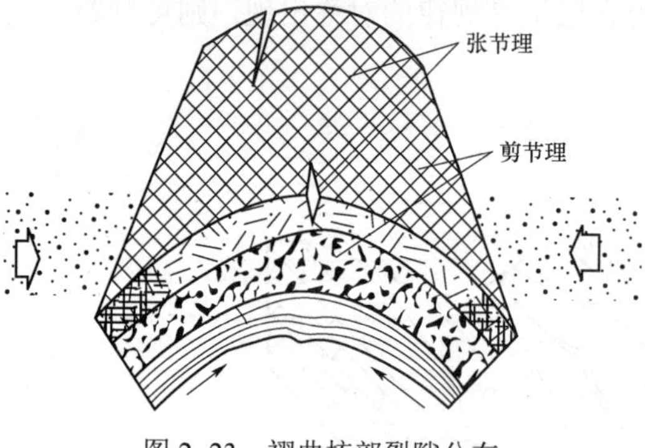

图 2–23　褶曲核部裂隙分布

2）褶曲翼部的工程性质

从地质构造条件看，在路线工程中往往遇到的是大型褶皱构造的一部分，无论是背斜还是向斜，在褶皱的翼部基本上是单斜构造。所以，在实际工程中，分析倾斜岩层的产状与路线或隧道轴线走向的关系就显得尤其重要。

在背斜翼部布置路线工程时，如果开挖边坡的走向近于平行岩层走向，且边坡倾向与岩层倾向一致，边坡坡角大于岩层倾角，则容易造成顺层滑动现象（见图 2–24）。

在向斜翼部布置路线工程时，边坡倾向与岩层倾向往往相反，这种情况对开挖边坡的稳定较有利（见图 2–25）。

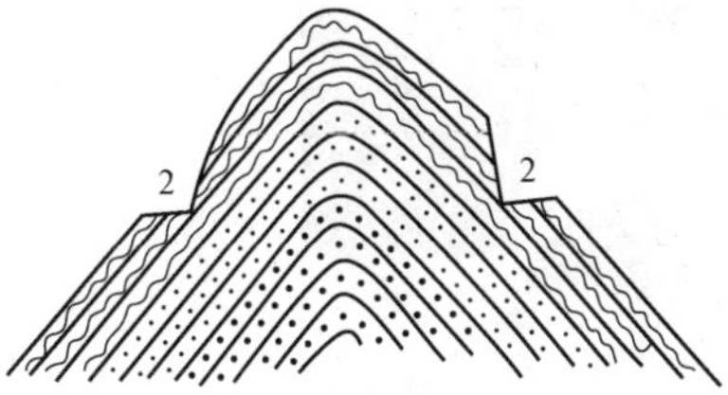


图 2–24　背斜翼部布置路线工程

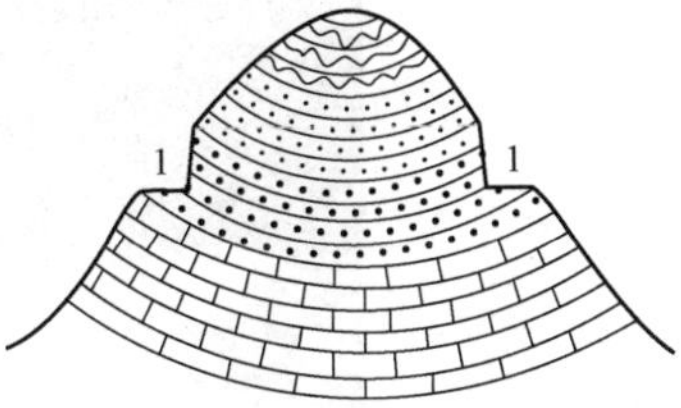


图 2–25　向斜翼部布置路线工程

此外，不管是背斜还是向斜的翼部，如果开挖边坡的走向与岩层走向的夹角较大，两者倾向相同，但岩层倾角更大，则对开挖边坡的稳定较有利。因此，在褶曲翼部布置建筑工程时，重点注意岩层的倾向及倾角的大小。

3）褶曲构造对隧道等地下工程的影响

如果隧道轴线平行于岩层走向，一般应将其布置在褶皱的翼部，尽量避开褶曲核部地段，因为隧道通过均一岩层有利于稳定。如果隧道布置在核部，相比较而言，背斜的核部比向斜的核部稳定，因为背斜的核部可以自然成拱（见图 2–26）。

如果隧道轴线不平行于岩层走向，隧道轴线与褶曲走向的交角要越大越好，这样隧道通过破碎核部的范围更小，更有利于隧道洞室的稳定（见图 2–27）。

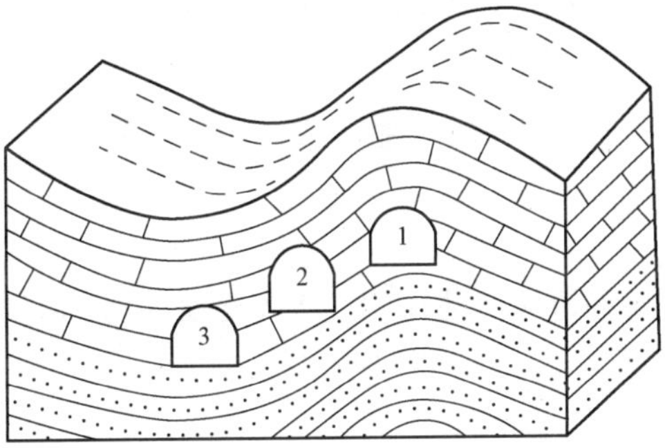


图 2–26　隧道轴线平行于岩层走向

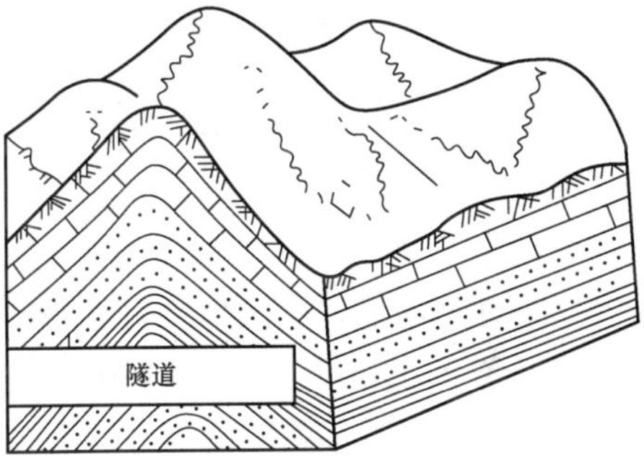


图 2–27　隧道轴线不平行于岩层走向

## ▶子任务2.2.3　断裂构造

视频+课件

岩体受构造应力作用超过其强度时而发生破裂或位移，使岩体的完整性和连续性遭到破坏，这种构造称为断裂构造。根据断裂两侧岩石的相对位移情况，断裂构造的变位可分为节理和断层两种类型。

断裂构造是主要的地质构造类型，在地壳中广泛分布，对建筑地区岩体的稳定性影响很大，且常对建筑物地基的工程地质评价和规划选址、设计施工方案的选择起控制作用。

### ➤ 1. 节理

1）基本概念

岩石受力作用形成的破裂面或裂纹，称为节理。它是破裂面两侧的岩石没有发生明显位移的一种构造（见图 2–28）。它往往是褶皱和断层的伴产生物，然而自然界中岩石的节理，并非都是由于地质构造运动所造成的。节理的产状也可用走向、倾向和倾角进行描述。

图 2–28 节理

2）节理的分类

根据节理的成因，可将其分为原生（成岩）节理、次生节理和构造节理三种基本类型。

（1）原生（成岩）节理。

原生（成岩）节理是岩石在成岩过程中形成的节理。例如玄武岩中的柱状节理，它是其在形成时岩浆喷发至地表后冷却收缩而产生的六棱柱状、五棱柱状或其他不同形态的节理［见图 2–29(a)］。在南京六合县桂子山发现的世界上罕见的石林，就是由玄武岩的柱状节理形成的。此外，沉积岩中的龟裂现象，因其失去水分后干缩而成，也是一种原生（成岩）节理。

（2）次生节理。

次生节理是由于岩石风化、岩坡变形破坏、河谷边坡卸荷作用及人工爆破等外力而形成的节理［见图 2–29(b)］，一般仅局限于地表，规模不大，分布也不规则。例如，由于河流的下切侵蚀，使河谷及其两侧的部分岩石被搬运，致使下部岩石所受的压力减轻（称减压卸荷作用），应力得以释放，产生平行于岸坡和谷底的节理，这就是卸荷节理。

（3）构造节理。

构造节理是由地壳运动产生的构造应力作用而形成的节理，在岩石中分布广泛，延伸较深，方向较稳定，可切穿不同的岩层，如图 2–29(c)所示。

(a) 原生（成岩）节理　(b) 次生节理（球风化）　(c) 构造节理（剪节理）

图 2–29 节理的分类

按构造节理的力学性质，可将其分为张节理和剪节理两种，如图 2–30 所示。

① 张节理：岩石所受张应力超过其抗张强度后发生破裂而产生的节理，多见于脆性岩石中，尤其是在褶皱转折端等张应力集中的部位。其特点是具有张开的裂口，节理面粗糙不平，沿走向方向和沿倾向方向延伸均不远。砂岩和砾岩中的张节理，节理面往往绕过砾石或砂粒，呈现凹凸不平状。

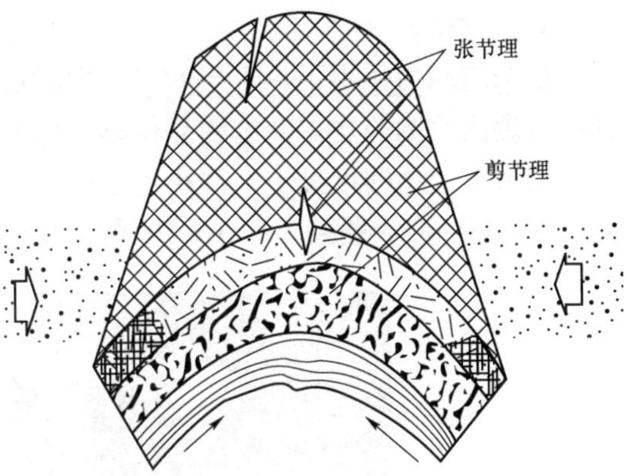


图 2–30　张节理和剪节理示意图

② 剪节理：岩石所受剪应力超过其抗剪强度后发生破裂而产生的节理，一般发生在与最大压应力方向成 45° 左右夹角的平面上。剪节理在岩石中常成对出现，呈 X 形交叉，因而也可称为 X 形节理。剪节理的特征是细密而闭合，节理面平直光滑，延伸较远，有时可见到擦痕。砾岩或砂岩中的共轭剪节理，其节理面往往切穿砾石或砂粒。

图 2–30 为张节理和剪节理示意图，二者比较见表 2–2。

**表 2–2　张节理和剪节理的比较**

| 类型 | 作用力 | 裂面张开及充填情况 | 节理面特征 | 节理间距 | 延伸情况 | 发育情况 |
|---|---|---|---|---|---|---|
| 张节理 | 张应力 | 裂缝张开，常被石英、方解石脉充填 | 弯曲，粗糙不平，呈锯齿状，无擦痕 | 较大 | 走向变化大，延伸不远，常绕过砾石或砂粒 | 褶皱轴部成组出现，平行或垂直褶皱轴 |
| 剪节理 | 剪应力 | 节理紧闭或稍张开 | 平直光滑，有擦痕，镜面两侧岩层发生相对位移 | 较小 | 走向稳定，延深较长，常切穿岩石中的砾石或砂粒 | 一般成对出现，呈 X 形，较密集 |

3）节理的工程地质性质评价

岩体中的节理对岩体的强度和稳定性均有不利的影响。当节理主要发育方向与路线走向平行，倾向与边坡一致时，不论岩体的产状如何，路堑边坡均易发生崩塌等不稳定现象。在路基施工中，如果岩体存在节理，还会影响爆破作业的效果。

影响节理工程地质性质的因素包括以下几个。

① 节理的成因：构造节理分布范围广、埋藏深度大，并向断层过渡，对工程稳定性影响较大。

② 节理的受力特征：张节理比剪节理的工程性能差。

③ 节理产状：倾向和边坡一致的节理稳定性差。

④ 节理密度和宽度：一般用节理发育程度来表示，节理越发育，对工程影响越大。

⑤ 节理面间的充填物：充填有软弱介质的节理，其工程地质条件差。

⑥ 节理的充水程度：饱水的节理，其稳定性差。

### 2. 断层

在构造应力作用下，岩层所受应力超过其本身的强度，使其连续、完整性遭受破坏，并且沿断裂面两侧的岩体产生明显位移，称为断层。由于构造应力大小和性质的不同，断层规模差别很大，小的可见于一块小的手标本上，大的可延伸数百甚至上千千米（见图 2–31），如我国的郯–庐大断裂，在 1∶$10^6$ 的卫星图像上都显示得很清楚。

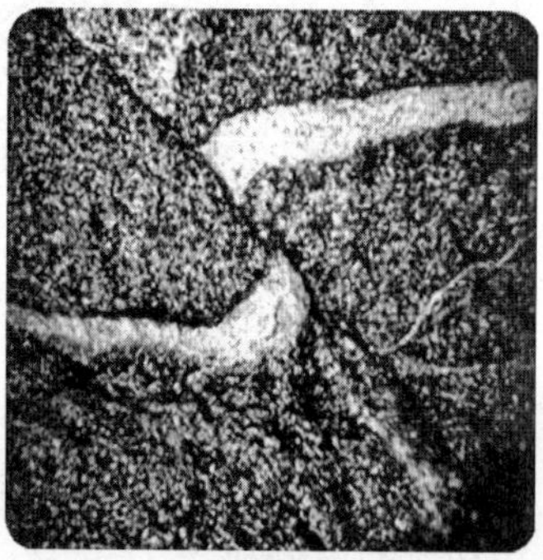

(a)手标本上的断层

(b)美国圣安地列斯断层

图 2–31　断层

1）*断层要素*

断层的基本组成部分，称为断层要素，它包括断层面、断层线、断层带、断盘、断距等（见图 2–32）。

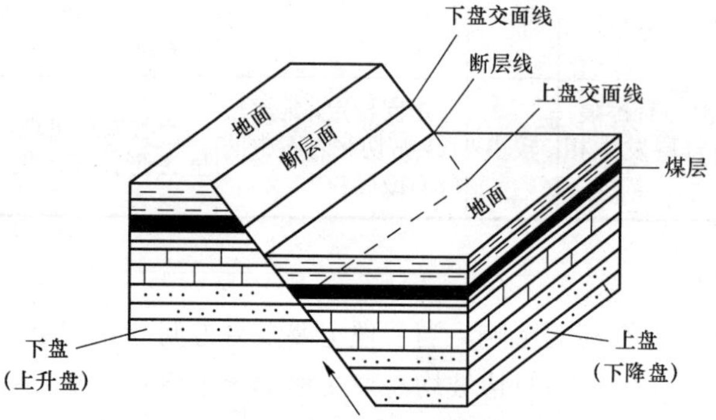


图 2–32　断层要素图

（1）断层面。

岩层断裂错开，发生相对位移的破裂面，称为断层面。断层面可以是直立的或倾斜的平面，也可以是波状起伏的曲面。断层面的空间位置用产状要素表示。

（2）断层线。

断层面与地面的交线，称为断层线。断层线表示断层延伸的方向，其形状取决于断层面及地表形态，它可以是直线，也可以是各种曲线。

（3）断层带。

包括断层破碎带和断层影响带，是指断层面之间的岩石因发生错动破坏而形成的破碎部分，以及受断层影响使岩层裂隙发育或产生牵引弯曲部分。

（4）断盘。

断层面两侧岩体，称为断盘。当断层面倾斜时，位于断层面以上的岩体，叫上盘；位于断层面以下的岩体，叫下盘。断层面直立时，则按方向可称为东盘、西盘或南盘、北盘。

（5）断距。

断层两盘岩体沿断层面相对移动的距离，称为断距。断距可分为总断距、铅直断距、水平断距、走向断距、倾向断距等。

2）断层的基本类型

断层可根据形态和成因进行分类。按断层两盘相对位移的情况，将断层分为正断层、逆断层和平移断层（见图 2–33）。

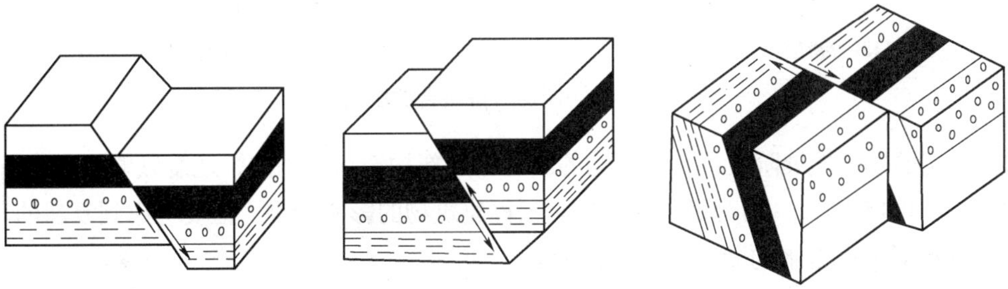

(a) 正断层　(b) 逆断层　(c) 平移断层

图 2–33　断层的类型

（1）正断层。

主要是由于张应力作用，使岩层产生断裂，进而在重力作用下，引起上盘沿断层面相对下降，下盘沿断层面相对上升的断层，称为正断层。当断层破碎带较宽时，常为断层角砾或断层泥。

（2）逆断层。

与正断层相反，逆断层的上盘沿断层面相对上升，下盘沿断层面相对下降。这主要是水平挤压作用的结果，所以，逆断层也称为压性断层。逆断层的断裂带较紧密，断层面呈舒缓波状，常可见擦痕。

（3）平移断层。

两盘沿断层面走向的水平方向发生相对位移的断层，称为平移断层。平移断层一般是在剪切应力作用下，沿平面剪切裂隙发育形成的，断层面较平直、光滑。

3）断层的工程地质性质评价

断层是地层沿一个破裂面或破裂带两侧发生相对位错的现象。由于岩层发生强烈的断裂变动，导致岩体节理增多、岩石破碎、风化严重、地下水发育充分，从而降低了岩石的强度和稳定性，对工程建筑造成了不利的影响。

（1）断层对工程的普遍影响。

① 断层破碎带力学性质差：断层破碎带力学强度低、压缩性大，建于其上的建筑物因其地基的沉陷较人，易造成开裂或倾斜［见图 2–34(a)］。

② 断层面两侧岩性差异大：断裂带及其两侧上、下盘的岩性常常不同，易产生不均匀沉降，跨越断裂构造带的建筑物易开裂或倾斜［见图 2–34(b)］。一般来说，线路垂直通过断层比顺着断层方向通过受的危害小，隧洞工程通过断裂破碎带时易发生坍塌。

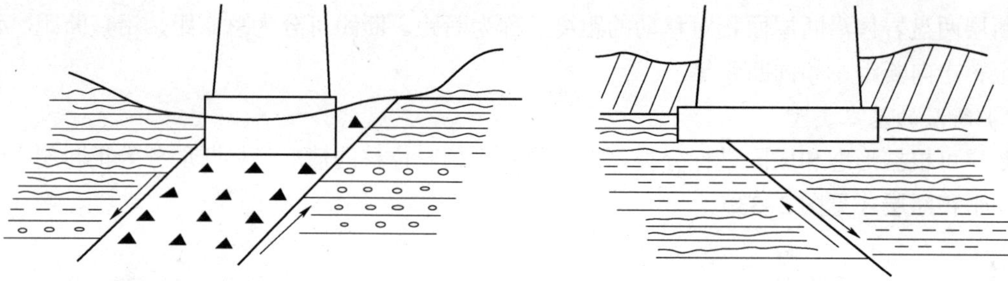

(a) 桥墩位于断层碎裂带　　(b) 桥墩横跨断层

图 2–34　断层对桥墩台的影响

③ 断层的发生发展阶段：正在活动的断层（如新构造运动剧烈、地震频繁地区的断层），对工程建筑物的影响大，相对稳定的断层对工程建筑物的影响较小，但要考虑到复活的可能。

④ 充水情况：饱水的断层带稳定性差。

⑤ 人为影响：有些大的水库可使附近断层复活，不可忽视。

（2）断层对隧洞选线的影响。

在隧洞轴线穿过断裂地带时，应尽量使其垂直于断裂的走向。当不能垂直时，隧道轴线与褶曲走向的交角越大越好（见图 2–35）。

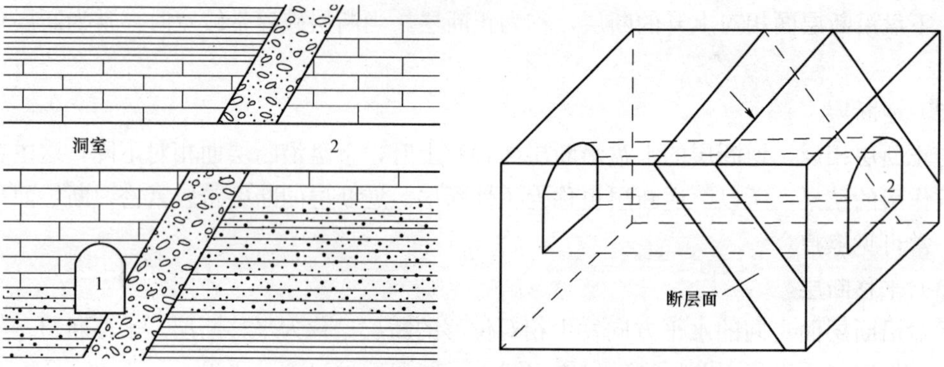


1—隧道轴线平行于断层碎裂带；2—隧道轴线垂直于断层碎裂带。

图 2–35　断层对隧道选线的影响

思政课堂

## ▶工作任务 2.3　分析和阅读地质图

◎ **学习目标与要求**：掌握地质图的组成及规格；掌握褶皱、断层、岩层接触关系等在地质图上的表示方法及特征，能阅读和分析一般地质图。

◎ **重点**：掌握褶皱、断层、岩层接触关系等在地质图上的表示方法及特征；地质图阅读和分析。

◎ **难点**：地质图阅读和分析。

用规定的符号、线条和色彩来反映一个地区各种地质现象、地质条件和地质发展历史的图件，叫作地质图。它是依据野外探明和收集的各种地质勘测资料，按一定比例投影在地形底图上编制而成的，是地质勘察工作的主要成果之一。地质图的基本内容一般通过统一规定的图例符号来表示。工程建设中的规划、设计和施工阶段，都需要以地质勘测资料为依据，而地质图是可直接利用和使用方便的主要图表资料。因此，初步学会分析和阅读地质图的基本方法是很重要的。

### 1. 地质图的组成及规格

地质图是根据工作阶段和应用目的选用一定的比例尺，将地表出露的各种地质现象测绘在地形底图上编制而成的。因此，一幅完整的符合标准的地质图（见图 2–36），应包括以下基本内容。

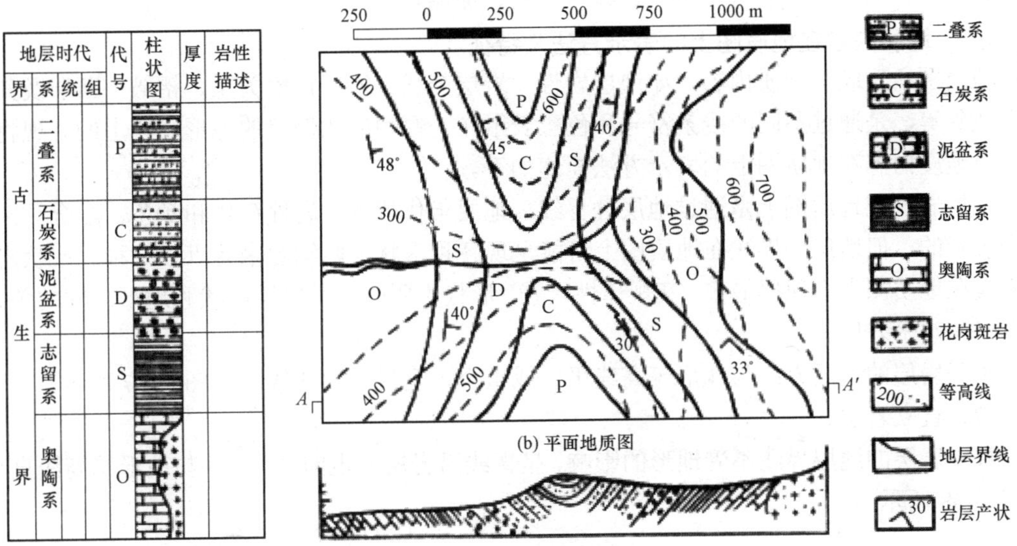


(a) 综合地层柱状图　　(c) 地质剖面图

图 2–36　地质图

1）平面地质图

这是地质图的主体部分，包括以下几点。

① 地理概况。图区所在的地理位置（经纬度、坐标线）、主要居民点位置（城镇、乡村所在地）、地形地貌的特征等。

② 一般地质现象。各种不同地质年代的地层种类、岩性、产状、分布规律及地层界线、各种地质构造类型等。

③ 特殊的地质现象。如崩塌、滑坡、泥石流、岩溶、土洞等重要的蚀变现象等。

2）地质剖面图

在平面地质图上，选择一至数条有代表性方向的图切剖面，以表示岩层、褶皱、断层的空间形态及产状和地貌特征。

3）综合地层柱状图

综合地层柱状图主要表示平面图区内的地层层序、厚度、岩性变化及接触关系。

4）图例

图例主要说明地质图中所用线条符号和颜色的含义，按沉积地层层序、岩浆岩、地质构造及其他地质现象顺序排列，自上而下或从左到右，地层从新到老排列。

5）比例尺

比例尺的大小反映了图的精度。比例尺越大，图的精度越高，对地质条件的反映也越详细、越准确。一般地质图比例尺的大小，由工程的类型、规模、设计阶段和地质条件的复杂程度确定。按工作的详细程度或工作阶段的不同，地质图可分为大比例尺（1:1 000～1:25 000）地质图、中比例尺（1:50 000～1:100 000）地质图、小比例尺（1:200 000～1:1 000 000）地质图。工程建设地区的地质图，一般是大比例尺地质图。

6）责任栏

责任栏说明地质图的编制单位、编审人员、成图日期等。

**➤ 2. 地质内容在地质图上的表示方法及特征**

地质图所反映的地质内容，如地层岩性、岩层产状、岩层接触关系、褶皱、断层及其他地质现象等，是通过不同的线条符号和色彩表示在一幅相应比例尺的地形底图上的。现将几种主要地质内容在地质图上的表示方法简述如下。

地层岩性在地质图上是通过地层分界线、地层年代代号、岩性符号和颜色，配合图例说明来表示的。但地层分界线在地质图上可能呈现各种形状，归纳起来有以下几种。层状岩层的界线在地质图上出现得最多，其规律性较强，形状主要取决于岩层产状和地形之间的关系。

（1）水平岩层。

水平岩层的地层界线与地形等高线平行或重合，呈封闭的曲线，如图 2–37 所示。

（2）直立岩层。

直立岩层的地层界线不受地形的影响，呈直线沿岩层的走向延伸，并与地形等高线直交，如图 2–38 所示。

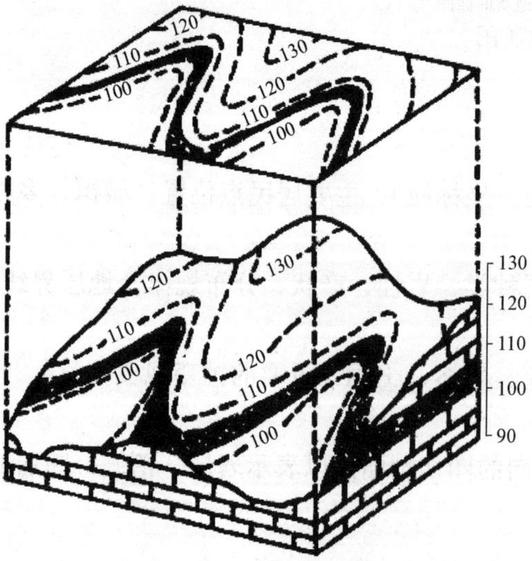


图 2–37　水平岩层在地质图上的表示

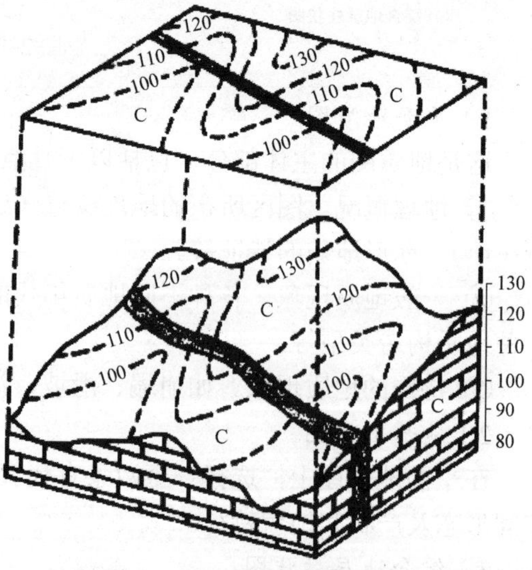


图 2–38　直立岩层在地质图上的表示

（3）倾斜岩层。

倾斜岩层的地层界线与地形等高线斜交，呈 V 形弯曲的曲线状，如图 2–39 所示。地层界线的弯曲程度与岩层倾角和地形起伏有关，一般岩层倾角越小，V 形越紧闭；岩层倾角越大，V 形越开阔。按岩层产状与地形的关系，则有以下规律，称为 V 形法则。

① 当岩层倾向与地形坡向相反时，地层界线的弯曲方向（V 形的尖端，下同）和地形等高线的弯曲方向相同，但地层界线的弯曲度比地形等高线的弯曲度小（见图 2–39）。

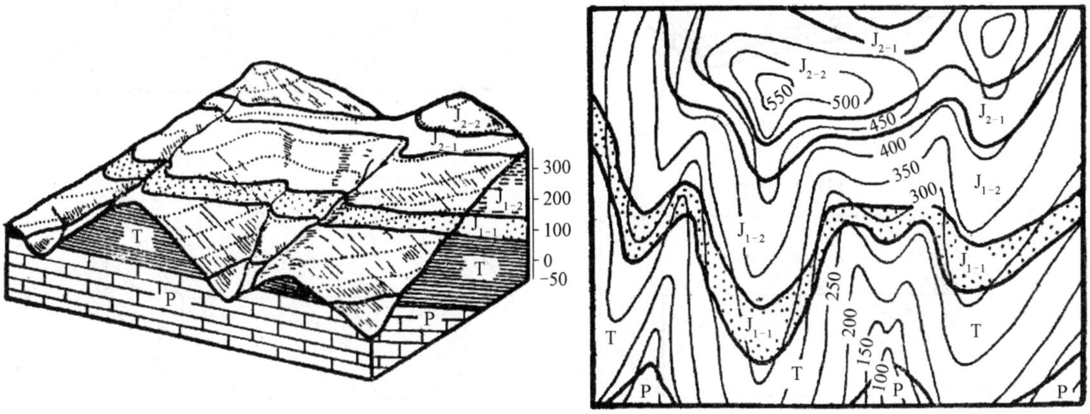


图 2–39　倾斜岩层在地质图上的表示（一）

② 当岩层倾向与地形坡向相同，且岩层倾角大于地面坡度时，地层分界线的弯曲方向和地形等高线的弯曲方向相反（见图 2–40）。

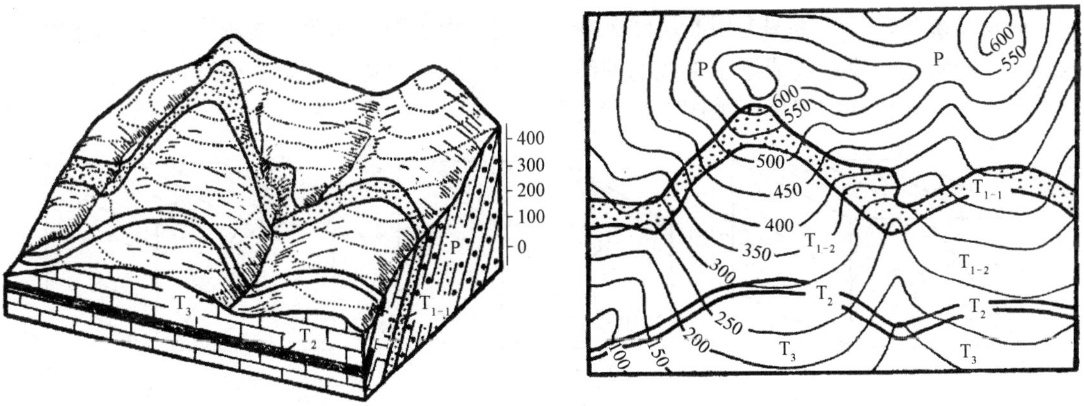


图 2–40　倾斜岩层在地质图上的表示（二）

③ 当岩层倾向与地形坡向相同，而岩层倾角小于地面坡度时，地层分界线的弯曲方向和地形等高线的弯曲方向相同，但地层界线的弯曲度比地形等高线的弯曲度大（见图 2–41）。

（4）褶皱。

水平褶皱平行延伸，倾伏褶皱彼此不平行，且呈 S 形，如图 2–42 所示。

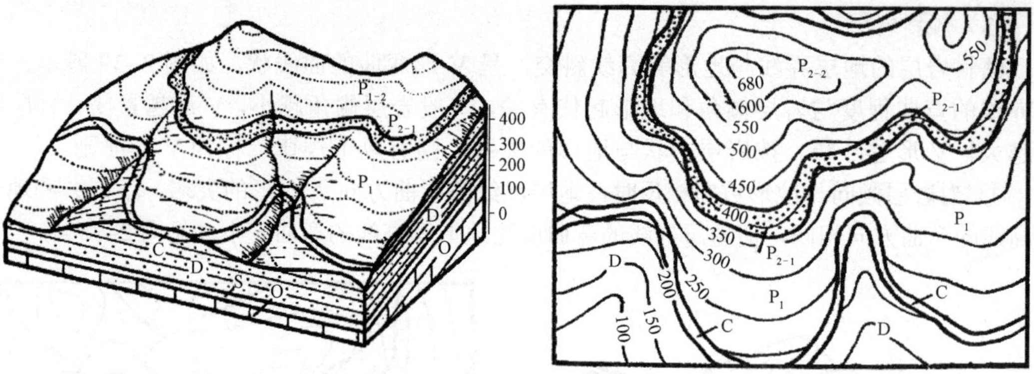


图 2–41　倾斜岩层在地质图上的表示（三）

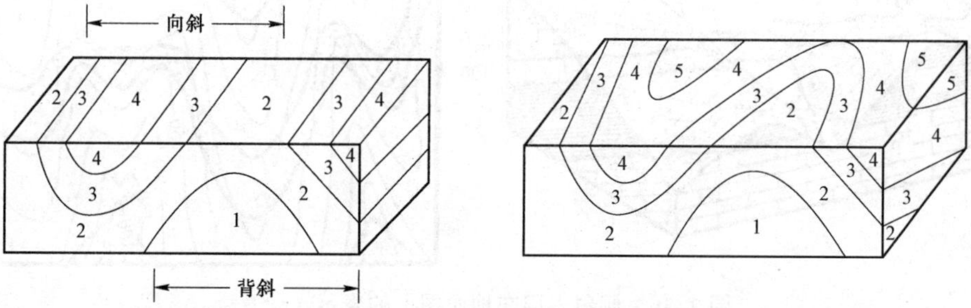


(a) 水平褶皱　　(b) 倾伏褶皱

图 2–42　褶皱在地质图上的表示

（5）断层。

通常情况下，在地质图上用断层线来表示断层。由于断层倾角一般较大，所以断层线在地质图上通常是一段直线或近于直线的曲线。在断层线的两侧存在岩层中断、缺失、重复、宽窄变化及前后错动等现象，如图 2–43 和图 2–44 所示。

图 2–43　断层造成的地层重复

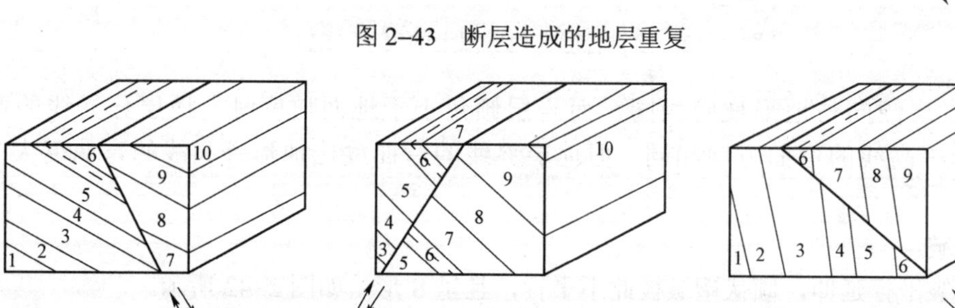

图 2–44　断层造成的地层缺失

在断层走向与岩层走向大致平行时，断层线两侧出现同一岩层的不对称重复或缺失，地面被剥蚀后，出露老岩层的一侧为上升盘，出露新岩层的一侧为下降盘；而当断层走向与岩层走向垂直或斜交时，无论是正、逆断层，还是平移断层，在断层线两侧都出现中断和前后错动现象，正、逆断层向前错动的一侧为上升盘，相对向后错动的一侧为下降盘。

当断层与褶皱轴垂直或斜交时，不仅表现为翼部岩层顺走向不连续，而且还表现为褶皱轴部岩层的宽度在断层线两侧有变化。如果褶皱是背斜，上升盘轴部岩层出露的范围变宽，下降盘轴部岩层出露的范围变窄［见图 2–45(a)］，而向斜的情况与背斜相反［见图 2–45(b)］。平推断层两盘轴部岩层的宽度不发生变化，在断层线两侧仅表现为褶皱轴及岩层错断开［见图 2–45(c)］。

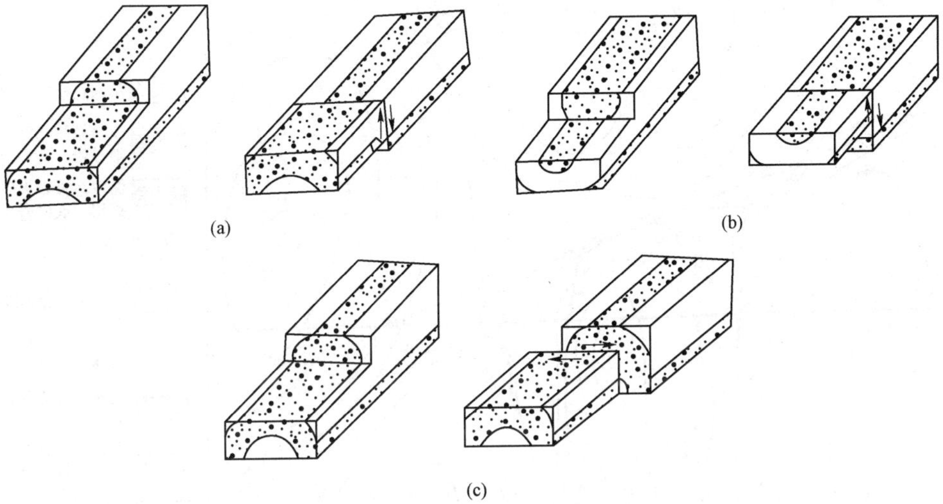


图 2–45　断层垂直于褶皱轴时在地质图上的表示

### ➤ 3. 地质图的阅读和分析

掌握了上述地质图的基本知识后，即可进行地质图的阅读和分析，了解工程建筑地区的区域地层岩性分布和地质构造特征，分析其有利与不利的地质条件对建筑物的影响，具有很重要的实际意义。

1）阅读地质图的方法

① 先看图和比例尺，以了解地质图所表示的内容、图幅的位置、地点范围及其精度。如图比例尺是 1∶5 000，即图上 1 cm 相当于实际距离 50 m。

② 阅读图例，了解图中有哪些地质年代的岩层及其新老关系，并熟悉图例的颜色及符号。在附有综合地层柱状图时，可与图例配合阅读。综合地层柱状图较完整、清楚地表示出了地层的新老次序、分布程度、岩性特征及接触关系。

③ 分析地形地貌，了解本区的地形起伏、相对高差、山川形势、地貌特征等。

④ 阅读地层的分布、产状及其和地形关系，分析不同地质年代的分布规律、岩性特征及新老接触关系，了解区域地层的基本特点。

⑤ 阅读地质构造，了解图上有无褶皱及褶皱类型、轴部、翼的位置，有无断层及断层性质、分布及断层两侧地层的特征，分析本地区地质构造形态的基本特征。

⑥ 综合分析各种地质现象之间的关系及其发展规律。

⑦ 在上述阅读分析的基础上，对图幅范围内的区域地层岩性条件和地质构造特征，结合工程建设的要求，进行初步分析和评价。

2）宁陆河地区地质图的阅读和分析

根据上述读图方法，现以宁陆河地区地质图（见图 2–46）为例进行读图。图 2–47 为宁陆河地区综合地层柱状图。

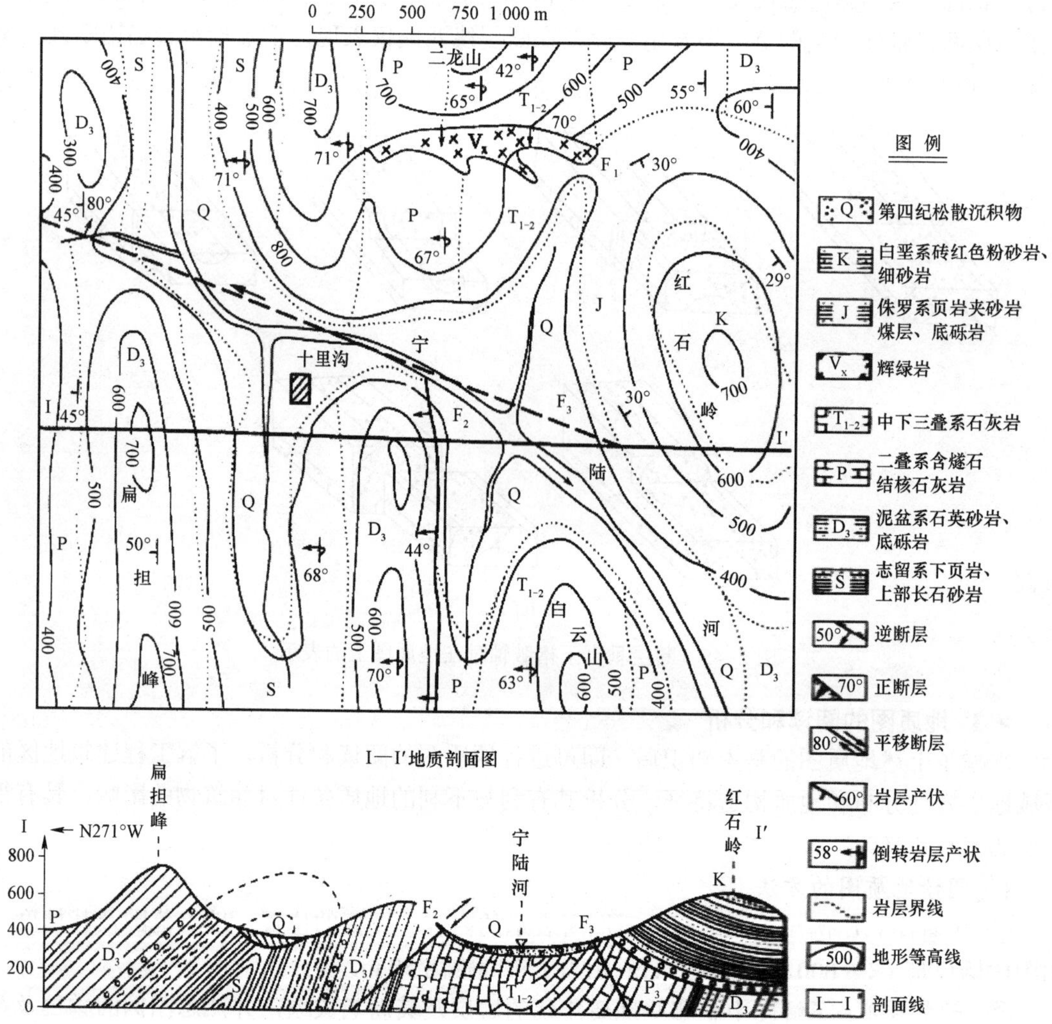


图 2–46 宁陆河地区地质图

| 地层单位 | | | | 代号 | 层序 | 柱状图 (1:25 000) | 厚度 /m | 地质描述及化石 | 备注 |
|---|---|---|---|---|---|---|---|---|---|
| 界 | 系 | 统 | 阶 | | | | | | |
| 新生界 | 第四系 | | | Q | 7 | | 0~30 | 松散沉积层 | |
| | | | | | | | | 角度不整合 | |
| 中生界 | 白垩系 | | | K | 6 | | 111 | 砖红色粉砂岩、细砂岩，钙质和泥质胶结，较疏松 | |
| | | | | | | | | 整合 | |
| | 侏罗系 | | | J | 5 | | 370 | 浅黄色页岩夹砂岩，底部有一层砾岩，靠下部有一层厚达50 m的煤层 | |
| | | | | | | | | 角度不整合 | |
| | 三叠系 | 中下统 | | $T_{1-2}$ | 4 | | 400 | 浅灰色质纯石灰岩，夹有泥灰岩及鲕状灰岩 | |
| | | | | | | | | 整合 | |
| 中生界 | 二叠系 | | | P | 3 | | 520 | 黑色含燧石结核石灰岩，底部有页岩、砂岩夹层，有珊瑚化石 | |
| | | | | | | | | 顺张性断裂辉绿岩呈岩墙侵入，围岩中石灰岩有大理岩化现象 | |
| | | | | | | | | 平行不整合 | |
| | 泥盆系 | 上统 | | $D_3$ | 2 | | 400 | 底砾岩厚度2 m左右，上部为灰白色、致密坚硬石英岩，有鳞木化石 | |
| | | | | | | | | 平行不整合 | |
| | 志留系 | | | S | 1 | | 450 | 下部为黄绿色及紫红色页岩，可见笔石类化石，上部为长石砂岩，有王冠虫化石 | |

| 审查 | | 校核 | 制图 | | 描图 | | 日期 | | 图号 | |
|---|---|---|---|---|---|---|---|---|---|---|

图 2–47　宁陆河地区综合地层柱状图

（1）比例尺。

该地质图比例尺为 1∶25 000，即图上 1 cm 相当于实际距离 250 m。

（2）地形地貌。

本区东部为红石岭，西南为扁担峰，高程均在 700 m 以上，图幅北部为二龙山，南部为白云山，中部地势较低，宁陆河自西北流向东南，全区最高点的二龙山（800 多米）与最低点的河谷（300 多米）最大相对高差约 500 m。区内地形明显受地层、构造、岩性的控制，山脉延伸与地层走向一致，大体作南北向延伸。石灰岩、石英砂岩及白垩纪细砂岩常形成高山，宁陆河沿断层带发育。

（3）地层岩性。

本区出露地层包括志留系（S）、泥盆系上统（$D_3$）、二叠系（P）、中下三叠系（$T_{1-2}$）、侏罗系（J）、白垩系（K）及第四系（Q）。其中泥盆系主要分布在西部扁担峰一带，侏罗系与白垩系分布在东部红石岭周围，第四系主要沿河谷发育。

区内泥盆系上统与志留系地层产状一致，但其间缺失泥盆系下中统沉积，且在泥盆系上统底部有底砾岩存在，二者之间呈假整合接触。二叠系与泥盆系之间缺失石炭系地层，二者也为假整合接触。在图 2–46 中，侏罗系与下伏 $D_3$、$T_{1-2}$、P 三个时代地层相接触，故为不整合接触，第四系与下伏地层也为不整合接触。余者均为整合接触。

北部出露的辉绿岩体因受 $F_1$ 断层控制，大体作东西向延伸，侵入 P 与 $T_{1-2}$ 石灰岩中，而伏于侏罗系之下，故其侵入时代应在三叠系以后侏罗系之前。

（4）地质构造。

① 褶皱构造。

十里沟至扁担峰一带为一倒转背斜，大致作南北向延伸，轴部出露地层为志留系页岩及长石砂岩，两翼由上泥盆系及二叠系石英砂岩、石灰岩所组成。两翼地层对称分布，均向西倾，西翼倾角约45°，东翼倒转，倾角较陡（约70°）。

图幅东南部为白云山倒转向斜，轴向近南北，轴部由中下三叠系石灰岩组成，两翼为二叠系、上泥盆系地层组成。西翼倒转，倾角稍陡，东翼倾角较缓。

该倒转向斜之东为红石岭向斜，大体呈北西—南东向延伸，两翼向相倾斜，倾角约30°，为一直立向斜褶皱，由侏罗系、白垩系地层所组成。

② 断裂构造。

本区较大断层有三条，其中$F_1$断层大致呈东西向延伸，断层面倾向南，倾角约70°，沿断层有辉绿岩体侵入，断层南盘（上盘）相对下降，北盘（下盘）相对上升，故为一正断层。

$F_2$断层大致呈南北向延伸，断层面倾向西，倾角44°，由断层两盘出露地层时代可以看出，西盘属上升盘，东盘属下降盘，故断层为一逆断层，该断层与倒转背斜轴向基本一致。由于断层影响，下盘地层明显变窄。

$F_3$断层大体呈北西—南东向延伸，断层倾角近于直立。从断层两侧志留系与上泥盆系地层界线可以看出，东北盘地层界线明显向西错动，为一平移断层。

## 能力拓展

### 训练1 岩层产状要素的测定

#### 一、目的与要求

学会使用地质罗盘测量方向、岩层的走向、倾向及倾角的技能和方法，能正确记录岩层的产状要素。

#### 二、准备工作

预习教材中有关岩层产状的内容，准备地质罗盘、地形图、记录簿等。

#### 三、内容及方法

1. 认识地质罗盘的构造（参见图2–17）

（1）磁针：一般为中间宽两边尖的菱形钢针，安装在底盘中央的顶针上，可自由转动，不用时应旋紧制动螺丝，将磁针抬起压在盖玻璃上避免磁针帽与顶针尖相碰撞，以保护顶针尖，延长罗盘使用时间。在进行测量时放松制动螺丝，使磁针自由摆动，最后静止时磁针的指向就是磁针子午线方向。由于我国位于北半球，磁针两端所受磁力不等，磁针失去平衡。为了使磁针保持平衡，常在磁针南端绕上几圈铜丝，用此也便于区分磁针的南北两端。

（2）上刻度盘：刻度标示方式从零度开始按逆时针方向每10°一记，连续刻至360°，0°和180°分别为N和S，90°和270°分别为E和W，利用它可以直接测得地面两点间直线的磁方位角。

（3）下刻度盘：专用来读倾角和坡角数值，以E或W位置为0°，以S或N为90°，每隔10°标记相应数字。

（4）悬锥：测斜器的重要组成部分，悬挂在磁针的轴下方，通过底盘处的觇板手可使悬锥转动，悬锥中央的尖端所指刻度即为倾角或坡角的度数。

（5）水准器：通常有两个，分别装在圆形玻璃管中，圆水准器固定在底盘上，长水准器固定在测斜仪上。

（6）瞄准器：包括反光镜、长照准合页、短照准合页及小照准合页，使用反光镜照准时，反光镜中间有细线，下部有透明小孔，使眼睛、细线、目的物三者成一线，作瞄准之用。

2. 磁偏角的校正

在使用地质罗盘前需做磁偏角的校正，因为地磁的南、北两极与地理的南、北两极位置不完全相符，即磁子午线与地理子午线不重合，两者间夹角称磁偏角。地球上各点的磁偏角均定期计算，并公布以备查用。当地球上某点磁北方向偏于正北方向的东边时，称东偏（记为+）；偏于西边时，称西偏（记为−）。如果某点磁偏角（$\delta$）为已知，则一测线的磁方位角（$A_{磁}$）和正北方位角（$A$）的关系为 $A=A_{磁}\pm\delta$。例如，图 2–48 表示 $\delta$ 东偏 30°，且测线所测的角亦为 NE30° 时，则 $A$=30°+30°=NE60°；图 2–49 表示 $\delta$ 西偏 20°，测线所测角为 SE110°，则 $A$=110°−20°=90°。为工作上方便，可以根据上述原理进行磁偏角校正，磁偏角偏东时，转动罗盘外壁的刻度螺丝，使上刻度盘顺时针方向转动一磁偏角值即可（若西偏时，则逆时针方向转动）。经校正后的罗盘，所测读数即为正确的方位。

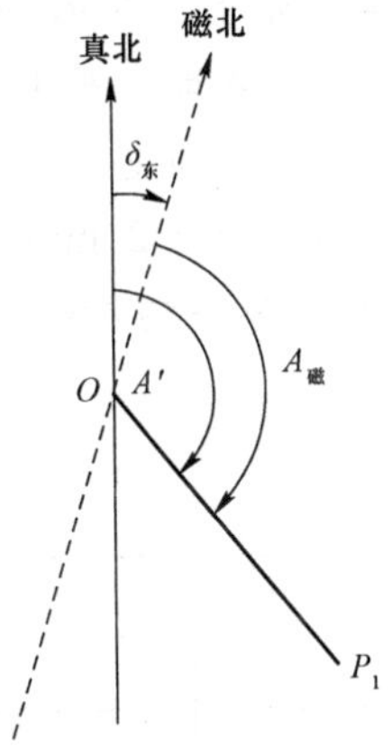


图 2–48　磁偏角东偏示意图

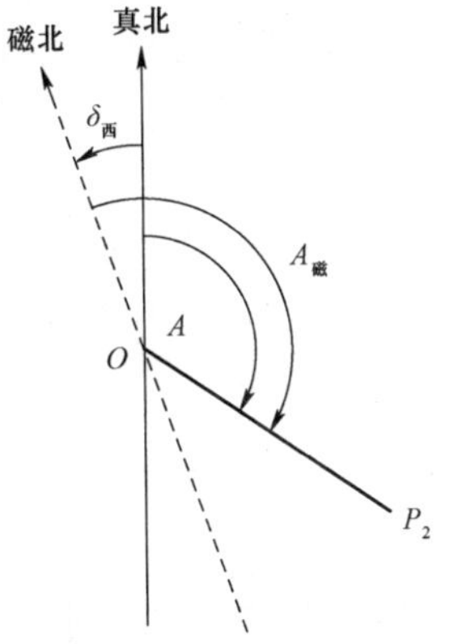


图 2–49　磁偏角西偏示意图

3. 测量方向

在对方向或目的物方位进行测量时，即测定目的物与测者两点所连直线的方位角。方位角是指从子午线顺时针方向至测线的夹角（见图 2–50）。首先放松磁针制动小螺钮，打开对物觇板并指向所测目标，即用罗盘的北（N）端对着目的物，南（S）端靠近自己进行瞄准，使目的物、对物觇板小孔、盖玻璃上的细丝三者连成一直线，同时使圆水准器的气泡居中，待磁针静止时，指北针所指的度数即为所测目标的方位角。

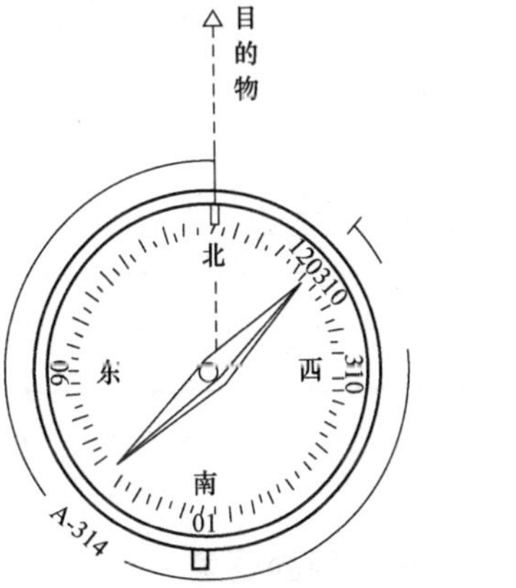


图 2−50　用地质罗盘测量目的物的方位

4. 岩层产状要素的测定

（1）岩层走向的测定：岩层走向是岩层面与水平面

交线的方位，测量时将地质罗盘长边的底棱紧靠岩层面。当圆水准器气泡居中时，读指北或指南针所指度数即所求（因走向线是一直线，其方向可两边延伸，故读南、北针均可）。

（2）岩层倾向的测定：岩层倾向是指岩层向下最大倾斜方向线（真倾向线）在水平面上投影的方位。测量时将地质罗盘北端指向岩层向下倾斜的方向，以南端短棱靠着岩层层面，当圆水准器气泡居中时，读指北针所指度数即所求。

（3）岩层倾角的测定：岩层倾角是指层面与假想水平面间的最大夹角，称真倾角。真倾角可沿层面真倾斜线测量求得，若沿其他倾斜线测得的倾角均较真倾角小，称为视倾角。测量时将地质罗盘侧立，使地质罗盘长边紧靠层面，并用右手中指拨动底盘外的活动扳手，同时沿层面移动地质罗盘。当管状水准器气泡居中时，测斜指针所指最大度数即岩层的真倾角。若测斜器是悬锤式的罗盘，方法与上基本相同，不同之处是右手中指按着底盘外的按钮，悬锤则自由摆动，当达最大值时松开中指，悬锤固定所指的读数即岩层的真倾角。

## 四、结果记录与整理

岩层产状要素的记录方法：用方位角表示时，测得某地层走向是 330°、倾向为 240°、倾角为 50°，记作 330°/SW∠50° 或记作 240° ∠50°（只记倾向与倾角即可）。如果用方位角罗盘测量但要用象限角记录，则需把方位角换算成象限角，再做记录。如上述地层产状，其走向应为 $\gamma$=360° −330° =30°，倾向 $\beta$=240° −180° =60°，其产状记作 N30° W/SW∠50° 或直接记作 S60W∠50 即可。在地质图或平面图上标注地层产状要素时，需用符号和倾角表示 ⅄50°。首先找出实测点在图上的位置，在该点按所测岩层走向的方位画一小段直线（4 mm）表示走向，再按岩层倾向方位，在该线段中点作短垂线（2 mm）表示倾向，然后，将倾角数值标注在该符号的右下方。在完成若干组岩层模型的产状要素测量后，将相关数值填入记录表（见表 2–3）。

**表 2–3　岩层产状要素记录表**

| 序号 | 走向/（°） | 倾向/（°） | 倾角/（°） | 方位角表示方法 |
|---|---|---|---|---|
| | | | | |
| | | | | |
| | | | | |
| | | | | |
| | | | | |
| | | | | |
| | | | | |
| | | | | |
| | | | | |
| | | | | |

# 训练 2　阅读地质图

## 一、目的要求

通过阅读地质图，明确地质图的内容，了解地质图的图式规格；了解阅读地质图的一般步骤和方法；掌握水平岩层、倾斜岩层、直立岩层、褶皱和断层在地质图上的表现特征。

**二、准备工作**

预习教材中有关岩层产状的内容，准备凌河地质图、铅笔、橡皮、小刀、三角板、量角器、方格纸等。

**三、熟悉阅读地质图的一般步骤**

阅读地质图的一般步骤为：依次阅读图名、比例尺、图例—分析地形地貌特征—阅读地层—阅读地质构造—综合分析。具体方法见工作任务2.3。

**四、凌河地质图**

凌河地质图如图2–50所示。

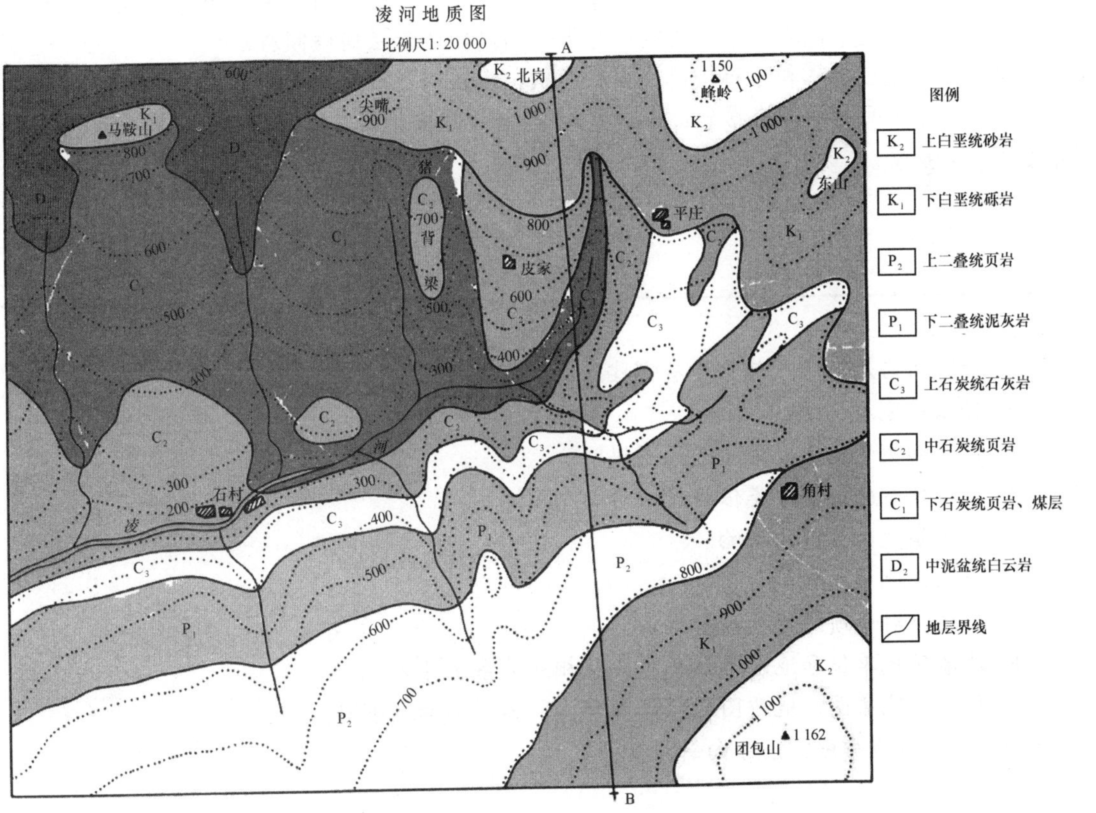


图2–50　凌河地质图

**五、分析结果**

（1）该地质图的比例尺为1:20 000，图区面积约9.72 km²。图幅的正上方为正北。

地形地貌特征为：东北部和东南部及北部地势较高（海拔1 000～1 162 m），中部及西部较低（海拔200～300 m），地势由东向西逐渐降低。

凌河从东向西流经该区的中部，南北两岸有数条支流汇入凌河。

（2）本区出露的地层由老到新为：中泥盆统（$D_2$）白云岩；下石炭统（$C_1$）页岩、煤层；中石炭统（$C_2$）页岩、上石炭统（$C_3$）石灰岩；下二叠统（$P_1$）泥灰岩；上二叠统（$P_2$）页岩；下白垩统（$K_1$）砾岩；上白垩统（$K_2$）砂岩。中泥盆统（$D_2$）与上伏下石炭统（$C_1$）之间缺失上泥盆统（$D_3$）地层，存在沉积间断，为不整合接触。上二叠统（$P_2$）与上伏下白垩统（$K_1$）砾岩之间缺失三叠系（T）和侏罗系（J）地层，存在沉积间断，为不整合接触。

（3）根据地层分布和露头形态特征，该区的 $K_1$ 和 $K_2$ 新地层分布在图区的东南和北东及北部的山顶，露头界线与地形等高线平行或重合，$K_1$ 和 $K_2$ 为水平岩层。出露的 $D_2$、$C_1$、$C_2$、$P_1$、$P_2$ 老地层分布在图区的中部及凌河的两岸岸坡上，露头界线与地形等高线呈现不同的交截关系，应为倾斜岩层。

根据 V 形法则，在凌河的北岸岸坡，地层界线与地形等高线的弯曲方向相反，表明岩层的倾向与坡向相同，即岩层向南倾斜，倾角大于坡角。

在凌河的南岸岸坡，地层界线与地形等高线的弯曲方向相同，而地层界线的弯曲度比地形等高线的弯曲度小，表明岩层的倾向与坡向相反，即岩层向南倾斜。

（4）根据地层出露和分布特征及岩层产状，该区的下石炭统（$C_1$）与中泥盆统（$D_2$）之间的接触关系为平行不整合接触；下白垩统 $K_1$ 与下伏老地层（$D_2$、$C_1$、$C_2$、$P_1$、$P_2$）之间为角度不整合接触。

## 思考与练习

1. 什么叫岩层产状？其要素有哪些？请绘图并详述之。
2. 什么是地质构造？
3. 试述褶皱的基本要素，并绘图说明。
4. 试述褶皱的主要分类依据及分类类型。
5. 试述褶皱对工程的影响。
6. 什么是地质年代？
7. 简述相对地质年代的确定方法。
8. 地质年代单位和地层单位的含义及相互关系是什么？
9. 什么叫地质图？地质图的组成有哪些？怎样阅读地质图？
10. 如何在地质图上区分向斜与背斜？

# 学习情境 3　地貌与第四纪沉积物

公路常穿越不同的地貌及第四纪地质单元，地貌及第四纪地质条件与公路工程的建设及运营有着密切的关系，它们是评价公路工程地质条件的重要内容之一。各种不同的地貌及第四纪地质单元，都关系到公路勘测设计、桥隧位置选择的技术经济问题和养护问题等。为了处理好公路工程与地貌及第四纪地质条件之间的关系，必须学习和掌握一定的地貌及第四纪地质知识。

## ▶工作任务 3.1　地貌

> ◎ **学习目标与要求：**掌握地貌的形成、发展、分类、分级。
> ◎ **重点：**地貌的分类。
> ◎ **难点：**地貌的形成。

### ➤ 1. 地貌的形成和发展

地貌是指在各种地质营力作用下形成的地球表面各种形态外貌的总称。地貌形态大小不等，千姿万态，成因复杂。总体来说，地貌形态是内、外地质营力相互作用的结果。大如大陆、洋盆、山岳、平原，其形成主要与内力地质作用有关；小如冲沟、洪积扇、溶洞和岩溶漏斗，其主要由外力地质作用塑造而成。现代地表不同规模、不同成因的地貌，处于不同发展阶段，按不同规律分布于不同地段，使大地呈现一幅极其复杂的“镶嵌”图案。

多种多样的地貌形态主要是由内、外力地质作用造成的。内力地质作用形成了地壳表面的基本起伏，对地貌的形成和发展起着决定性的作用。内力地质作用指的是地壳运动和岩浆作用，特别是地壳运动，它不仅使地壳岩层受到强烈的挤压、拉伸或扭动，形成一系列褶皱带和断裂带，而且还在地壳表面造成大规模的隆起区和沉降区，使地表变得高低不平。隆起区将形成大陆、高原、山岭，沉降区将形成海洋、平原、盆地。外力地质作用则对由内力地质作用所形成的基本地貌形态进行不断雕塑、加工，使之复杂化。外力地质作用总的结果，是不断地进行着剥蚀破坏，同时把破坏了的碎屑物质搬运、堆积到由内力地质作用所造成的低地和海洋中去。因此，外力地质作用的总趋势是削高补低，力图将地表夷平。可见地貌的形成和发展是内、外地质营力作用不断斗争的结果，由于内、外地质营力始终处于对立统一的发展过程之中，因而在地壳表面便形成了各种各样的地貌形态。

### ➤ 2. 地貌的分类

1）按形态分类

地貌按其绝对高度和地形起伏的相对高度大小来划分和命名的结果见表 3–1。

表3–1 地貌的分类（按形态分类）

| 形态类型 | | 绝对高度/m | 相对高度/m | 平均坡度/（°） | 举例 |
|---|---|---|---|---|---|
| 山地 | 高山 | ＞3 500 | ＞1 000 | ＞25 | 喜马拉雅山 |
| | 中山 | 1 000～3 500 | 500～1 000 | 10～25 | 庐山、大别山 |
| | 低山 | 500～1 000 | 200～500 | 5～10 | 川东平行岭谷 |
| 丘陵 | | ＜500 | ＜200 | | 闽东沿海丘陵 |
| 高原 | | ＞600 | ＞200 | | 青藏、内蒙古、黄土、云贵高原 |
| 平原 | 高平原 | ＞200 | | | 成都平原 |
| | 低平原 | 0～200 | | | 东北、华北、长江中下游 |
| 洼地 | | 小于海平面高度 | | | 新疆吐鲁番盆地 |

常见的地貌形态有山地、高原、丘陵、平原和洼地。

① 山地：山地是海拔在500 m以上，相对高度大于200 m，具有一定坡度的地貌形态。我国是个山地众多的国家，如著名的喜马拉雅山、大别山、庐山等。

② 高原：高原是海拔在600 m以上的广阔而平坦的大片高地。我国的高原有青藏高原、内蒙古高原和云贵高原。

③ 丘陵：海拔不超过500 m，相对高度一般在200 m以下，地势起伏，坡度和缓。我国的丘陵主要有广西丘陵、闽东沿海丘陵。

④ 平原：平原是地势低平坦荡、面积辽阔广大的陆地。根据平原的高度，把海拔0～200 m的称为低平原，如广西郁江–浔江河谷平原。

⑤ 洼地：洼地是海拔低于海平面的内陆低地，如新疆吐鲁番盆地中央的平原。

2）按成因分类

地貌按其形成的地质作用因素可划分为内力地貌和外力地貌两大类，再根据内、外力地质作用的不同性质，可将两大类地貌又分为若干类型。

（1）内力地貌。

① 构造地貌：由地壳的构造运动所造成的地貌，其形态能充分反映原来的地质构造形态。例如高地主要由地壳的构造隆起和上升运动造成，盆地主要由地壳的构造坳陷和下降运动造成。构造地貌有褶皱构造山、断层断块山等。

褶皱构造山：岩层受构造作用发生褶皱而形成的山。根据褶皱构造形态及褶皱山发育的部位不同，又可分为背斜山、向斜山（见图3–1）、单面山和方山。

断层断块山：因断层使岩层发生错断相对抬升而形成的山。断层断块山垂直位移值越大，山势越陡。陕西境内的秦岭是一种典型的断层断块山。

褶皱断块山：由褶皱与断层两种作用组合而成的山地。其基本地貌特征由断层形式决定，具有高大而明显的外貌。

② 火山地貌：由火山喷发出来的熔岩和碎屑物质堆积所形成的地貌，如熔岩盖、火山锥等。

（2）外力地貌。

以外力地质作用为主所形成的地貌为外力地貌（见图3–2），根据外动力的不同，它又分为以下几种。

① 水成地貌：水成地貌以水的作用为地貌形成和发展的基本因素。水成地貌又可分为面状洗刷地貌、线状冲刷地貌、河流地貌、湖泊地貌与海洋地貌等。

② 冰川地貌：冰川地貌以冰雪的作用为地貌形成和发展的基本因素。冰川地貌可分为冰川剥蚀地貌与冰川堆积地貌，前者如冰斗、冰川槽谷等，后者如侧碛、终碛等。

③ 风成地貌：风成地貌以风的作用为地貌形成和发展的基本因素。风成地貌又可分为风蚀地貌与风积地貌，前者如风蚀洼地、蘑菇石等，后者如新月形沙丘、沙垄等。

④ 岩溶地貌：岩溶地貌以地表水和地下水的溶蚀作用为地貌形成和发展的基本因素，如溶沟、石芽、溶洞、峰林、地下暗河等。

⑤ 重力地貌：重力地貌以重力作用为地貌形成和发展的基本因素，如崩塌、滑坡等。

此外，还有黄土地貌、冻土地貌等。

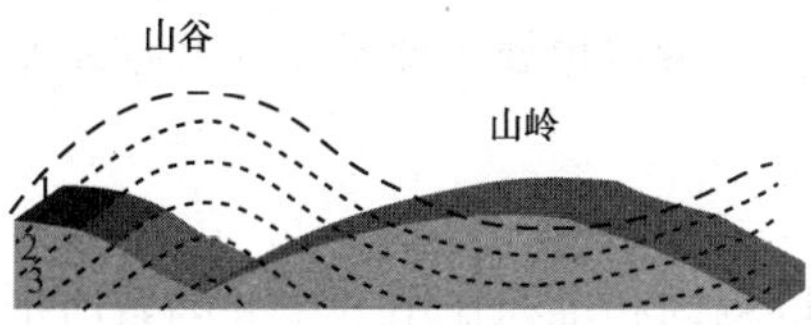

图 3–1　向斜山

图 3–2　垂直节理风化形成的地貌

### ➤ 3. 垭口与山坡

山顶是山岭地貌的最高部分。山顶呈长条状延伸时叫山脊，山脊标高较低的鞍部称为垭口。在山区公路勘测设计中，常常遇到选择过岭垭口和展线山坡的问题，因此需要对垭口和山坡进行专门讨论。

1）垭口

垭口是在山地地质构造的基础上经外力剥蚀作用而形成的。山岭的岩性、地质构造作用的性质、强度决定了垭口特点及其工程地质条件。根据垭口形成的主导因素，可以将垭口归纳为以下三个基本类型。

（1）构造型垭口。

构造型垭口是构造破碎带或软弱岩层经外力剥蚀作用而形成的，常见的有下列三种。

a）断层破碎带型垭口。

如图 3–3(a)所示，该垭口的工程地质条件较差，由于岩体破碎严重，故不宜采用隧道方案通过，如采用路堑，也需控制开挖深度或考虑边坡防护，以防止边坡发生崩塌。

b）背斜张裂带型垭口。

如图 3–3(b)所示，这种垭口虽然构造裂隙发育，岩层破碎，但工程地质条件较断层破碎带型垭口好，有利于公路布线。这是因为两侧岩层外倾，有利于排除地下水和边坡稳定，一般可采用较陡的边坡坡度。

c）单斜软弱层型垭口。

如图 3–3(c)所示，该垭口主要由页岩、千枚岩等易于风化的软弱岩层构成，两侧边坡多不对称。开挖路堑时，顺向坡易滑坡，逆向坡角可以略陡一些。该垭口由于岩性松软，风化严重，稳定性差，所以不宜深挖，否则须放缓边坡并采取防护措施。

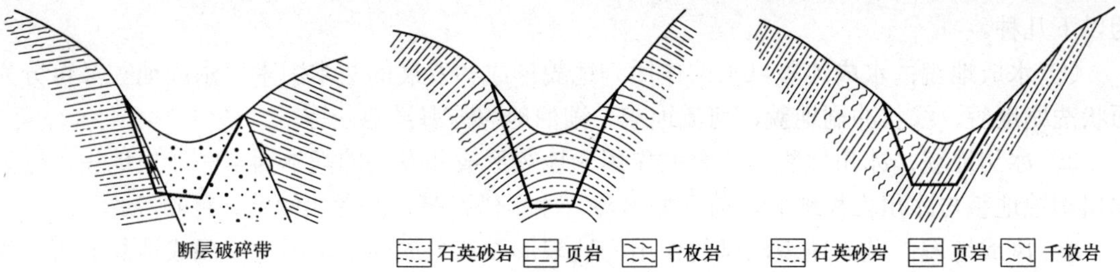


(a) 断层破碎带型垭口　(b) 背斜张裂带型垭口　(c) 单斜软弱层型垭口

图 3–3　构造型垭口

（2）剥蚀型垭口。

剥蚀型垭口是以外力强烈剥蚀为主导因素所形成的垭口，其形态特征与山体地质结构无明显联系，特点是松散覆盖层很薄，基岩多半裸露。垭口的深浅和形态特点主要取决于岩性、气候及外力的切割程度等因素。由石灰岩等构成的溶蚀性垭口也属于此类，在开挖路堑或隧道时需注意溶洞、落水洞等的不利影响。

（3）剥蚀–堆积型垭口。

剥蚀–堆积型垭口是在山体地质结构的基础上，以剥蚀和堆积作用为主导因素所形成的垭口。其开挖后的稳定条件主要取决于堆积层的地质特征和水文地质条件。这类垭口外形浑缓，垭口宽厚，松散堆积层的厚度较大，有时还发育有湿地或高地沼泽，水文地质条件较差，故不宜降低线路的过岭标高，通常多以低填或浅挖的断面形式通过。

2）山坡

山坡是山地地貌的重要组成部分。山坡有直线形、凸形、凹形及阶梯形等，这取决于新构造运动、岩性、岩体结构及坡面剥蚀和堆积的演化过程等因素。对于公路选线，不论是越岭线，还是山脊线，路线绝大部分都设在斜坡上。所以山坡的形态对公路布线有很大影响。

山坡的形态要素包括山坡的高度、坡度及纵向轮廓等，其形态是各种各样的。山坡可根据其纵向轮廓和坡度进行分类。

（1）按山坡的纵向轮廓分类。

① 直线形山坡。

直线形山坡［见图 3–4(a)］概括起来有三种情况。① 山坡岩性单一，因经受长期的强烈冲刷剥蚀导致纵向轮廓比较均匀的直线形山坡，此山坡的稳定性一般较高。② 由单斜岩层构成的直线形山坡，稳定性好，这种山坡有利于布设线路，但在不利的岩性和水文地质条件下，开挖路基时很容易发生大规模的顺层滑坡。③ 由于山体岩性松软或岩体相当破碎，在气候干燥寒冷、物理风化强烈的条件下，经长期剥蚀碎落和坡面堆积而形成的直线形山坡，这种山坡的稳定性最差。

② 凸形山坡。

这类山坡是由于新构造运动加速上升，河流强烈下切所造成的。山坡纵向形态上缓下陡，有的山坡下部甚至呈直立状态，坡脚界线明显，如图 3–4(b)所示。其稳定条件主要决定于岩体结构，一旦发生坡体变形破坏，则会形成大规模的崩塌或滑坡。

③ 凹形山坡。

这种山坡上陡下缓，下部急剧变缓，坡脚界线很不明显［见图 3–4(c)］。山坡的凹形曲线可能是由新构造运动减速上升所造成的，也可能是山坡上部的破坏作用与山麓风化产物的堆积作用相结合的结果。凹形坡面往往就是古滑坡的滑动面或崩塌体的依附面。凹形山坡在各种山坡地貌形态中是稳定性较差的一种。

④ 阶梯形山坡。

阶梯形山坡的纵向轮廓呈阶梯状，如图 3–4(d)所示。阶梯形山坡有三种不同的情况。① 由软硬不同的水平岩层或微倾斜岩层组成的基岩山坡，由于软硬岩层的差异风化而形成阶梯状的山坡外形，这种山坡的稳定性一般比较高。② 由于山坡曾经发生过大规模的滑坡变形，由滑坡台阶组成的次生阶梯状斜坡。这种斜坡多存在于山坡的中下部，如果坡脚受到强烈冲刷或不合理的切坡，或者受到地震的影响，可能引起古滑坡复活，威胁建筑物的稳定。③ 由河流阶地组成的阶梯形山坡，其工程地质性质将在后面的河流地质作用中介绍。

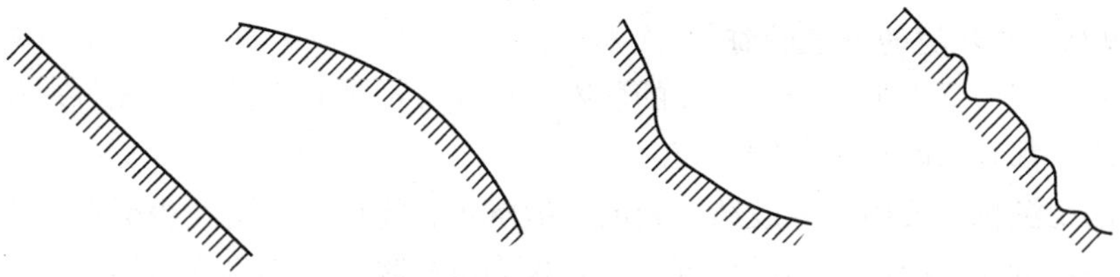

(a) 直线形山坡　(b) 凸形山坡　(c) 凹形山坡　(d) 阶梯形山坡

图 3–4　按山坡的纵向轮廓分类

（2）按山坡的纵向坡度分类。

按山坡的纵向坡度，坡度小于 15° 的为微坡；坡度为 15° ～30° 的为缓坡；坡度为 30° ～70° 的为陡坡；坡度大于 70° 的为垂直坡。

从路线角度来讲，山坡稳定性高，坡度平缓，对布设路线是有利的。特别对越岭线的展线山坡，坡度平缓不仅便于展线回头，而且可以拉大上下线间的水平距离，既有利于路基稳定，又可减少施工时的干扰。但平缓山坡特别是在山坡的一些坳洼部分，通常有厚度较大的坡积物和其他重力堆积物分布，而且坡面径流易在这里汇聚，当这些堆积物与下伏基岩的接触面因开挖而被揭露后，遇到不良水文情况，很容易引起堆积物沿其与基岩界面发生滑动。

思政课堂

## ▶工作任务 3.2　第四纪沉积物

◎ **学习目标与要求：**掌握第四纪的概念及特点，以及第四纪沉积物的特征及成因类型。
◎ **重点：**第四纪的概念；第四纪沉积物的成因类型。
◎ **难点：**第四纪沉积物的成因类型。

### 1. 第四纪

（1）概念。

第四纪是指地球发展历史中最近的一个时期，包括更新世和全新世。1839 年赖尔把含现生种属海相无脊椎动物化石达 90% 和含人类活动遗迹的地层划为第四纪，奠定了第四纪地层划分系统的基础，直到 1881 年第二届国际地质学会才正式使用“第四纪”一词。

（2）特点。

在第四纪时期内，地球上发生过强烈的地质活动。第四纪的特点是：在短暂的地质时期内发生过多次急剧的寒暖气候变化和大规模冰川活动；哺乳动物的兴盛和新构造运动；人类及其物质文明的形成发展；显著的地壳运动；广泛堆积陆相沉积物和矿产；急剧和缓慢发生的各种灾害不断改变人类生存环境；人类活动的范围和强度与日俱增。

### 2. 第四纪沉积物

一般把第四纪地层称为第四纪沉积物。第四纪沉积物是这一时期古环境信息的主要载体，是研究第四纪古环境的物质基础。

1）第四纪沉积环境的一般特征

（1）第四纪沉积基本上是一个连续的层圈。在现今地球表面的任何地方，包括大陆和海洋的各个角落，都有第四纪沉积物分布。

（2）第四纪沉积主要由尚未胶结成岩的松散沉积物构成，只有在少数情况下，才能见到已成岩的第四纪沉积。所以，第四纪沉积常被称为沉积物，而不称作岩石。

（3）组成第四纪沉积的沉积物包括陆相沉积物和海相沉积物，其中陆相沉积物的类型复杂多样，而海相沉积物的类型比较简单。

（4）第四纪沉积由于其松散性，因而处于不稳定状态。它除了受外力作用被再次搬运、沉积之外，在其内部，由于生物与水的作用，也在不断地发生物质的移动。相对来讲，海相沉积物，尤其是深海沉积物，要比陆相沉积物稳定得多。

（5）第四纪沉积的厚度变化较大，其中陆相沉积物的厚度可以从几厘米到几千米，而海相沉积物的厚度较薄，一般仅厚几米到几十米，变化幅度也较小。

（6）第四纪沉积的分布、厚度及组成物质与地貌关系密切。例如河流沉积的分布与特征和阶地有关，风沙沉积与沙漠有关等。

（7）第四纪沉积中的生物化石以哺乳动物为特征，而人类化石及其文化遗存则更为第四纪沉积所特有。

第四纪沉积物成因代号见表 3–2。

**表 3–2 第四纪沉积物成因代号**

| 成因组 | 成因类型 | 代号 |
|---|---|---|
| 残积组 | 残积物 | el |
| | 土壤 | pd |
| 流水堆积组 | 坡积物 | dl |
| | 洪积物 | pl |

续表

| 成因组 | 成因类型 | 代号 |
| --- | --- | --- |
| 流水堆积组 | 冲积物 | al |
| | 泥石流堆积物 | df |
| 地下水堆积组 | 溶洞碎屑堆积物 | cad |
| | 溶洞化学堆积物 | ca |
| | 地下河沉积物 | call |
| 冰川堆积组 | 冰碛堆积物 | gl |
| | 冰水堆积物 | gfl |
| | 冰碛湖堆积物 | lgl |
| 风力堆积组 | 风积物 | eol |
| | 黄土 | ls |
| 混合堆积组 | 残坡积物 | adl |
| | 冲湖积物 | all |
| 海陆过渡堆积组 | 河口堆积 | mem |

2）第四纪沉积物的成因类型

第四纪沉积物的成因类型复杂多样，根据沉积物形成的环境和作用营力，可以按成因把沉积物分为三大类（陆相、海陆过渡相和海相）。下面简要介绍常见的几种成因类型。

（1）残积物（el）。

指原岩表面经过风化作用而残留在原地的碎屑物。残积物主要分布在岩石出露地表且经受强烈风化作用的山区、丘陵地带与剥蚀平原。残积物的组成物质为棱角状的碎石、角砾、砂粒和黏性土。残积物裂隙多、无层次、不均匀，如以残积物作为建筑物地基，应当注意不均匀沉降和土坡稳定问题。

（2）坡积物（dl）。

山坡高处的风化碎屑物质，经过雨水或雪水的搬运，堆积在斜坡或坡脚，这种堆积物称为坡积物。其上部往往与残积物相接。坡积物搬运距离往往不远，物质主要来源于当地山坡上部，组成颗粒由坡积物坡顶向坡脚逐渐变细，坡积物表面的坡度越来越平缓。坡积物因厚薄不均、土质不均，导致孔隙大，压缩性高，如作为建筑物地基，应当注意不均匀沉降和稳定性。

（3）洪积物（pl）。

由洪流搬运、沉积而形成的堆积物称为洪积物。洪积物一般分布在山谷中或山前平原上，在谷口附近多为粗颗粒碎屑物，远离谷口颗粒逐渐变细。这是因为地势越来越开阔，山洪的流速逐渐减缓。其地貌特征：靠谷口处窄而陡，离谷后逐渐变为宽而缓，形如扇状，称为洪积扇。将洪积物作为建筑物地基时，应注意不均匀沉降。

（4）冲积物（al）。

由河流搬运、沉积而形成的堆积物，称为冲积物。山区河谷中只发育单层砾石结构的河床相沉积，山间盆地和宽谷中有河漫滩相沉积，其分选性较差，具透镜状或不规则的带状构造，有斜层理出现，厚度不大，一般不超过 10～15 m，多与崩塌堆积物交错混合。平原河流具河床相、河漫滩相和牛轭湖相沉积。正常的河床相沉积结构是：底部河槽被冲刷后，底部为由厚度不大的块石、粗砾组成的沉积；其上是由粗砂、卵石土组成的透镜体；上面为分选较好的具斜层理与交错层理、由砂或砾石组成的滨河床浅滩沉积。河漫滩相沉积的主要特征是上部的细砂和黏性土与下部河床相沉积组成二元结构，具斜层理和交错层理构造。牛轭湖相沉积由淤泥质和少量黏性土组成，含有机质，呈暗灰色、黑色、灰兰色并带有铁锈斑，具水平层理和斜层理构造。冲积物的工程地质性质视具体情况而定。河床相沉积物一般颗粒粗，具有很大的透水性，也是很好的建筑材料。当其为细砂时，饱水后在开挖基坑时往往会发生流砂现象，应特别注意。河漫滩相沉积物一般为细碎屑土和黏性土，结构较为紧密，形成阶地，大多分布在冲积平原的表层，成为各种建筑物的地基。我国不少城市，如上海、天津、武汉等，都位于河漫滩相沉积物之上。牛轭湖相沉积物因含大量的有机质，有的甚至成泥炭，故压缩性大，承载力小，不宜作为建筑物的地基。

（5）淤积物（l）。

一般由湖沼沉积而形成的堆积物，称为淤积物，其主要包括湖相沉积物和沼泽沉积物等。湖相沉积物包括粗颗粒的湖边沉积物和细颗粒的湖心沉积物。后者主要为黏土和淤泥，夹粉细砂薄层呈带状黏土，强度低，压缩性高。湖泊逐渐淤塞和陆地沼泽化，演变成沼泽。沼泽沉积物即沼泽土，主要组成为半腐烂的植物残余物一年年积累起来形成的泥炭。泥炭的含水率极高，透水性很低，压缩性很大，不宜作为永久建筑物的地基。

（6）冰碛堆积物（gl）。

凡是由于冰川作用形成的堆积物，均称为冰碛堆积物。由于沉积位置不同，冰碛的材料和形状也不同。停留在冰川底部的称底碛，停留在两旁的称侧碛，停留在冰川前端的称前碛或终碛。冰碛堆积物不论是大陆冰川的沉积物，还是山地冰川的沉积物，都是一些大小块石和泥沙混杂的疏松物质，只有在冰川长期压实的情况下，才可以成为较坚实的沉积层。其中角砾、碎石、砂和黏性土等所占的相对比例及成分的变化随地而异，但它们都与冰川流动地区内基岩性质密切相关。沉积层无分选性和层理，漂石面上具有丁字形擦痕，沉积层被挤压后呈现褶皱和断裂，其工程地质性质较差。

在冰川的末端或者在冰川的边缘，当消融速度大于结冰速度时，冰川开始融化成冰水。以冰水作为主要营力而产生的沉积称冰水沉积，它分布于冰川附近的低洼地带，其成分以砂粒为主，夹有少量分选性差的砾石，具斜交层理。冰水沉积物的工程地质性质较冰川堆积物为好。

（7）风积物（eol）。

风积物是指经过风的搬运而沉积下来的堆积物。风积物主要以风积砂为主，其次为黄土。风积物由砂和粉粒组成，岩性松散，一般分选性好，孔隙度高，活动性强，通常不具层理，只有在沉积条件发生变化时才发生层理和斜层理，其工程地质性质较差。

# ▶工作任务 3.3　特殊土及其工程地质性质

◎ **学习目标与要求：** 了解特殊土的概念，掌握常见的湿陷性黄土、膨胀土、盐渍土及冻土四种特殊土的成因类型及工程地质性质。

◎ **重点：** 湿陷性黄土、膨胀土、盐渍土及冻土的成因类型及工程地质性质。

◎ **难点：** 湿陷性黄土、膨胀土、盐渍土及冻土的工程地质性质。

由于生成时的特殊地理环境、气候条件、地质成因及次生变化等原因，使一些土类具有特殊的成分、结构和工程地质性质，通常把这些具有特殊工程地质性质的土类称为特殊土。特殊土种类很多，大部分都具有地区特点，故又有区域性特殊土之称。

常见的特殊土有：湿陷性黄土、膨胀土、盐渍土、红黏土、软土及冻土。

## ▶子任务 3.3.1　湿陷性黄土

视频+课件　思 政 课 堂

### ➤ 1. 湿陷性黄土的定义和分布

1）黄土

黄土是指在地质时代中的第四纪期间，以风力搬运的黄色粉土沉积物。

黄土特征：颜色以黄色、褐黄色为主，有时呈灰黄色；颗粒组成以粉粒（0.05～0.005 mm）为主；孔富含碳酸钙盐类，垂直节理发育；孔隙比较大，一般在 1.0 左右，一般有肉眼可见的大孔隙。

2）湿陷性黄土的定义

凡天然黄土在一定压力作用下，受水浸湿后，土的结构迅速被破坏，发生显著的湿陷变形，强度也随之降低的，称为湿陷性黄土。湿陷性黄土分为自重湿陷性黄土和非自重湿陷性黄土两种。黄土受水浸湿后，在上覆土层自重应力作用下发生湿陷的，称自重湿陷性黄土；若在自重应力作用下不发生湿陷，而须在自重和外荷共同作用下才发生湿陷的，称为非自重湿陷性黄土。

3）湿陷性黄土的分布

在我国，它占黄土地区总面积的 60%以上，约为 40 万 $km^2$，而且又多出现在地表浅层，如晚更新世（$Q_3$）及全新世（$Q_4$）新黄土或新堆积黄土是湿陷性黄土主要土层，主要分布在黄河中游、山西、陕西、甘肃大部分地区及河南西部，其次是宁夏、青海、河北的一部分地区，新疆、山东、辽宁等地局部也有发现。

### ➤ 2. 发生黄土湿陷的原因和影响因素

（1）水的浸湿：由于管道（或水池）漏水、地面积水、生产和生活用水等渗入地下，或由于降水量较大，灌溉渠和水库的渗漏或回水使地下水位上升等原因而引起。但受水浸湿只是湿陷发生所必需的外界条件，而黄土的结构特征及其物质成分是产生湿陷的内在原因。

（2）黄土的结构特征：季节性的短期雨水把松散干燥的粉粒黏聚起来，而长期的干旱使土中水分不断蒸发，于是，少量的水分连同溶于其中的盐类都集中在粗粉粒的接触点处，可溶盐逐渐浓缩沉淀而成为胶结物。随着含水率的减少，土粒间彼此靠近，颗粒间的分子引力及结合水和毛细水的联结力也逐渐加大。这些因素都增强了土粒之间抵抗滑移的能力，阻止了土体的自重压密，于是形成了以粗粉粒为主体骨架的多孔隙结构。

黄土受水浸湿时，结合水膜增厚且楔入颗粒之间。于是，结合水联结消失，盐类溶于水中，骨架强度随之降低，土体在上覆土层的自重应力或在附加应力与自重应力综合作用下，其结构迅速被破坏，土粒滑向大孔，粒间孔隙减少。这就是黄土湿陷现象的内在过程。

（3）黄土的物质成分：黄土中胶结物的多寡和成分，以及颗粒的组成和分布，对于黄土的结构特点和湿陷性的强弱有着重要的影响。胶结物含量高，可把骨架颗粒包围起来，则结构致密。黏粒含量多，并且均匀分布在骨架之间，也起到了胶结物的作用。这些情况都会使土体的湿陷性降低并使其力学性质得到改善。反之，粒径大的颗粒增多，胶结物多呈薄膜状分布，骨架颗粒多数彼此直接接触，则结构疏松，土体的强度降低而湿陷性增强。此外，黄土中的盐类如以较难溶解的碳酸钙为主而具有胶结作用，湿陷性减弱，但当石膏及易溶盐的含量越大时，湿陷性增强。

此外，黄土的湿陷性还与天然孔隙比、天然含水率及所受压力的大小有关。天然孔隙比越大，或天然含水率越小，则湿陷性越强。在天然孔隙比和天然含水率不变的情况下，随着压力的增大，黄土的湿陷量增加，但当压力超过某一数值后，再增加压力，湿陷量反而减少。

### 3. 黄土湿陷性的判定和湿陷性黄土地基的评价

#### 1）黄土湿陷性的判定

黄土湿陷性在国内外都采用湿陷系数 $\delta_s$ 来判定。湿陷系数 $\delta_s$ 为单位厚度的土层由于浸水在规定压力下产生的湿陷量，它表示了土样所代表黄土层的湿陷程度。

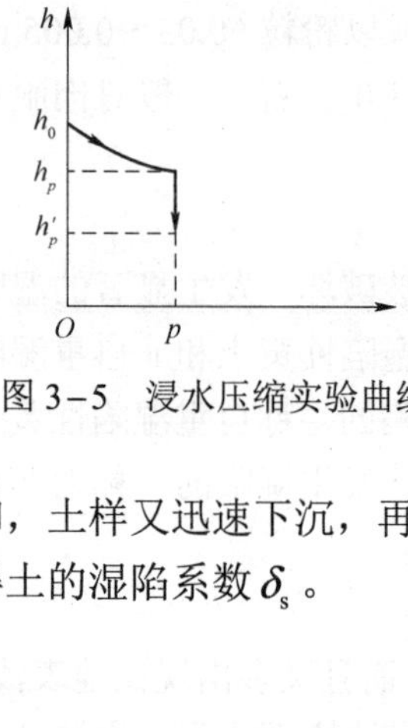

图 3-5　浸水压缩实验曲线

$\delta_s$ 可通过室内浸水压缩实验测定。把保持天然含水率和结构的黄土土样装入侧限压缩仪内，逐级加压至达到规定实验压力，待土样压缩稳定后进行浸水，使含水率接近饱和，土样又迅速下沉，再次达到稳定，得到浸水后土样高度 $h'_p$（见图 3-5）。由式（3-1）求得土的湿陷系数 $\delta_s$。

$$\delta_s = \frac{h_p - h'_p}{h_0} \tag{3-1}$$

式中：$h_0$——土样的原始高度，m；

$h_p$——土样在无侧向膨胀条件下，在规定实验压力 $p$ 的作用下，压缩稳定后的高度，m；

$h'_p$——对在压力 $p$ 作用下的土样进行浸水，到达湿陷稳定后的土样高度，m。

按照我国《湿陷性黄土地区建筑标准》（GB 50025—2018），采用 $\delta_s$=0.015 作为湿陷性黄土的界限值，将 $\delta_s \geqslant 0.015$ 的黄土定为湿陷性黄土，否则为非湿陷性黄土。湿陷性黄土的湿陷程度也是用此界限值确定的。一般认为：$0.015 \leqslant \delta_s \leqslant 0.030$，为湿陷性轻微；$0.030 < \delta_s \leqslant 0.070$，为湿陷性中等；$\delta_s > 0.070$，为湿陷性强烈。

2）湿陷性黄土地基湿陷类型的划分

《湿陷性黄土地区建筑标准》（GB 50025—2018）中用自重湿陷量计算值 $\Delta_{zs}$ 来划分自重湿陷和非自重湿陷的地基，$\Delta_{zs}$ 按下式计算：

$$\Delta_{zs}=\beta_0\sum_{i=1}^{n}\delta_{zsi}h_i \qquad (3\text{–}2)$$

式中：$\Delta_{zs}$——自重湿陷量计算值，mm；

$\beta_0$——根据我国建筑经验，因各地区土质而异的修正系数，对陇西地区可取 1.5，对陇东、陕北、晋西地区可取 1.2，对关中地区可取 0.9，对其他地区可取 0.5；

$\delta_{zsi}$——第 $i$ 层土的自重湿陷系数；

$h_i$——地基中第 $i$ 层土的厚度，mm；

$n$——计算总厚度内土层数。

当 $\Delta_{zs}$>70 mm 时，为自重湿陷性黄土地基；当 $\Delta_{zs}$≤70 mm 时，为非自重湿陷性黄土地基。用式（3–2）计算时，土层总厚度从地面处算起，到全部湿陷性黄土层底面为止，其中 $\delta_{zs}$<0.015 的土层（属于非自重湿陷性黄土层）不累计在内。

3）湿陷性黄土地基湿陷等级的判定

湿陷性黄土地基的湿陷等级，即地基土受水浸湿发生湿陷的程度，可以用地基内各土层湿陷下沉稳定后所发生湿陷量的总和（总湿陷量）来衡量。

《湿陷性黄土地区建筑标准》（GB 50025—2018）中用下式计算地基总湿陷量 $\Delta_s$：

$$\Delta_s=\sum_{i=1}^{n}\alpha\beta\delta_{si}h_i \qquad (3\text{–}3)$$

式中：$\delta_{si}$——第 $i$ 层土的湿陷系数；

$h_i$——地基中第 $i$ 层土的厚度，mm；

$\alpha$——不同深度地基土的浸水概率系数，按地区经验取值，无地区经验时，按表 3–3 取值；

$\beta$——考虑基底下地基土的受力状态及地区因素的修正系数，缺乏实测资料时，可按表 3–4 的规定取值。

湿陷性黄土地基的湿陷等级可根据地基总湿陷量 $\Delta_s$ 和自重湿陷量计算值 $\Delta_{zs}$ 综合考虑，按表 3–5 判定。

**表 3–3　浸水概率系数 $\alpha$**

| 基底下深度 $z$/m | $\alpha$ |
|---|---|
| 0≤$z$≤10 | 1.0 |
| 10<$z$≤20 | 0.9 |
| 20<$z$≤25 | 0.6 |
| $z$>25 | 0.5 |

表 3–4 修正系数 $\beta$

| 位置及深度 | | $\beta$ |
|---|---|---|
| 基底下 0～5 m | | 1.5 |
| 基底下 5～10 m | 非自重湿陷性黄土场地 | 1.0 |
| | 自重湿陷性黄土场地 | 所在地区的 $\beta$ 值且不小于 1.0 |
| 基底下 10 m 以下至非湿陷性黄土层顶面或控制性勘探孔深度 | 非自重湿陷性黄土场地 | 陇西、陇东、陕北、晋西地区取 1.0，其余地区取工程所在地区的 $\beta_0$ 值 |
| | 自重湿陷性黄土场地 | 取工程所在地区的 $\beta_0$ 值 |

表 3–5 湿陷性黄土地基的湿陷等级

| $\Delta_s$ /mm | 非自重湿陷性场地 | 自重湿陷性场地 | |
|---|---|---|---|
| | $\Delta_{zs}\leqslant 70$ mm | 70 mm$<\Delta_{zs}\leqslant 350$ mm | $\Delta_{zs}>350$ mm |
| $50<\Delta_s\leqslant 100$ | Ⅰ（轻微） | Ⅰ（轻微） | Ⅱ（中等） |
| $100<\Delta_s\leqslant 300$ | | Ⅱ（中等） | |
| $300<\Delta_s\leqslant 700$ | Ⅱ（中等） | Ⅱ（中等）或Ⅲ（严重） | Ⅲ（严重） |
| $\Delta_s>700$ | Ⅱ（中等） | Ⅲ（严重） | Ⅳ（很严重） |

注：对 70 mm$<\Delta_{zs}\leqslant 350$ mm、300 mm$<\Delta_s\leqslant 700$ mm 一挡的划分，当地基总湿陷量 $\Delta_s>600$ mm，自重湿陷量计算值 $\Delta_{zs}>300$ mm 时，可判为Ⅲ级，其他情况可判为Ⅱ级。

### ➤ 4. 湿陷性黄土的防治处理

黄土由于结构疏松，具有大孔隙、抗水性能差、易崩解、潜蚀、冲刷和湿陷等特性，容易使黄土地区工程出现多种病害，如路堑边坡的剥落、冲刷、崩塌、滑坡，路堤的不均匀沉陷、变形开裂等。因此，必须采取相应措施加以处理。

1）边坡防护

（1）捶面护坡。

在西北黄土地区，可在黄土路堑边坡上做捶面防护。捶面用混合料有水泥炉渣混合土、石灰炉渣三合土或四合土等。这种方法适用于年降雨量稍大地区和边坡坡率不陡于 1:0.5 的边坡，护坡厚度为 10～15 cm，一般采用等厚截面。只有当边坡较高时，才采用上薄下厚截面，基础设有浆砌片石及四合土捶面护坡墙脚。

为了防止捶面表面开裂，增强抗冲蚀能力，可在表面涂以软化点稍高于当地气温的沥青保护层。应经常检查捶面防护工程，若发现裂缝、开裂或脱落，应及时灌浆修补。

（2）干砌片石或浆砌片石防护。

因黄土路堑边坡普遍在坡脚 1～3 m 高的范围内发生严重冲刷和应力集中现象，故该类型防护常用于边坡下部。单层干砌片石护坡的厚度一般为 15 cm，双层铺砌护坡的上层厚度为 25～35 cm、下层厚度为 15～25 cm。铺砌层的底面应设垫层，其材料通常为碎、砾石或砂砾混合物等。当路基边坡坡率小于 1:1 的边坡采用干砌片石出现不适宜或效果不好时，可采用浆砌片石防护。浆砌片石护坡的厚度一般为 20～50 cm。

（3）水泥混凝土预制块防护。

有些地区缺乏片石、块石材料，此时宜选择水泥混凝土预制块防护，可采用六角形预制块。六角形预制块中间空格面积较小，最大限度地减小了坡面防护对植草绿化的依赖性。使用此种防护方法时不容易产生太严重的冲蚀现象，因而目前较多应用该方法。

（4）土工织物防护。

为了满足护坡和绿化的要求，近年来多采用土工网与植被结合的方法。土工网的厚度为 5 mm，开孔尺寸为 27 mm× 27 mm，其开孔率为 70%，即 30%的坡面被土工网覆盖，以免受雨水的直接冲击。该方法的优点是造价较低，施工方便，能满足一定的护坡绿化要求；缺点是由于其厚度只有 5 mm，所以在草皮未长成之前草籽易被风雨冲蚀，致使表面绿化效果参差不齐。

2）地基处理

（1）冲击压实法。

采用冲击压实法可以冲压补强黄土路基，即使用冲击压实机补压经过常规分层振动碾压后已达标的路床，或在高路堤的填筑过程中每间隔一定厚度对高路堤的常规压实层分层冲碾补压。工程实践表明，冲压补强能有效提高黄土路基的整体强度，减少工后沉降和差异沉降。

（2）强夯法。

强夯法是指用质量达数十吨的重锤自数米高处自由下落，给地基以冲击，从而提高一定深度内地基土的密度、强度并降低其压缩性的方法。强夯法具有冲击能量巨大的特点，它能使深层土体产生冲切变形，从而达到动力密实的目的，因此它属于深层动力密实法的一种，可以消除较深层黄土的湿陷性并提高地基承载力，主要用于地下水位以上、含水率为 10%～20%且平均含水率低于塑限含水率 1%～3%的厚层湿性黄土地基的加固处理。

（3）深层挤密桩。

通过机具成孔（螺旋钻钻孔或特制锤冲孔），然后通过孔道在地基的深层部位进行填料，再用具有高动能的特制重力锤进行冲、砸、挤压，不仅使桩体十分密实，也对桩间土进行挤密，从而提高复合地基承载力，使地基湿陷性得以完全消除。

（4）硅化加固。

此方法适用于加固渗透系数为 0.1～0.2 m/d 的湿陷性黄土地基，加固后的地基不透水，可从根本上消除湿陷性。

## ▶子任务 3.3.2 膨胀土

### ➤ 1. 膨胀土的分布和危害

1）膨胀土的定义

按照《膨胀土地区建筑技术规范》（GB 50112—2013）中的定义，膨胀土应是土中黏粒成分主要由亲水性矿物组成，同时具有显著的吸水膨胀和失水收缩两种变形特性的黏性土。

2）膨胀土的分布

据现有资料，广西、云南、湖北、安徽、四川、重庆、河南、山东等 20 多个省、自治区、直辖市均有膨胀土。国外也一样，如美国 50 个州中有膨胀土的占 40 个，在印度、澳大利亚、南美洲、非洲等地区，也都不同程度地分布有膨胀土。

3）膨胀土的危害

膨胀土可使大量的轻型房屋发生开裂、倾斜，使公路路基发生破坏，使堤岸、路堑产生滑坡。在我国，据不完全统计，在膨胀土地区修建的各类工业与民用建筑物，因地基土胀缩变形而导致损坏或破坏的有 1 000 万 $m^2$。过去我国修建的公路一般等级较低，膨胀土引起的工程问题不太突出，所以尚未引起广泛关注。然而近年来由于高等级公路的兴建，在膨胀土地区新建的高等级公路也出现了严重的病害。

### ➤ 2. 膨胀土的判别和膨胀土地基的胀缩等级

1）影响膨胀土胀缩特性的主要因素

（1）内在机制。

主要是指矿物成分及微观结构两方面。实验证明，膨胀土含大量的活性黏土矿物，如蒙脱石和伊利石。尤其是蒙脱石，它比表面积大，在低含水率时对水有巨大的吸力，土中蒙脱石含量的多寡直接决定着土的胀缩性质的大小。除了矿物成分因素外，这些矿物成分在空间上的联结状态也影响其胀缩性质。经对大量不同地点的膨胀土进行扫描电镜分析得知，叠聚体是膨胀土的一种普遍的结构形式，这种结构比团粒结构具有更大的吸水膨胀和失水收缩的能力。

（2）外在因素。

指水对膨胀土的作用，或者更确切地说，水分的迁移是控制土胀缩特性的关键外在因素。因为只有土中存在可能产生水分迁移的梯度和进行水分迁移的途径，才有可能引起土的膨胀或收缩。

2）膨胀土的胀缩性指标

（1）自由膨胀率 $\delta_{ef}$。

将人工制备的磨细烘干土样，经无颈漏斗注入量杯，量其体积，然后倒入盛水的量筒中，经充分吸水膨胀稳定后，再测其体积。增加的体积与原体积的比值 $\delta_{ef}$ 称为自由膨胀率。

$$\delta_{ef}=\frac{V_w-V_o}{V_o} \tag{3-4}$$

式中：$V_o$——干土样原有体积，ml；

$V_w$——土样在水中膨胀稳定后的体积，由量筒量出，ml。

（2）膨胀率 $\delta_{ep}$ 与膨胀力 $p_e$。

膨胀率 $\delta_{ep}$ 表示原状土在侧限压缩仪中，在一定压力下浸水膨胀稳定后，土样增加的高度与原高度之比，表示为

$$\delta_{ep}=\frac{h_w-h_o}{h_o} \tag{3-5}$$

式中：$h_w$——土样浸水膨胀稳定后的高度，mm；

$h_o$——土样的原始高度，mm。

以各级压力下的膨胀率 $\delta_{ep}$ 为纵坐标，压力 $p$ 为横坐标，将实验结果绘制成 $p-\delta_{ep}$ 关系曲线，该曲线与横坐标轴的交点对应的压力 $p_e$ 称为试样的膨胀力。膨胀力表示原状土样在体积不变时，由于浸水膨胀产生的最大内应力。

（3）线缩率 $\delta_{sr}$ 与收缩系数 $\lambda_s$。

膨胀土失水收缩，其收缩性可用线缩率与收缩系数表示。

线缩率 $\delta_{sr}$ 是指土的竖向收缩变形与原状土样高度之比，表示为

$$\delta_{sri}=\frac{h_o-h_i}{h_o}\times 100\% \tag{3-6}$$

式中：$h_o$——土样的原始高度，mm；

$h_i$——含水率为 $w_i$ 时的土样高度，mm。

利用收缩曲线直线收缩段可求得收缩系数 $\lambda_s$，其定义为：原状土样在直线收缩阶段内，含水率每减少 1%时所对应的线缩率的改变值，即

$$\lambda_s=\frac{\Delta\delta_{sr}}{\Delta w} \tag{3-7}$$

式中：$\Delta w$——收缩过程中的直线变化阶段内，两点含水率之差；

$\Delta\delta_{sr}$——两点含水率之差对应的竖向线缩率之差。

3）膨胀土的判别

《膨胀土地区建筑技术规范》（GB 50112—2013）中规定，凡具有下列工程地质特征的场地，且自由膨胀率 $\delta_{ef}\geqslant 40\%$ 的土应判定为膨胀土。

（1）裂隙发育，常有光滑面和擦痕，有的裂隙中充填着灰白、灰绿色黏土，在自然条件下呈坚硬或硬塑状态。

（2）多出露于二级或二级以上阶地、山前和盆地边缘丘陵地带，地形平缓，无明显自然陡坎。

（3）常见浅层塑性滑坡、地裂，新开挖坑（槽）壁易发生坍塌等。

（4）建筑物裂缝随气候变化而张开和闭合。

4）膨胀土地基评价

《膨胀土地区建筑技术规范》（GB 50112—2013）规定以 50 kPa 压力下测定的土的膨胀率计算地基分级变形量，作为划分胀缩等级的标准，表 3-6 给出了膨胀土地基的胀缩等级。

表 3-6　膨胀土地基的胀缩等级

| 地基分级变形量 $s_c$/mm | 级别 | 破坏程度 |
|---|---|---|
| $15 \leqslant s_c < 35$ | Ⅰ | 轻微 |
| $35 \leqslant s_c < 70$ | Ⅱ | 中等 |
| $s_c \geqslant 70$ | Ⅲ | 严重 |

注：地基分级变形量 $s_c$ 应按式（3-12）计算，其中确定膨胀率时采用的压力应为 50 kPa。

5）膨胀土地基变形量的计算

膨胀土在不同条件下可表现为 3 种不同的变形形态，即上升型变形、下降型变形和升降型变形。因此，膨胀土地基变形量计算应根据实际情况，按下列 3 种情况分别计算：① 若离地表 1.1 m 处地基土的天然含水率等于或接近最小值，或地面有覆盖且无蒸发可能，以及建筑物在使用期间经常受水浸湿的地基，可按膨胀变形量计算；② 当离地表 1.1 m 处地基土的天然含水率大于倍塑限含水率时，或直接受高温作用的地基，可按收缩变形量计算；③ 其他情况下可按胀缩变形量计算。

地基变形量的计算方法仍采用分层总和法。下面分别将上述 3 种变形量的计算方法介绍如下。

（1）地基土的膨胀变形量 $s_e$。

$$s_e = \psi_e \sum_{i=1}^{n} \delta_{epi} h_i \qquad (3-8)$$

式中：$\psi_e$——计算膨胀变形量的经验系数，宜根据当地经验确定，若无可依据经验，对于 3 层及 3 层以下建筑物，可采用 0.6；

$\delta_{epi}$——基础底面下第 $i$ 层土在该层土的平均自重应力与平均附加应力之和作用下的膨胀率，由室内实验确定；

$h_i$——第 $i$ 层土的计算厚度，mm；

$n$——自基础底面至计算深度 $z_n$［见图 3-6(a)］内所划分的土层数，计算深度应根据大气影响深度确定；有浸水可能时，可按浸水影响深度确定。

（2）地基土的收缩变形量 $s_s$。

$$s_s = \psi_s \sum_{i=1}^{n} \lambda_{si} \Delta w_i h_i \qquad (3-9)$$

式中：$\psi_s$——计算收缩变形量的经验系数，宜根据当地经验确定，若无可依据经验，对于 3 层及 3 层以下建筑物，可采用 0. 8；

$\lambda_{si}$——第 $i$ 层土的收缩系数，应由室内实验确定；

$w_i$——地基土收缩过程中，第 $i$ 层土可能发生的含水率变化的平均值（以小数表示）；

$n$——自基础底面至计算深度内所划分的土层数。计算深度可取大气影响深度，当有热源影响时，应按热源影响深度确定。在计算深度时，各土层的含水率变化值 $w_i$［见图 3-6(b)］应按下式计算：

$$\Delta w_i = \Delta w_1 - (\Delta w_1 - 0.01)\frac{z_{i-1}}{z_{n-1}} \tag{3-10}$$

$$\Delta w_1 = w_1 - w_{\mathrm{w}} w_{\mathrm{P}} \tag{3-11}$$

式中：$w_1, w_{\mathrm{P}}$——地表下 1 m 处土的天然含水率和塑限含水率（以小数表示）；

$w_{\mathrm{w}}$——土的湿度系数；

$z_i$——第 $i$ 层土的深度，m；

$z_n$——计算深度，可取大气影响深度，m。

（3）土的胀缩变形量 $s$。

$$s = \psi \sum_{i=1}^{n} (\delta_{\mathrm{ep}i} + \lambda_{\mathrm{s}i} \Delta w_i) h_i \tag{3-12}$$

式中：$\psi$——计算胀缩变形量的经验系数，可取 0.7。

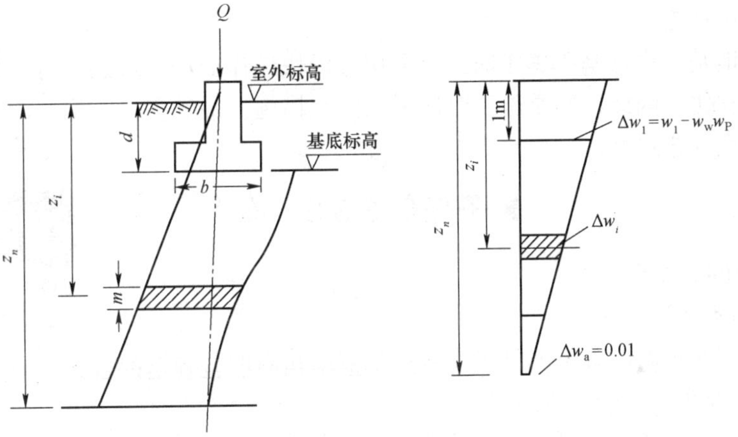


(a) 地基变形量计算示意图　　(b) 土层的含水率变化

图 3–6　膨胀土地基变形量计算示意图

### 3. 膨胀土地区桥涵基础工程问题及设计与施工要点

1）膨胀土地区桥涵基础工程问题

在膨胀土地区很少见到桥梁主体工程的变形损害，然而在膨胀土地基上的桥梁附属工程，如桥台、护坡、桥的两端与填土路堤之间的结合部位等，普遍存在各种工程问题，变形病害也较严重，如桥台不均匀下沉、护坡开裂破坏、桥台与路堤之间结合带不均匀下沉等。有的普通公路桥受地基膨胀土胀缩变形影响严重者，不仅桥台与护坡发生严重变形、开裂、位移，甚至桥面也遭到破坏，导致整座桥梁废弃，公路行车中断。涵洞因基础埋置深度较浅，自重荷载又较小，一方面直接受地基土胀缩变形影响，另一方面还受洞顶回填膨胀土不均匀沉降与膨胀压力的影响，故变形破坏比较普遍。

2）膨胀土地区桥涵基础工程设计与施工要点

（1）换土垫层。

在较强或强膨胀性土层出露较浅的建筑场地，可使用非膨胀性的黏性土、砂石、灰土等置换膨胀土，以减少可膨胀的土层，达到减小地基胀缩变形量的目的。

（2）合理选择基础埋深。

桥涵基础埋深应根据膨胀土地区的气候特征、大气风化作用的影响深度，并结合膨胀土的胀缩特性确定。一般情况下，基础应埋置在大气风化作用影响深度以下。当以基础埋深为主要防治切入点时，基础埋深还可适当增大。

（3）石灰灌浆加固。

在膨胀土中掺入一定量的石灰能有效提高土的强度，增加土中湿度的稳定性，减少膨胀势。工程上可采用压力灌浆的办法将石灰浆液灌注入膨胀土的裂隙中，起加固作用。

（4）合理选用基础类型。

桥涵设计应合理选择有利于克服膨胀土胀缩变形的基础类型。当大气影响深度较深，膨胀土层厚，选用地基加固或墩式基础施工有困难或不经济时，可选用桩基。这种情况下，桩尖应锚固在非膨胀土层或伸入大气影响急剧层以下的土层中。具体桩基设计应满足《膨胀土地区建筑技术规范》（GB 50112—2013）的要求。

（5）合理选择施工方法。

在膨胀土地基上进行基础施工时，宜采用分段快速作业法，特别应防止基坑暴晒开裂与基坑浸水膨胀软化。因此，雨季施工时应采取防水措施，最好在旱季施工，基坑随挖随砌基础，同时做好地表排水等。

## ▶子任务 3.3.3　冻土

视频+课件　思政课堂

### ➤ 1. 冻土的分类和分布

1）冻土的定义

温度为 0 ℃或负温，含有冰且与土颗粒呈胶结状态的土称为冻土。

2）冻土的分类

冻土根据冻结延续时间可分为季节性冻土和多年冻土两大类。土层冬季冻结，夏季全部融化，冻结延续时间一般不超过一个季节，称为季节性冻土。其下边界线称为冻深线或冻结线。土层冻结延续时间在 3 年或 3 年以上，称为多年冻土。

3）冻土的分布

季节性冻土在我国分布很广，东北、华北、西北是季节性冻结层厚 0.5 m 以上的主要分布地区。多年冻土主要分布在黑龙江的大小兴安岭一带、内蒙古纬度较大地区、青藏高原部分地区与甘肃、新疆的高山区，多年冻土厚度可达几十米。

### ➤ 2. 季节性冻土

1）季节性冻土的分类

土的冻胀由于侧向和下面有土体的约束，主要反映在体积向上的增量上（隆胀）。季节性冻土地区建筑物的破坏很多是由于地基土冻胀造成的。季节性冻土按冻胀变形量大小及对建筑物的危害程度可分为 5 类，以野外冻胀观测得出的冻胀系数 $\eta$ 为分类标准。

（1）Ⅰ类，不冻胀土，$\eta \leqslant 1\%$，冻结时基本无水分迁移，冻胀变形量很小，对各种浅埋基础无任何危害。

（2）Ⅱ类，弱冻胀土，$1\% < \eta \leqslant 3.5\%$，冻结时水分迁移很少，地表无明显冻胀隆起，对一般浅埋基础也无危害。

（3）Ⅲ类，冻胀土，3.5%＜$\eta$ ≤6%，冻结时水分有较多迁移，形成冰夹层，如建筑物自重轻、基础埋置过浅，会产生较大的冻胀变形，冻深大时会由于切向冻胀力而使基础上拔。

（4）Ⅳ类，强冻胀土，6%＜$\eta$ ≤12%，冻结时水分大量迁移，形成较厚冰夹层，冻胀严重，即使基础埋深超过冻结线，也可能由于切向冻胀力而上拔。

（5）Ⅴ类，特强冻胀土，12%＜$\eta$ ≤18%，冻胀变形量很大，是使桥梁基础冻胀上拔破坏的主要原因。

（6）Ⅵ类，极强冻胀土，$\eta$ ＞18%，冻胀变形量非常大。

$$\eta = \frac{\Delta h}{Z_0} \times 100\% \qquad (3\text{–}13)$$

式中：$\Delta h$ ——地面最大冻胀变形量，m；

$Z_0$ ——标准冻深，m。

2）考虑地基土冻胀影响时桥涵基础最小埋深的确定

考虑地基土冻胀影响时桥涵基础最小埋深

$$d_{\min} = z_{\mathrm{d}} - h_{\max} \qquad (3\text{–}14)$$

式中：$z_{\mathrm{d}}$ ——设计冻深，m；

$h_{\max}$ ——基础底面下容许最大冻层厚度，根据《公路桥涵地基与基础设计规范》（JTG 3363—2019）中的表取值，m。

当上部结构为超静定结构时，除Ⅰ类不冻胀土外，基底埋深应在冻结线以下不小于 0.25 m。当建筑物基底设置在不冻胀土层中时，基底埋深可不考虑冻结问题。

3）冻土地区基础工程防冻胀措施

目前多从减少冻胀力和改善周围冻土的冻胀性来防治冻胀。

（1）基础四周换土，采用较纯净的砂、砂砾石等粗颗粒土换填基础四周冻土，填土夯实。

（2）改善基础侧表面平滑度。基础必须浇注密实，具有平滑表面。基础侧面在冻土范围内还可用工业凡士林、渣油等涂刷以减少切向冻胀力。对桩基础也可用混凝土套管来减除切向冻胀力（见图 3–7）。

（3）选用抗冻胀性基础改变基础断面形状，利用冻胀反力的自锚作用增加基础抗冻拔的能力（见图 3–8）。

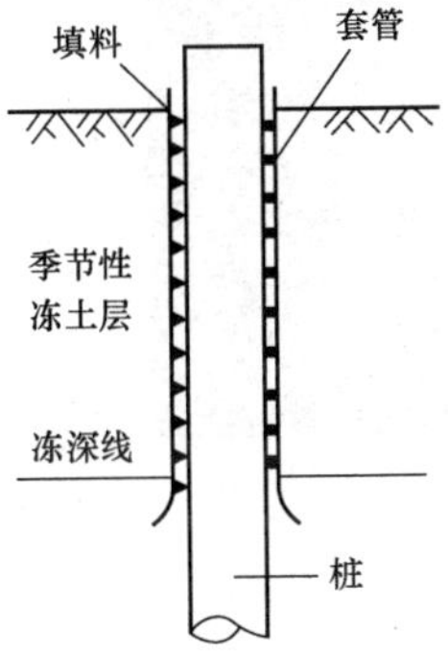


图 3–7　采用混凝土套管的桩

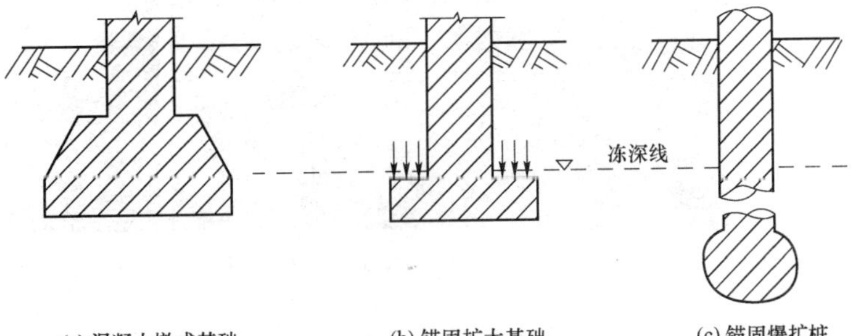


图 3–8　抗冻胀基础

## 3. 多年冻土

1）多年冻土的等级划分

多年冻土的融沉性是评价其工程性质的重要指标，可用融化下沉系数 $\delta_0$ 作为分级的直接控制指标。

$$\delta_0 = \frac{h_1 - h_2}{h_1} \tag{3-15}$$

式中：$h_1$——融化层冻土试样冻结时的高度，m；

$h_2$——季节融化层冻土试样融化后（侧限条件下）的高度，m。

（1）Ⅰ级，不融沉，$\delta_0 < 1\%$，是仅次于岩石的地基土，在其上修筑建筑物时可不考虑冻融问题。

（2）Ⅱ级，弱融沉，$1\% \leqslant \delta_0 < 5\%$，是多年冻土中较好的地基土，可直接作为建筑物的地基。当控制基底最大融化深度在 3 m 以内时，建筑物不会遭受明显的融沉破坏。

（3）Ⅲ级，融沉，$5\% \leqslant \delta_0 < 10\%$，具有较大的融化下沉量且冬季回冻时有较大冻胀变形量。作为地基的一般基础，融深不得大于 1 m，并采取专门措施，如深基础或保温，防止基底融化等。

（4）Ⅳ级，强融沉，$10\% \leqslant \delta_0 < 25\%$，融化下沉量很大，因此施工、运营时不允许地基发生融化，设计时应保持冻土不融或采用桩基础。

（5）Ⅴ级，融陷，$\delta_0 \geqslant 25\%$，为含土冰层，融化后呈流动、饱和状态，不能直接作地基用，应进行专门处理。

2）多年冻土地区的路基病害

对于公路工程，多年冻土地区的路基病害主要为融沉（见图 3–9）。由厚层地下冰融化而产生的融沉是引起多年冻土区路基变形和破坏的主要原因。路堤修筑后改变了地表的水热交换条件，并引起基底土层压缩等一系列变化。这些变化在一定条件下使上限（指多年冻土上限，为多年冻土层的顶面，也是地表以下位置最深的冻融土层的界面）下降。当路堤很低时，热阻小，使上限上升的因素弱于使上限下降的因素，因而上限下降。在高温冻土区，当夏季施工的路堤高度超过一定值时，会在堤身内形成融化盘（多年冻土的一部分发生融化，形如盘、盆状，故称融化盆），造成地下冰的融化，而使路堤下沉。

图 3–9　多年冻土地区路基融沉

3）多年冻土地区地基的设计原则

多年冻土地区的地基，应根据冻土的稳定状态和修筑建筑物后地基地温、冻深等可能发生的变化，分别采取两种原则设计，即保持冻结原则和容许融化原则。

（1）在饱冰冻土和含土冰层地段：应采取保持冻结原则，如设置保温层、保温护道、铺筑浅色路面等措施。

（2）在富冰冻土地段：当含水率较大且公路等级较高时，宜采取保持冻结原则；当含水量小且融化后不致发生过量沉陷时，方能考虑破坏多年冻土。

（3）在少冰冻土和多冰冻土地段，允许破坏多年冻土按一般路基进行处理。

4）防融沉措施

（1）容许融化原则：可换填碎、卵、砾石或粗砂等，换填深度可到季节融化深度或受压层深度。

（2）保持冻结原则：采取片石气冷、通风管、热棒、遮阳棚、遮阳板、隔热保温等工程措施。① 片石气冷是在路基垫层之上设置一定厚度和空隙度的片石层，因片石层上下界面间存在温度梯度，引起片石层内空气的对流，加快路基基底地层的散热，取得降低地温、保护冻土的效果（见图 3–10）。② 设置在路基中的通风管，可与大气进行对流换热，从而达到冷却路基的效果（见图 3–11）。通风管有不带风门和带风门两种形式。③ 热棒地上部分为冷凝段，地下部分为蒸发段。当冷凝段温度低于蒸发段温度时，蒸发段液态物质汽化上升，在冷凝段冷却成液态，回到蒸发段，循环反复，从而加快路基地层的散热，取得降低地温、保护冻土的效果（见图 3–12）。④ 遮阳棚、遮阳板是通过遮挡太阳直接辐射，降低近地表气温和地表温度，进而降低其影响范围内的土体温度，起到了保护冻土的作用（见图 3–13）。⑤ 隔热保温措施是指在低路堤和部分路堑上采用 XPS 板以保护冻土（见图 3–14）。

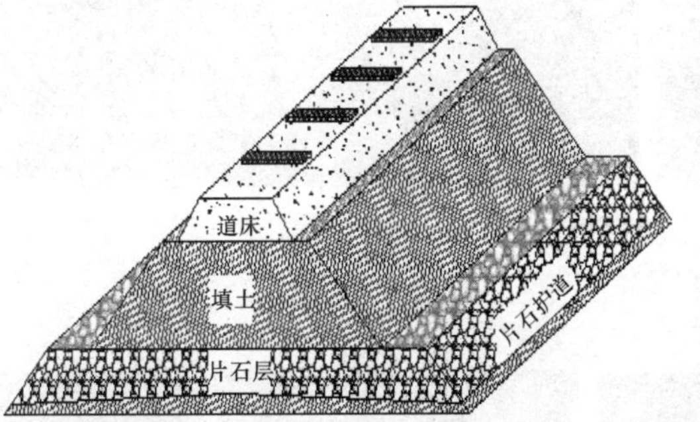

图 3–10　片石气冷

图 3–11　通风管

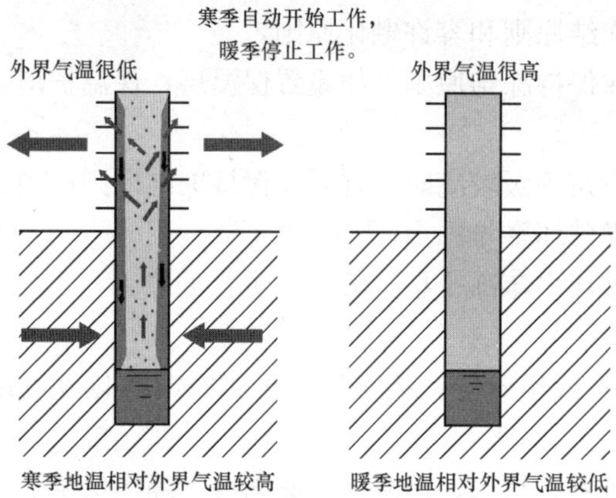


(a) 热棒工作机理示意图

(b) 热棒实物图

图 3–12 热棒

图 3–13 遮阳棚、遮阳板

图 3–14 XPS 板

## ▶子任务3.3.4　盐渍土

### ➤ 1. 盐渍土的形成条件和分布

1）盐渍土的定义

盐渍土是指含有较多易溶盐类的岩土。将易溶盐含量大于 0.3%，且具有溶陷、盐胀、腐蚀等特性的土称之为盐渍土。

2）盐渍土的形成条件

当地下水沿土层的毛细管升高至地表或接近地表，经蒸发作用水中盐分被析出并聚集于地表或地下土层中时，便形成了盐渍土。盐渍土一般形成于下列地区。

（1）干旱半干旱地区：因蒸发量大，降水量小，毛细作用强，极利于盐分在地表聚集。

（2）内陆盆地：因地势低洼，周围封闭，排水不畅，地下水位高，利于水分蒸发、盐分聚集。

（3）农田、渠道：农田洗盐、压盐，灌溉退水，渠道渗漏等，也会使土地盐渍化。

3）盐渍土的分布

盐渍土主要分布在西北干旱地区的青海、新疆、甘肃、宁夏、内蒙古等地区，在华北平原、松辽平原、大同盆地和青藏高原的一些湖盆洼地也有分布。由于气候干燥，内陆湖泊较多，在盆地到高山地区，多形成盐渍土。在滨海地区，由于海水侵袭，也常形成盐渍土。在平原地带，由于河床淤积或灌溉等原因，也常使土地盐渍化，形成盐渍土。

盐渍土的厚度一般不大。在平原和滨海地区，盐渍土一般在地表向下 2～4 m，其厚度与地下水的埋深、土的毛细作用上升高度和蒸发强度有关。内陆盆地盐渍土的厚度有的可达几十米，如柴达木盆地中盐湖区的盐渍土厚度可达 30 m 以上。在绝大多数盐渍土分布地区，地表有一层白色盐霜或盐壳，厚数厘米至数十厘米。盐渍土中盐分的分布随季节、气候和水文地质条件而变化。在干旱季节，地面蒸发量大，盐分向地表聚集，这时地表土层的含盐量可超过 10%。随着深度的增加，含盐量逐渐减少。在雨季，地表盐分被地面水冲淋溶解，并随水渗入地下，表层含盐量减少，地表白色盐霜或盐壳甚至消失。因此，在盐渍土地区，经常发生盐类被淋溶和盐类聚集的周期性的发展过程。

### ➤ 2. 盐渍土的分类

1）按分布区域分

（1）滨海盐渍土：滨海一带受海水侵袭后，经过蒸发作用，水中盐分聚集于地表或地表下不深的土层中，即形成滨海盐渍土。滨海盐渍土的盐类主要是氯化物，含盐量一般小于 5%，盐中 $Cl^-$与$SO_4^{2-}$ 比值大于内陆盐渍土，而 $Na^+$与 $Ca^{2+}+Mg^{2+}$的比值小于内陆盐渍土。滨海盐渍土主要分布在我国的渤海沿岸、江苏北部等地区。

（2）内陆盐渍土：易溶盐类随水流从高处到洼地，经蒸发作用发生盐分聚集而形成。一般因洼地周围地形坡度大、堆积物颗粒较粗，盐渍化的发展越靠近洼地中心越严重。这类盐渍土分布于我国的甘肃、青海、宁夏、新疆、内蒙古等地区。

（3）冲积平原盐渍土：主要由于河床淤积或兴修水利等，使地下水位局部升高，导致局部地区盐渍化。这类盐渍土分布于我国东北的松辽平原和山西、河南等地区。

2）按含盐类的化学成分分

盐渍土中的含盐类可分为氯盐类（NaCl、KCl、$CaCl_2$、$MgCl_2$）、硫酸盐类（$Na_2SO_4$、$MgSO_4$）和碳酸盐类（$Na_2CO_3$、$NaHCO_3$）三类，相应地，盐渍土按含盐类的性质分为氯盐类盐渍土、硫酸盐类盐渍土和碳酸盐类盐渍土三类。

盐渍土所含盐的性质，主要以土中所含氯离子（$Cl^-$）、硫酸根离子（$SO_4^{2-}$）、碳酸根离子（$CO_3^{2-}$）、重碳酸根离子（$HCO_3^-$）的含量（每 100 g 土中的毫摩尔数）的比值来表示。盐渍土按含盐类的化学成分分类见表 3–7。

**表 3–7 盐渍土按含盐类的化学成分分类**

| 盐渍土名称 | $c(Cl^-)/2c(SO_4^{2-})$ | $\left[2c(CO_3^{2-})+c(HCO_3^-)\right]/\left[c(Cl^-)+2c(SO_4^{2-})\right]$ |
|---|---|---|
| 氯盐渍土 | >2.0 | — |
| 亚氯盐渍土 | 2.0～1.0 | — |
| 亚硫酸盐渍土 | 1.0～0.3 | — |
| 硫酸盐渍土 | <0.3 | — |
| 碱性盐渍土 | — | >0. 3 |

3）按含盐量分

当土中含盐量超过一定值时，对土的工程地质性质就有一定影响，所以按含盐量进行分类是对按含盐类的化学成分进行分类的补充，具体分类见表 3–8。

**表 3–8 盐渍土按含盐量分类**

| 盐渍土名称 | 平均含盐量/% | | |
|---|---|---|---|
| | 氯盐及亚氯盐 | 硫酸盐及亚硫酸盐 | 碱性盐 |
| 弱盐渍土 | 0.3～1.0 | — | — |
| 中盐渍土 | 1.0～5.0 | 0.3～2.0 | 0.3～1.0 |
| 强盐渍土 | 5.0～8.0 | 2.0～5.0 | 1.0～2.0 |
| 超盐渍土 | >8.0 | >5.0 | >2.0 |

### 3. 盐渍土的工程地质性质

1）盐渍土的溶陷性

盐渍土中的可溶盐经水浸泡后溶解、流失，致使土体结构松散，在土的饱和自重压力下出现溶陷。有的盐渍土浸水后，需在一定压力作用下，才会产生溶陷。盐渍土溶陷性的大小，与易溶盐的性质、含量、赋存状态和水的径流条件及浸水时间的长短等有关。盐渍土按溶陷系数可分为两类：当溶陷系数 $\delta$ 值小于 0.01 时，称为非溶陷性土；当溶陷系数 $\delta$ 值等于或大于 0.01 时，称为溶陷性土。

2）盐渍土的盐胀性

硫酸（亚硫酸）盐类盐渍土中的无水芒硝（$Na_2SO_4$）的含量较多。无水芒硝在 32.4 ℃以上时为无水晶体，体积较小；当温度下降至 32.4 ℃时，将吸收 10 个水分子的结晶水，成为芒硝（$Na_2SO_4 \cdot 10H_2O$）晶体，体积增大，如此不断地循环反复，使土体变松。盐胀作用是盐渍土由于昼夜温差大引起的，多出现在地表下不太深的地方，一般约为 0.3 m。碳酸盐类盐渍土中含有大量吸附性阳离子，遇水时与胶体颗粒作用，在胶体颗粒和黏土颗粒周围形成结合水薄膜，减少了各颗粒间的黏聚力，使其互相分离，引起土体盐胀。资料证明，当土中的 $Na_2CO_3$ 含量超过 0.5%时，其盐胀变形量显著增大。

3）盐渍土的腐蚀性

盐渍土均具有腐蚀性。硫酸盐类盐渍土具有较强的腐蚀性，当其硫酸盐含量超过 1%时，对混凝土产生有害影响，对其他建筑材料，也有不同程度的腐蚀作用。氯盐类盐渍土具有一定的腐蚀性，当氯盐含量大于 4%时，对混凝土产生不良影响，对钢铁、木材、砖等建筑材料也具有不同程度的腐蚀性。碳酸盐类盐渍土对各种建筑材料也具有不同程度的腐蚀性。腐蚀的程度，除与盐类的成分有关外，还与建筑结构所处的环境条件有关。

4）盐渍土的吸湿性

氯盐类盐渍土含有较多的 $Na^+$，由于其水解半径大，水化胀力强，故在其周围形成较厚的水化薄膜，从而使氯盐类盐渍土具有较强的吸湿性和保水性。这种性质使氯盐类盐渍土在潮湿地区极易发生土体吸湿软化，强度降低；而在干旱地区，使土体容易压实。氯盐类盐渍土吸湿的深度，一般只限于地表，深度约为 10 cm。

5）盐渍土的有害毛细作用

盐渍土有害毛细水上升能引起地基土的浸湿软化和造成次生盐渍土，并使地基土强度降低，产生盐胀、冻胀等不良作用。影响毛细水上升高度和上升速度的因素，主要有土的矿物成分、粒度成分、土颗粒的排列、孔隙的大小和水溶液的成分、浓度、温度等。

6）盐渍土的起始冻结温度和冻结深度

盐渍土的起始冻结温度是指土中毛细水和重力水溶解土中盐分后形成的溶液开始冻结的温度。起始冻结温度随溶液浓度的增大而降低，且与盐的类型有关。根据实验资料，当水溶液浓度大于 10%时，氯盐类盐渍土的起始冻结温度比亚硫酸盐类盐渍土低得多。当土中含盐量达到 5%以上时，土的起始冻结温度下降到 −20 ℃以下。盐渍土的冻结深度，可以根据不同深度的地温资料和不同深度盐渍土中水溶液的起始冻结温度判定，也可在现场直接测定。

### 4. 盐渍土地区道路的主要病害

1）溶陷

盐渍土对公路产生很多方面的病害，溶陷是其中的一种。发生这种病害的原因是道路盐渍土路基或者结构层在淡水的作用下，盐分出现溶解，并且被水分带走了，从而导致土体强度的丧失。同时在荷载或者自重的作用下，盐渍土路基或者结构层出现了严重的沉陷、孔洞等破坏，并且被逐渐放映到路面层，甚至有一些盐渍土地区的路面由于湿陷而出现了溶洞的现象，从而给车辆的通行带来了很大的安全隐患。

2）盐胀

盐胀是指含有丰富的硫酸盐的盐渍土，在温度降低时硫酸盐吸收水发生结晶且使体积变大，从而促使土体出现膨胀的现象。在温度升高的时候，硫酸盐会出现脱水的情况，这样就促使体积变小。由于这个过程是反复作用的，从而使得土体结构遭到破坏，导致土体疏松。此外，由于盐胀会随着温度变化而发生体积变化，这样就使得地表出现了松胀的可能或者公路路基路面出现了局部不平、鼓起开裂的情况。

3）腐蚀

腐蚀主要是由于盐渍土中所含易溶盐与工程中所使用的金属材料、非金属制成品发生化学反应，导致这些材料或者制成品的性能发生恶化，从而使得道路出现了破坏的情况。在道路工程中最常见的腐蚀病害有钢筋锈蚀、混凝土或者黏土制成品粉化开裂等。

### 5. 盐渍土地区的公路工程处治措施

1）提高路基

有些盐渍土地基地下水位较高，路堤除了有再盐渍化的问题外，还有冻融和翻浆的危害。为了使路基不受冻害和再盐化的影响，应控制路堤高度至不再盐化的最小高度，该高度可以根据实验确定，一般为丰水期地下水位高加 0.5 m。

2）设置隔断层

在路基内设置隔断层，防止水分和盐分进入路基上部。

（1）土工布或塑料薄膜隔断层。

在中、强盐渍土地区修建次高级路面以上的公路路基，宜采用土工布或塑料薄膜隔断层，以防止路基水分与盐分的上升。土工布或塑料薄膜的隔断位置，宜设在路基边缘以下 0.8～1.5 m 处，并高出边沟流水位 20 cm 以上。挖方路段应设在新铺路面垫层以下，至少 30 cm，并应对挖方路段边沟加大加深，确保隔断层高出边沟流水位。

（2）碎（砾）石隔断层。

在地下水位较高的强盐渍土地带，新建高速公路及一、二级公路路基宜采用此种隔断层。碎（砾）石隔断层厚度 30～40 cm，上下设反滤层。碎（砾）石隔断层顶面位置，应在路肩边缘以下不小于 80 cm，同时底面应高出路边长期积水位或边沟流水面 20 cm 以上，或并设双向外侧不小于 1.5%的横坡。隔断层碎（砾）石最大粒径为 50 cm，小于 0.5 mm 的颗粒含量不大于 5%。反滤层以中、粗砂为宜，含泥量不大于 3%，厚度 10～15 cm；或采用具有渗滤功能的土工织物。

3）控制填料的含盐量

盐分是导致盐渍土具有湿（溶）陷、盐胀、冻胀、加重翻浆等特性的根源，控制盐分或者将有害盐分转化成无害盐分，可以达到处治盐渍土病害的目的，可采取的具体措施包括换填法、浸水预溶法、化学处理法。

## 思考与练习

1. 简述地貌的概念。

2. 简述地貌类型的划分。
3. 什么是第四纪？
4. 第四纪沉积物的主要成因类型有哪几种？
5. 残积物、坡积物、洪积物和冲积物各有什么特征？
6. 什么是湿陷性黄土？
7. 简述湿陷性黄土的处治措施。
8. 什么是膨胀土？
9. 简述膨胀土的处治措施。
10. 什么是多年冻土？
11. 简述多年冻土的处治措施。
12. 什么是盐渍土？
13. 简述盐渍土的处治措施。

# 学习情境 4　地表水与地下水

## ▶工作任务 4.1　地表水

视频+课件

◎ **学习目标与要求**：了解面流的地质作用、洪流的地质及河流的地质作用；掌握河流阶地的主要成因、类型及其主要工程地质特征。

◎ **重点**：河流的地质作用；河流阶地的主要成因及类型。

◎ **难点**：河流阶地的主要成因及类型。

### ➤ 1. 面流、洪流、河流的定义及特征

在自然界中，水以气态、液态和固态三种相态存在，按水存在的部位又分为大气水、地表水及地下水。

地表水分为暂时性流水和常年流水。暂时性流水包括面流和洪流，是在降雨或融雪后的一段时间内才有的。常年流水指河流。面流是雨水、冰雪融水在地表斜坡形成的薄层片状流水，因此又叫片流。洪流是暴雨或大量积雪消融时所形成的一种水量大、流速快并夹带大量泥沙于沟槽中运动的水流，洪流又称山洪急流或山洪。洪流不同于面流，它是线状而不是面状的暂时性水流。

河流是大气降水、融雪汇集在地面低洼处，在重力的作用下沿流水自身侵蚀形成的沟槽中流动，并进一步得到地下水的补给而形成的。河流具有相对固定的河道，并有经常性流水。它的水源往往是多方面的，雨水、冰雪融水和地下水甚至湖水都可以成为其水源。

### ➤ 2. 面流的地质作用及其地貌

面流是雨水或冰雪融水直接在地表形成的薄层片流和细流，出现的时间很短。雨水在坡地上聚成薄薄的水层，以后由于受地表微小起伏的影响，水流分离，形成许多细流。细流在流动过程中时分时合，没有固定流径，因而坡面侵蚀是坡面流水对地表进行面状的、均匀的洗刷。面流能比较均匀地冲刷地表松散物质，被冲刷下来的物质，成为江河泥沙的主要来源。面流的侵蚀强度主要受降雨量、降雨强度、地形坡度、坡面组成物质和植被等的影响。在一定的地形条件下，如果地表物质疏松，植被稀疏，降水量多且强度大，面流的侵蚀就强烈。地形坡度的陡缓直接影响面流的流速，坡度变大，流速加快，洗刷作用加强。但是如果坡度过大，受水面积减小，使水量减少，反而使洗刷作用减弱。据实地观察，当坡度达到 40° 左右时，面流的洗刷作用最为强烈。

1）面流的洗刷作用

面流对斜坡的均匀破坏作用称为洗刷作用，它受坡度、流速和水量的制约。当雨量大时，洗刷作用强度大。当坡度大、流速大时，洗刷作用强度也大，反之强度就小。

通常在斜坡顶部，坡度较小，流速小，汇集的水量也小，洗刷作用的强度也小。因而，在坡顶，只有被雨水冲击而溅起或分离的细小泥沙在水流中呈悬浮状态，且缓慢地沿斜坡向下运动。

斜坡中上部，坡度逐渐变大，汇集的水量逐渐增加，流速加快，面流的洗刷作用强度逐渐加大，可以洗刷斜坡上大量风化的松散物质，将斜坡切割成深浅不等的沟槽，甚至使基岩裸露。

2）面流的堆积作用和坡积物

斜坡下部和坡脚，坡度逐渐变小，面流的强度和活力逐渐降低，而负载却逐渐增加，最后，面流的负载超过其活力，洗刷作用消失，面流携带的大量碎屑物质在斜坡下部和坡脚下堆积（见图 4–1）。面流携带的碎屑物质在斜坡下部平缓部位和坡麓地段堆积下来的沉积物，称为坡积物。坡积物沿坡麓分布如裙状，故将这种坡积物组成的地貌称为坡积裙。

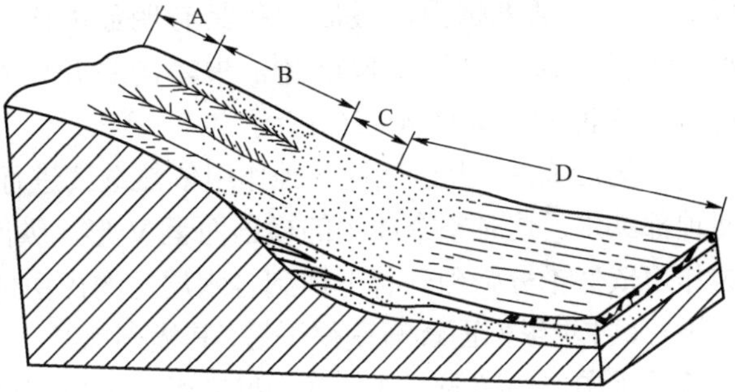


A—弱洗刷带；B—强洗刷带；C、D—堆积带。

图 4-1　斜坡上的洗刷作用

坡积物的岩石成分与组成斜坡的基岩成分一致。其大小粒径取决于基岩特征、坡度和面流的流速、流量，通常为细砂、粉沙和黏土。当坡度大，流速、流量大，基岩节理发育或易破碎时，坡积物可能夹杂石块。坡积层的厚度变化很大，就其本身来说，一般是中下部较厚，向山坡上部逐渐变薄以致尖灭。坡积层可以分为山地坡积层和山麓坡积层两个亚组：山地坡积层一般以亚黏土夹碎石为主，而山麓坡积层则以亚黏土为主，夹有少量的碎石。坡积物未经长途搬运，碎屑棱角明显，分选性差，通常均为天然孔隙度很高的含有棱角状碎石的亚黏土，有时会有一些不太明显的倾斜层理。

除了下伏的基岩顶面的坡度平缓以外，坡积层多处于不稳定状态。实践证明，山区傍坡路线挖方边坡的破坏失稳，大部分是在坡积层中发生的。当坡积层的厚度较小时，其稳定程度首先取决于下伏岩层顶面的倾斜程度；当坡积层与下伏基岩接触带有水渗入时，将明显降低坡积层与基岩顶面的摩阻力，更易引起坡积层的滑动。坡积层内的挖方边坡在久雨之后易产生塌方，水的作用是一个带有普遍性的原因。

### ➤ 3. 洪流的地质作用及其地貌

面流在斜坡的洼处汇集成侵蚀能力更强的水流，冲刷斜坡洼地，使之形成沟槽。在暴雨或大量积雪消融时所形成的一种水量大、流速快并夹带大量泥沙于沟槽中运动的线状水流称为洪流。洪流夹杂着泥沙、石块冲向沟口，具有更强的冲蚀力。

1）洪流的冲蚀作用

（1）洪流冲蚀作用的三种表现。

洪流的冲蚀具体表现为下蚀（下切）、旁蚀（侧蚀）与溯源（向源）侵蚀三种。下蚀是指流水及其挟带的砂砾等对谷底的侵蚀，其结果使谷底加深。旁蚀是对谷地两侧的侵蚀，沟壁也可以发生崩塌，其结果都是使谷坡后退，谷地展宽。溯源侵蚀是指向源头的侵蚀，其结果使谷地向上伸长。下蚀、旁蚀与溯源侵蚀是相互联系、同时进行的，三者共同作用，最终形成冲沟。

（2）冲沟的形成。

冲沟的发展大致可分为冲槽阶段（细沟）、下切阶段（切沟）、平衡阶段（冲沟）、休止阶段（坳沟）四个阶段。最初，面流在斜坡的洼处汇集成股流动时，其侵蚀能力大大提高，形成细沟，也称为浅沟或犁沟，如图 4－2(a)所示。细沟的出现使汇集的水流越来越多，使侵蚀作用更为强烈。水流集中冲击沟底，细沟越来越深，并出现陡坎，下部蚀空，上部坍落，沟喙明显；在横剖面上，上段窄，下段宽，沟口平缓地带开始有洪积物堆积，此阶段为切沟，如图 4－2(b)所示。随着这种作用的进行，聚集的雨水越来越多，侵蚀作用也越来越强，最后沟谷具有明显的沟缘，形态呈勺状，沟底的平衡剖面略呈凹形，上陡下缓，悬沟陡坎已经消失，沟底开始有洪积物，沟壁常有坠积和坡积物，这种沟谷称为冲沟，如图 4－2(c)所示。

冲沟形成后，上述三种冲蚀作用依然继续进行。冲沟向源头的侵蚀常常出现较大的落差，即顶部跌水。这时整个冲沟的横剖面呈 V 形，纵剖面很陡，沟底不平坦，出口呈悬挂状，下蚀作用依然十分强烈。若下切到含水层，沟内由地下水补给，则可形成河流。随着下蚀作用的进行，冲沟纵剖面逐渐变得平缓，其横剖面从呈 V 形渐变为 U 形。随着冲沟逐渐变缓变宽，洪流的垂向侵蚀减弱，其顶部峭壁变缓，两侧岸壁塌落，最后达到稳定的自然坡度角（边坡稳定角），侵蚀作用停止，成为死冲沟，也叫坳沟或坳谷，如图 4－2(d)所示。

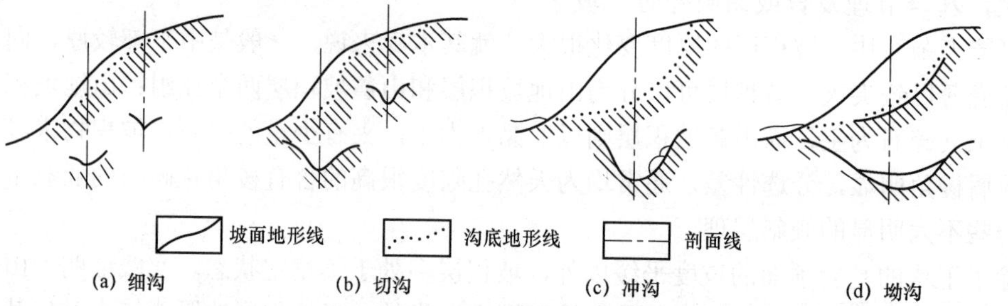


图 4–2　冲沟的四个阶段

（3）冲沟对公路工程的影响。

在冲沟发育的地区，地形变得支离破碎，路线布局往往受到冲沟的控制。由于冲沟的不断发展，加之处理不当，会截断路基，中断交通，或者由于洪积物掩埋道路，淤塞涵洞，影响正常运输。冲沟的不同阶段，对公路工程的影响程度也不同。

① 细沟阶段：细沟是冲沟的开始，若遍布于公路两侧任其发展，则会淤塞边沟，毁损路面，进而破坏路基。在此阶段，只要填平沟槽，不使坡面水流汇集，种植草皮保护坡面，即可制止细沟的发育。

② 切沟阶段：在切沟发育地带进行道路布线时，路线应避免从沟顶附近的沟壁通过。若从切沟的中下部通过，也应在沟顶修截水沟，以防溯源侵蚀的延伸；或在沟头设置多级跌水石坎以减缓水的速度，降低冲刷下切力；在沟底可以采用铺石加固。

③ 冲沟阶段：应考虑沟谷洪流的水文地质状况。路基、桥涵设置的高度应在洪水位以

上，桥涵孔径应大于排洪量；对进、出沟的路线布设，应加固沟壁，防止侧蚀水毁路基及切坡后内边坡壁的失稳，以防止崩塌和滑坡的发生。

④ 坳沟阶段：坳沟底部宽阔平缓，在坳沟地区布设路线，除地形上应加考虑外，对公路工程已无特殊影响。

2）洪流的沉积作用和洪积物

洪流在沟谷中一般不发生沉积作用，只有从两侧岸壁塌落的巨大石块，洪流无法带动，才有可能留置在沟谷内，而其余侵蚀的碎屑物质在洪流的携带下被带出山口。雨季当沟谷水流携带大量碎屑物质冲出山口时，流速骤然降低，大量碎屑物堆积下来，形成洪积物。洪积物构成的地貌叫冲出锥，亦称洪积扇（见图 4–3）。洪积扇是由间歇性洪流携带的物质不断地堆积而成的。其特点是分选性较差，磨圆度不好，有不规则的层理。洪积扇在干旱或半干旱地区分布很广，其他地区也有发育。

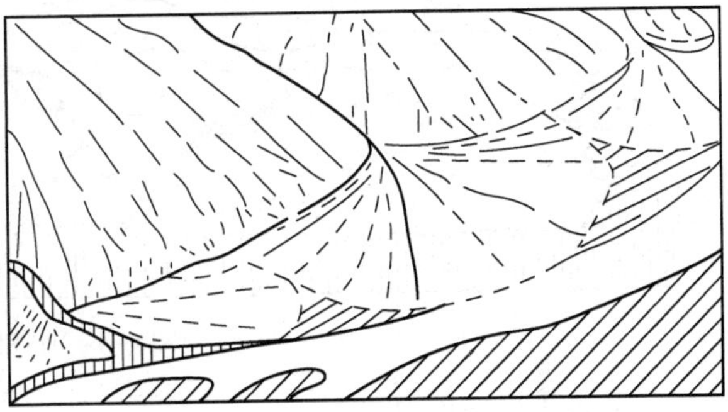

图 4-3　洪积扇

洪积扇自山口向外呈同心圆带状分布，可有一定程度的分选和磨圆，按其特征可以分为三个带。

（1）洪积扇上带：洪流沿地表呈散流状放射形散发，主要沉积大漂砾、砾石、砂砾和粗砂。从山口向外粒度逐渐变小，磨圆度逐渐变好。

（2）洪积扇中带：由于洪流随雨量大小发生周期性变化，因而洪积扇在这一带上下往复移动。沉积物由砂砾、泥组成，垂向上粗细相间。当洪流漫过沟槽时，洪积扇表面常被洪泛作用带来的亚砂质和亚黏土质沉积物覆盖。

（3）洪积扇边缘带：主要由洪泛作用的沉积物——亚黏土、亚砂土组成。在洼地，还可形成暂时的小湖泊和沼泽（盐沼）。

### 4. 河流的地质作用及其地貌

视频+课件

河流与公路建设的关系极为密切。路桥工程相当一部分是建立在河流峡谷、阶地、盆地等一定形态的河流地貌单元中的，而且有些河流地貌还往往是地下水贮存的良好场所。

河流是沿着槽形凹地经常性或周期性的流水。河流所流经的槽状地形称为河谷。河谷是由谷底和谷坡两大部分组成的（见图 4–4）。谷底包括河床及河漫滩。河床是指平水期水占据的谷底，或称河槽；河漫滩是河床两侧在洪水期时才能淹没的谷底部分，而枯水时则露出水面。谷坡是河谷两侧的岸坡。谷坡上部常年洪水不能淹没并具有陡坎的沿河平台叫阶地，但并不是所有的河段均有。

河水流动时，对河床进行冲刷破坏，并将所侵蚀的物质带到适当的地方沉积下来，故河流的地质作用可分为侵蚀作用、搬运作用和沉积作用。

1）河流的侵蚀作用

河流以河水及其所携带的碎屑物质，在河水流动过程中，不断冲刷破坏河谷、加深河床的作用，称为河流的侵蚀作用。河流的侵蚀作用包括机械侵蚀和化学溶蚀两种。前者是河流侵蚀作用的主要方式，后者只在可溶岩类地区的河流才表现得比较明显。河流侵蚀作用按照侵蚀方向，分垂直侵蚀作用、侧方侵蚀作用和向源侵蚀作用三种。

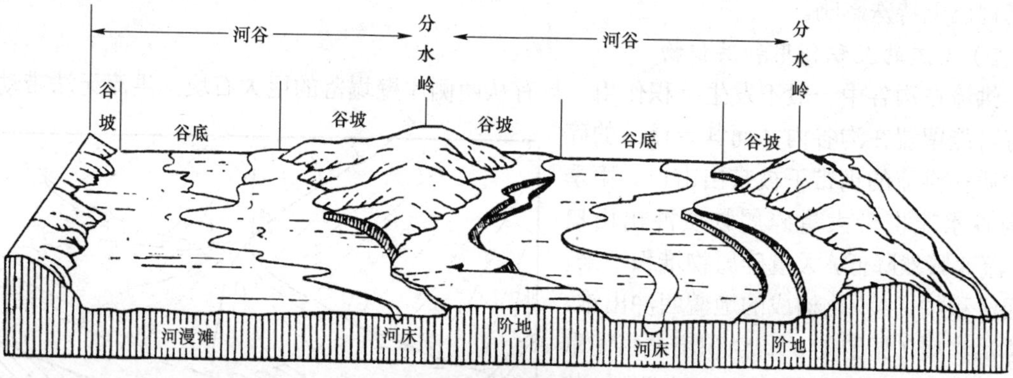


图 4-4 河谷要素图

（1）垂直侵蚀作用。

河水及其挟带的沙砾，在从高处不断向低处流动的过程中，不断撞击、冲刷、磨削和溶解河床岩石，降低河床，加深河谷的作用，称为河流的垂直侵蚀作用，简称下蚀作用。这种作用的结果是使河谷变深、谷坡变陡。

河流的垂直侵蚀作用并非无止镜，垂直侵蚀作用的极限平面称为侵蚀基准面，如海平面（终极）、湖面（局部）。垂直侵蚀作用可使跨河建筑物（桥墩）的地基遭受破坏，因此应使这些建筑物的基础砌置深度大于垂直侵蚀作用的深度，并对基础采取保护措施。

（2）侧方侵蚀作用。

侧方侵蚀作用又称旁蚀或侧蚀，是指河水对河流两岸的冲刷破坏，使河床左右摆动，谷坡后退，不断拓宽河谷的过程（见图 4-5）。

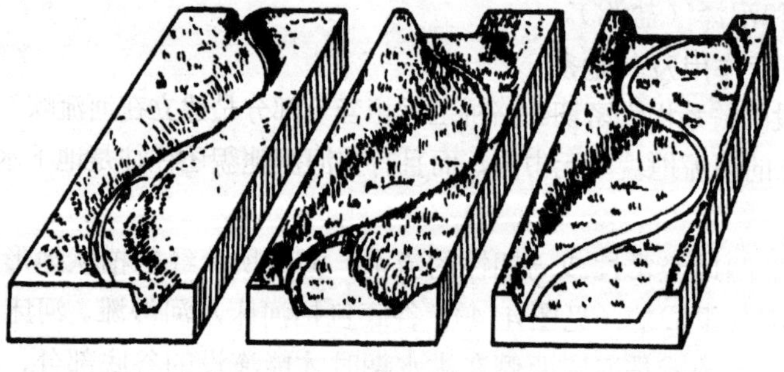

图 4-5 侧方侵蚀作用

促使河流产生侧方侵蚀的主要因素是横向环流。横向环流在河湾部分最为显著。当运动的河水进入河湾后，由于受离心力的作用，表层流束以很大的流速冲向凹岸，使之冲刷变陡、后退。又由于凹岸水面相对压强增高，产生凹岸压向凸岸的底流，同时将在凹岸冲刷所获得的物质带到凸岸堆积下来。如图 4-6 所示，由于横向环流的作用，凹岸不断受到强烈冲刷，凸岸不断发生堆积，结果使河湾的曲率增大，并受纵向流的影响，河湾逐渐向下游移动，因而导致河床发生平面摆动。这样时间一久，整个河床就被河水的侧方侵蚀作用逐渐拓宽。

沿河布设的公路，往往由于河流的侧方侵蚀及水位变化，常使路基发生“水毁”现象，特别是在河湾凹岸地段最为显著，其边坡因产生“水毁”而导致“局部断路”的现象常有发生。所以，在确定路线具体位置时，必须注意避让，或者采取适当的防护措施。

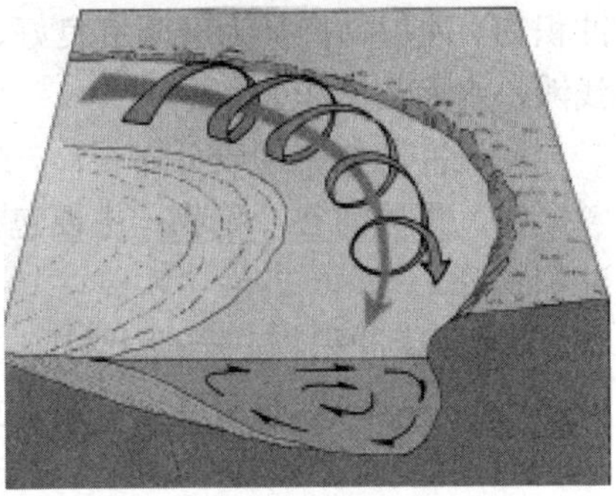

图 4–6 横向环流示意图

侧方侵蚀作用的结果是加宽河床、谷底，使河谷形态复杂化，如图 4–7(a)所示。河床在宽阔的谷底中犹如长蛇爬行般迂回曲折、左右摆动，这种极度弯曲的河床，称为蛇曲，如图 4–7(b)所示。蛇曲进一步发展，使同侧相邻的两个河弯的凹岸逐渐靠拢。当洪水切开两个相邻河弯的狭窄地段时，河水便从上游河弯直接流入下游相邻的河弯，形成河流的自然裁弯取直。被废弃的弯曲河道逐渐淤塞断流后变为湖泊，叫作牛轭湖［见图 4–7(c)］。

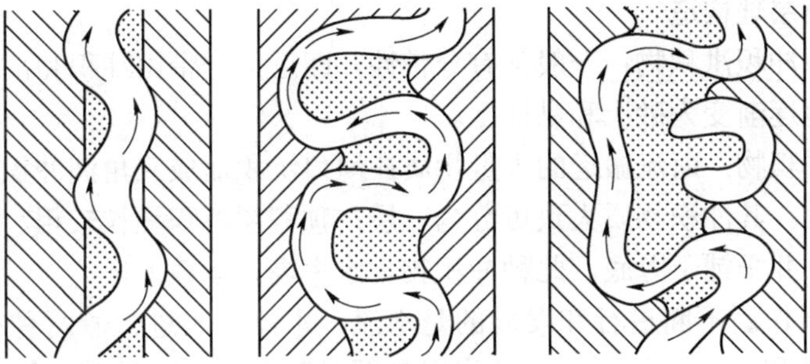

(a) 弯曲河道　(b) 蛇曲　(c) 牛轭湖

图 4–7 河曲的发展及牛轭湖的形成

（3）向源侵蚀作用。

向源侵蚀作用，又称溯源侵蚀作用，是指由于河流下切的侵蚀作用而引起的河流源头向河间分水岭不断扩展伸长的现象。向源侵蚀作用的结果是使河流加长，扩大河流的流域面积，改造河间分水岭的地形和发生河流袭夺。

2）河流的搬运作用

河流将其携带的大量碎屑物质和化学溶解物质，不停地向下游方向输送的过程，称为河流的搬运作用。搬运物质主要来源于两个方面：一是流域内由面流洗刷和洪流冲蚀作用产生的物质；二是由河流对自身河床的侵蚀作用产生的物质。

河水搬运方式：在上游，由于流速大，土石颗粒沿河床滚动、滑动，以拖运（推运）为主；在中下游，泥沙大小和数量随流速改变，以悬运为主；在可溶性物质的河流里，河水搬运以溶运为主。

3）河流的沉积作用和冲积物

河水在搬运过程中，由于流速和流量的减小，搬运能力也随之降低，而使河水在搬运中的一部分碎屑物质从水中沉积下来的过程，称为河流的沉积作用。由此形成的堆积物，称为冲积物。冲积物特征为磨圆度良好、分选性好、层理清晰。河流的沉积作用造成河道的淤塞、浅滩、水库的淤积。

河流冲积物在地表分布很广，主要类型如下。

（1）平原河谷冲积物：主要包括河床冲积物、河漫滩冲积物、河流阶地冲积物及古河道冲积物等。

① 河床冲积物：一般上游颗粒粗，下游颗粒细，因搬运距离长，颗粒具有一定的磨圆度。较粗的砂与砾石密度大，是良好的天然地基。

② 河漫滩冲积物：常具有二元结构，即下层为粗颗粒土，上层为泛滥形成的细粒土，局部有腐殖土。

③ 河流阶地冲积物：是由地壳的升降运动与河流的侵蚀、沉积作用形成的。

④ 古河道冲积物：由河流裁弯取直改道以后的牛轭湖逐渐淤塞而成。这种冲积物通常存在较厚的淤泥、泥炭土，压缩性高，强度低，为不良地基。

（2）山区河谷冲积物：山区河流一般流速大，河谷冲积物多为粗颗粒的漂石、砂卵石等，冲积物的厚度一般不超过 15 m。在山间盆地和宽谷中有河漫滩冲积物，主要为含泥的砾石，具有透镜体和倾斜层理构造。

（3）山前平原冲积洪积物：一般常有分带性，即近山一带由冲积和部分洪积的粗粒物质组成，向平原低地逐渐变为砂土和黏性土。

（4）三角洲冲积物：河流搬运的大量物质在河口沉积而成三角洲冲积物，厚度达数百米以上，面积也很大。其冲积物质大致可分为三层：顶积层沉积颗粒较粗，前积层颗粒变细，底积层颗粒甚细，并平铺于海底。此种冲积物含水率高，承载力低。

促使河流地质作用不断进行和发展的是水流。水流同时进行着两种相互依存和相互制约的作用，即侵蚀和沉积作用，这两种作用是同时存在的。河流某一段遭受侵蚀，而另一段就会发生沉积，而且在同一个横断面上就进行着这两种作用。河流的搬运作用，可以认为是以上两种作用处于暂时平衡的结果。虽然这些作用可以在同一横断面上存在，但往往在河流上游以侵蚀作用为主，中游处于平衡状态且以搬运作用为主，而下游则以沉积作用为主。

4）河流阶地

河流阶地是超出洪水位，有台面和陡坎的呈阶梯状分布于河谷两侧谷坡上的地貌形态（见图 4–8）。

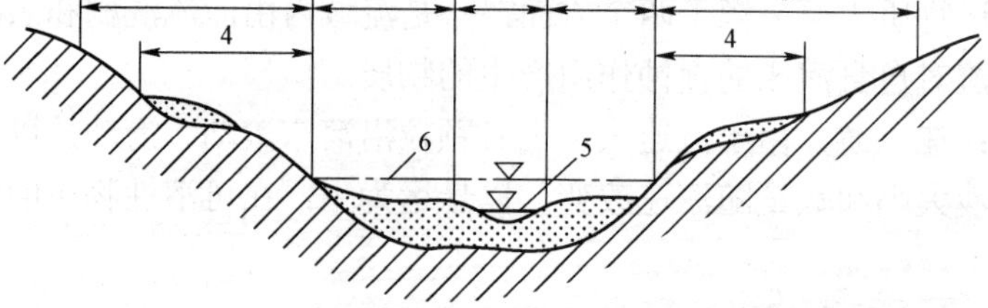


1—河床；2—河漫滩；3—谷坡；4—阶地；5—常水位；6—洪水位。

图 4–8 河谷的组成

（1）阶地形态要素。

阶地的平台面叫阶地面，陡坎叫阶地斜坡，阶地前边部分叫阶地前缘，后边部分叫阶地后缘，阶地面与河流平水位之间的垂直距离称为阶地高度（见图 4–9）。一般河谷中常出现多级阶地，从高于河漫滩或河床算起，向上依次称为一级阶地、二级阶地……。一级阶地形成的时代最晚，一般保存较好。越老的阶地，其形态相对保存越差。在图 4–9 中，$h_1$ 为阶地前缘高度，$h_2$ 为阶地后缘高度，$h$ 为阶地平均高度。

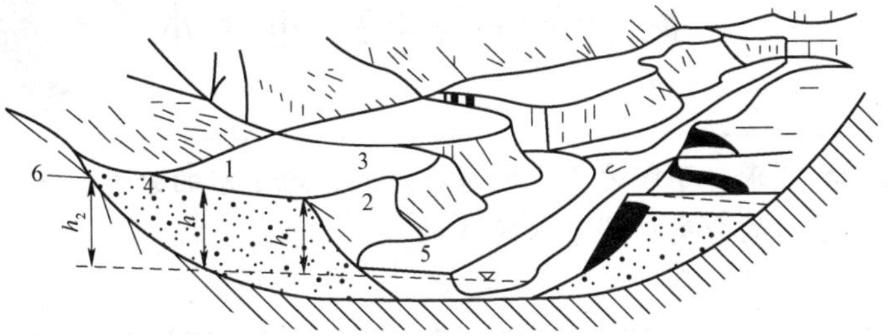

1—阶地面；2—阶地斜坡；3—阶地前缘；4—阶地后缘；5—坡脚；6—坡积层。

图 4–9　阶地形态要素示意图

（2）阶地成因及类型。

阶地的形成基本上经历了两个阶段。首先是在一个相当稳定的大地构造环境下，河流以侧方侵蚀和堆积作用为主，形成宽阔的河谷。然后地壳上升，河流下切，又经过了一段相对稳定阶段而形成了阶地面。由此反复作用便形成了数级阶地，一般地壳上升越强烈的地区，阶地也越高。

根据成因，阶地可分为侵蚀阶地、堆积阶地和基座阶地三种类型（见图 4–10）。

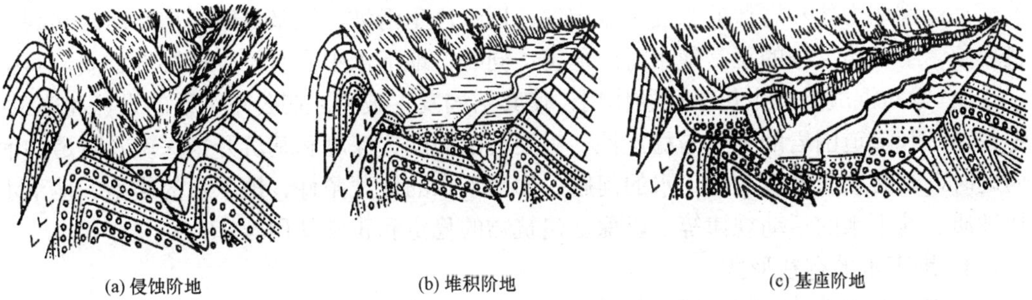
(a) 侵蚀阶地　(b) 堆积阶地　(c) 基座阶地

图 4–10　阶地的主要类型

① 侵蚀阶地：由基岩组成，有时阶地面上残留有极少冲积物，基岩裸露，故又称基岩阶地。侵蚀阶地多发育在地壳上升的山区河谷中，它作为桥梁等建筑物的地基是有利的。

② 堆积阶地：全部由河流冲积物所组成。它的形成过程是河流侧方侵蚀，拓宽谷底，同时大量堆积成河漫滩，然后河流强烈下蚀形成阶地。它常见于河流（中）下游。根据下蚀深度不同，又可分为上迭和内迭阶地，后成阶地套置在先成的阶地之内。大河流的中下游，河谷非常开阔，沉积作用十分强烈。当阶地面积广大，形成一片平缓的广阔平原时，称为冲积平原。

③ 基座阶地：分布于新构造运动上升显著的地区。其特点是由两部分组成，在阶地斜坡的剖面上可以看到，上部为冲积物，下部为基岩，冲积物覆盖在基岩底座上。它是由于后期河流下蚀深度超过原有河床中冲积物厚度，切入基岩内部而形成的。

阶地在通常情况下，是河谷地貌中敷设路线的理想地貌部位。当有几级阶地时，除考虑过岭标高外，一般利用一、二级阶地敷设路线为好。

视频+课件　思政课堂

## ▶工作任务 4.2　地下水

◎ **学习目标与要求**：了解地下水的存在形式、地下水的分类；掌握地下水的特征。
◎ **重点**：地下水的分类；地下水的特征。
◎ **难点**：地下水的特征。

地下水是指存在于地表以下岩土孔隙、裂隙和空洞中的水。它可以各种物理状态存在，但大多呈液态。

地下水主要是由大气降水、融雪水和地表水（河水、湖水、海洋水等）沿着地表岩石的孔隙、裂隙和空洞渗入地下而形成的。因此，地下水是整个自然界不断循环着的水的一部分。

地下水由于水质好，分布广，供水延续时间长，往往是宝贵的供水水源，与国民经济建设和人们日常生活都有着密切联系。地下水的活动不仅对岩石和土产生机械破坏，而且作为一种溶剂，它还会对岩石产生化学侵蚀，尤其是对可溶性岩石的溶蚀作用更强烈。由于地下水的活动能削弱土体和岩体的强度和稳定性，以致产生滑坡、地基沉陷、道路冻胀和翻浆等不良现象，给公路工程的正常使用造成危害；同时，地下水中含有不少侵蚀性物质，其中的 $Cl^-$、$SO_4^{2-}$ 等对混凝土产生化学侵蚀作用，使其结构发生破坏。在公路工程的设计和施工中，当考虑路基和隧道围岩的强度与稳定性、桥梁基础的砌置深度和基坑开挖深度及隧道的涌水等问题时，都必须研究有关地下水的问题，如地下水的埋藏条件、地下水的类型、地下水的理化性质、地下水的活动规律等，以保证建筑物的稳定和正常使用。

### ➤ 1. 地下水的存在形式

地下水按其物理性质的不同，可以分为气态水、液态水（结合水、毛细水和重力水）和固态水。

1）气态水

以水蒸气形式存在于未被水饱和的岩土孔隙中，它可以从水气压力大的地方向水气压力小的地方运移。当温度降低到露点时，气态水便凝结成液态水。

2）液态水

（1）结合水：岩土颗粒表面及岩石孔隙壁面均带有电荷，水是偶极体，在静电引力作用下，岩土颗粒表面的水不会在自身重力下自由流动，这部分水称为结合水。岩土颗粒表面或岩石孔隙壁面能牢固吸附水分子，这种水称为强结合水。在吸着水的外层，水分子仍受静电作用，被吸附在吸着水膜的外层，这部分水称弱结合水。

（2）毛细水：指受表面张力和附着力的支持而充满于岩土细小孔隙中的水，称为毛细水。

（3）重力水：当岩石的孔隙全部被水充满时，在重力作用下能自由运动的水，称为重力水。井中抽取的和从泉眼中流出的地下水，都是重力水，它是水文地质研究的主要对象。

3）固态水

当岩土中的温度低于 0 ℃时，孔隙中的液态水就结冰而转化为固态水。因为水冻结时体积膨胀，所以冬季在许多地方会有冻胀现象。在东北北部和青藏高原等高寒地区，有一部分地下水多年保持固态，形成多年冻土区。

## 2. 地下水的分类

由于地下水本身非常复杂及影响因素多种多样，地下水的分类方法很多，但归纳起来有两种：一是按地下水的某一特征进行分类，如按硬度分类、按矿化度分类等；二是综合考虑地下水的若干个特征进行分类，其中按埋藏条件和含水层空隙性质分类是目前采用得比较普遍的分类法。按埋藏条件可将地下水分为包气带水、潜水、承压水（见图 4–11），根据含水层空隙性质地下水又可分为孔隙水、裂隙水、岩溶水。

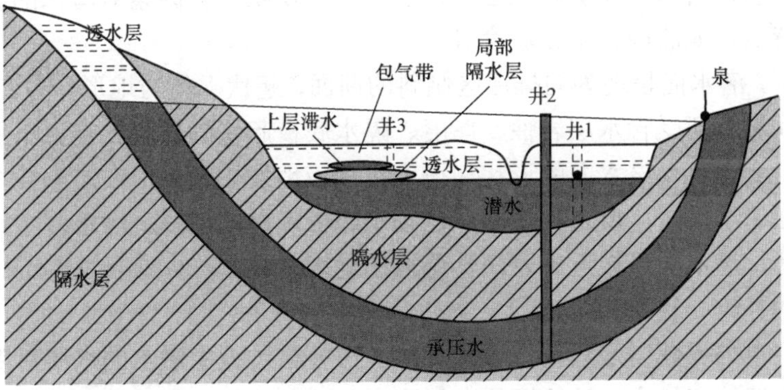


图 4–11　地下水的分类

## 3.地下水的特征

1）包气带水

（1）毛细水。

在地表向下不深的地带，土、石的孔隙未被水充满而含有气体，这个地带称为包气带。埋藏在包气带土层中的水，称为包气带水，主要以结合水和毛细水形式存在。大气降水或灌溉水通过土壤层向下渗入，这时渗入水的一部分保持在土壤层中，多余部分呈重力水下渗补给潜水。当地下水面埋藏不深，地下潜水位上升时，毛细水上升高度增大，常导致路基冻胀、翻浆现象发生。当毛细水达到地表时，由于土壤水分强烈蒸发，盐分不断积累于土壤表层，则形成土壤盐渍化。

（2）上层滞水。

上层滞水是存在于包气带中的位于局部隔水层之上的重力水。

上层滞水的特点是：分布范围有限，补给区与分布区一致；直接接受当地的大气降水或地表水补给，以蒸发或逐渐向下渗透的形式排泄；水量不大且随季节变化显著，雨季出现，旱季消失，极不稳定。

在建筑工程中，上层滞水的存在是不利因素。基坑开挖工程中经常遇到这种水，这种水可能突然涌入基坑，妨碍施工，应注意排除，但由于水量不大，易于处理。在雨季由于上层滞水水位的上升，能使土、石强度降低，造成道路翻浆，导致路基稳定性被破坏。

2）潜水

（1）潜水的概念。

潜水是埋藏在饱水带中的地表以下第一个具有自由水面的含水层中的重力水（见图 4-11），一般多贮存在第四纪沉积物中，也可形成于裂隙性或可溶性基岩中。其基本特点是与大气圈和地表水联系密切，积极参与水循环。

潜水的自由表面称潜水面。潜水面上任一点的高程称该点的潜水位。潜水面到地表的铅直距离称潜水埋藏深度。潜水在重力作用下从高处向低处流动时，称潜水流。

潜水含水层的分布范围称潜水分布区。大气降水或地表水入渗补给潜水的地区称潜水补给区。

（2）潜水面的形状及其影响因素。

潜水面的形状是潜水的重要特征之一，它一方面反映外界因素对潜水的影响，另一方面也反映潜水的特点，如流向、水力坡度等。

一般情况下，潜水面呈现为向排泄区倾斜的曲面，起伏大体与地形一致，但较地形平缓。潜水面的形状和坡度还受含水层岩性、厚度、隔水底板起伏的影响。当含水层的岩性和厚度沿水流方向发生变化时，潜水面的形状和坡度也相应地发生变化。在透水性增强或厚度增大的地段，潜水面趋于平缓，反之则变陡。在隔水底板隆起的地段，潜水流中途受阻，在此段上水流厚度变薄，潜水面可接近地表，甚至溢出地表成泉。

（3）潜水的补给、径流和排泄。

潜水含水层自外界获得水量的过程称补给。在补给过程中潜水的水质可随之发生相应的变化。潜水最普遍的和最大的补给源是大气降水入渗。除了大气降水外，河水也是潜水的补给来源之一，河水的补给常常发生在河流下游或洪水期，而像黄河这样的地上河对两岸潜水的补给则是经常的。

潜水由补给区流向排泄区的过程称径流。影响潜水径流的因素主要是地形坡度、切割程度及含水层透水性。地面坡度大，地形切割强烈，含水层透水性强，径流条件就好，反之则差。

潜水含水层失去水量的过程称排泄。排泄过程中潜水的水质也可随之发生变化。潜水排泄概括起来有两种方式：一种为水平方向排泄，亦称水平交替；另一种为垂直方向排泄，亦称垂直交替。

（4）潜水等水位图。

在公路的设计和施工中，为了弄清楚潜水的分布状态，需要绘制潜水等水位图，即潜水面等高线图，它是潜水面上标高相同的点连接而成的（见图 4-12）。

3）承压水

（1）承压水及其特征。

承压水是指充满在两个隔水层之间的含水层中，具有承压性质的地下水。由于隔水顶板的存在，能明显地分出补给区、承压区和排泄区三部分（见图 4-13）。

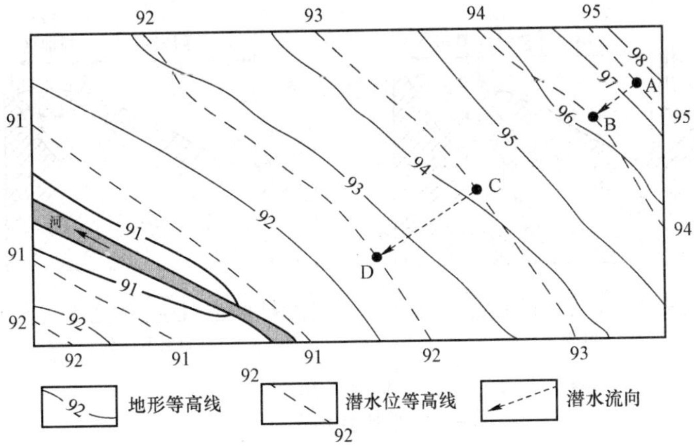


图 4–12　潜水等水位图

承压区中地下水承受静水压力，当钻孔打穿隔水顶板时所见的水位，称为初见水位。随后，地下水上升到含水层顶板以上某一高度稳定不变，这时的水位（稳定水面的高程）叫承压水位。承压水位如高出地面，则地下水可以溢出或喷出地表，如图 4–11 中井 2 位置，所以，通常又称承压水为自流水。承压水位与隔水层顶板的距离称为水头。水头高出地面者称为正水头，低于地面者称为负水头。与潜水相比，承压水具有以下特征。

① 承压水具有静水压力，承压水面（实际并不存在）是一个势面（水压面的深度不能反映承压水的埋藏深度）。

② 承压水的水位、水量、水质及水温等，受气象水文因素的影响较小。

③ 承压含水层的厚度稳定不变，不受季节变化的影响。

④ 水质不易受污染。

基岩地区承压水的埋藏类型，主要决定于地质构造，即在适宜的地质构造条件下，孔隙水、裂隙水和岩溶水均可形成承压水。最适宜于形成承压水的地质构造，有向斜构造和单斜构造两类。

向斜构造又称承压盆地。承压盆地的规模差异很大，四川盆地是典型的承压盆地，小型的一般只有几平方千米，它由明显的补给区、承压区和排泄区组成（见图 4–13）。

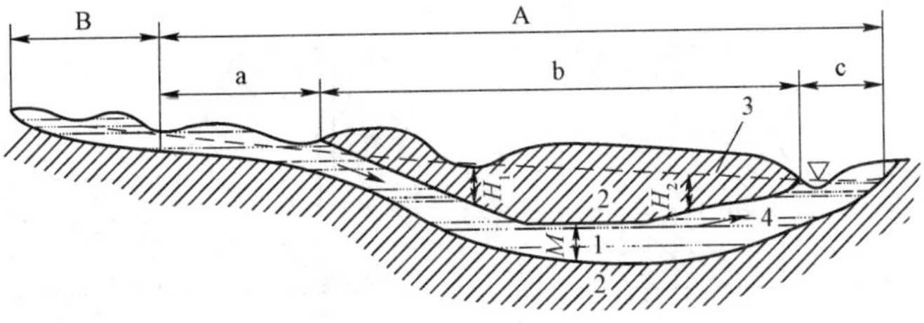


A—承压水分布区；a—补给区；b—承压区；c—排泄区；B—潜水分布区；

$H_1$—正水头；$H_2$—负水头；$M$—承压水层厚度；

1—含水层；2—隔水层；3—承压水位；4—承压水流向。

图 4–13　承压盆地剖面示意图

单斜构造又称承压斜地，它的形成可以是含水层岩性发生相变或尖灭所致，也可以是含水层被断层所切导致（见图 4–14）。

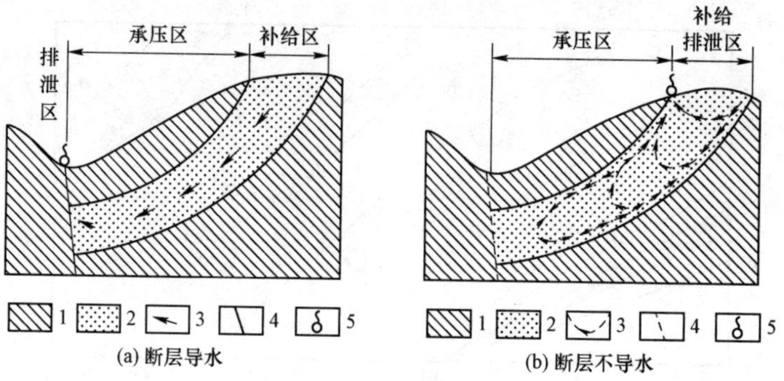


1—隔水层；2—含水层；3—地下水流向；4—断层；5—泉。

图 4–14 承压斜地剖面示意图

（2）承压水的补给、径流和排泄。

① 承压水的补给方式。当承压水补给区直接露出于地表时，大气降水是主要的补给来源；当补给区位于河床或湖沼地带时，地表水可以补给承压水；当补给区位于潜水含水层之下时，潜水便直接排泄到承压含水层中。此外，在适宜的地形和地质构造条件下，承压水之间还可以互相补给。

② 承压水的径流条件决定于地形、含水层透水性、地质构造及补给区与排泄区的承压水位差。承压含水层的富水性则同承压含水层的分布范围、深度、厚度、空隙率、补给来源等因素密切相关。一般情况，分布广、埋藏浅，厚度大，空隙率高，水量就较丰富且稳定。

③ 承压水的排泄形式。当承压含水层排泄区裸露于地表时，以泉的形式排泄并可能补给地表水；当承压水位高于潜水位时，排泄于潜水成为潜水补给源。也可以在地形或负地形条件下，形成向上或向下的排泄。

（3）承压水对工程的影响。

在承压水地区开挖隧道、桥基时，应注意如果隔水层顶板的预留厚度不足，承压水会将隔水层顶板冲破成为“涌水”。在实际设计和施工时，应注意承压水的存在，预先做好防水工作和排水施工（见图 4–15、图 4–16）。

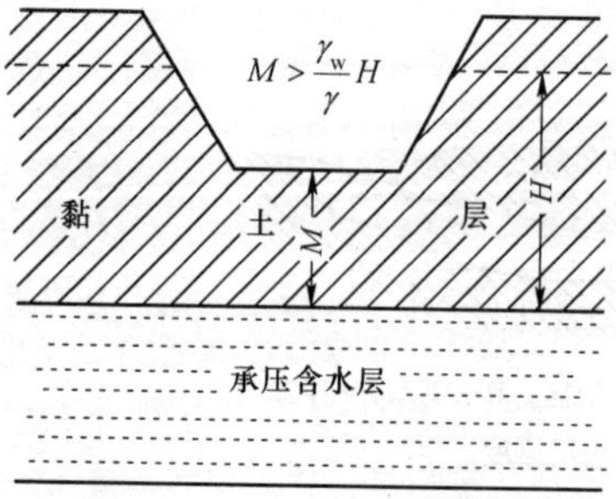


$M$—隔水层顶板的预留厚度；

$H$—水头高度；$\gamma_w$—水的重度。

图 4–15 防止基坑突涌的排水降压图

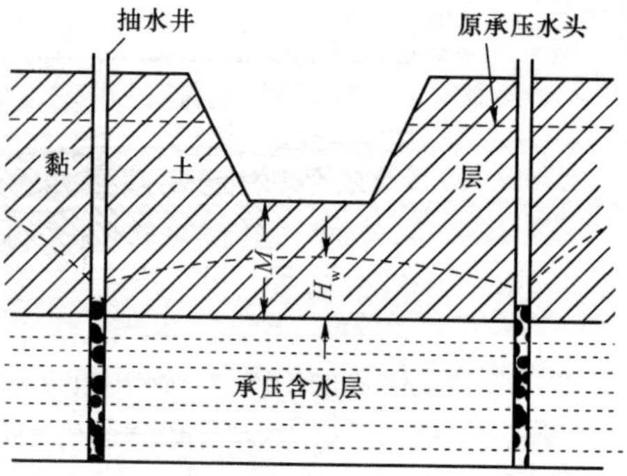


$M$—隔水层顶板的预留厚度；

$H_w$—降水后基坑最高水头。

图 4–16 基坑底隔水最小厚度

# 思考与练习

1. 简述面流的概念。
2. 简述洪流的概念。
3. 简述冲沟的发展阶段及其对公路工程的影响。
4. 简述河流的地质作用。
5. 简述阶地的成因及类型。
6. 简述地下水按埋藏条件的分类。
7. 什么是上层滞水？它对路基的影响有哪些？
8. 简述承压水对工程的影响。

# 学习情境 5　岩体结构与稳定性分析

## ▶工作任务 5.1　岩体结构

◎ **学习目标与要求**：掌握结构面的成因类型；了解岩体结构对工程的影响；了解岩体结构分类。

◎ **重点**：结构面的成因类型；岩体结构分类。

◎ **难点**：结构面的成因类型；岩体结构分类。

岩体通常指地质体中与工程建设有关的那一部分岩石，它赋存于一定的地质环境中，且被各种结构面所分割。岩体具有一定的结构特征，岩体的结构特征由岩体中不同类型的结构面、结构体及其在空间的分布和组合状况所确定。

一个工程岩体的规模大小，根据其工程所涉及的地质问题范围和岩体的特点而定。工程岩体通常有地基岩体、边坡岩体和地下洞室围岩三种类型。

岩体和岩石的概念是不同的。岩石是矿物的集合体，可以理解为一种材料，它的性质可以用岩块来表征。岩体则由一种岩石或多种岩石组成，甚至可以是不同成因岩石的组合体。岩体在形成过程中，还经受了构造变动、风化作用及卸荷作用等各种内、外力地质作用的破坏与改造，因此，岩体受层面、节理、断层、片理面等所切割，使其成为具有一定结构的多裂隙体。

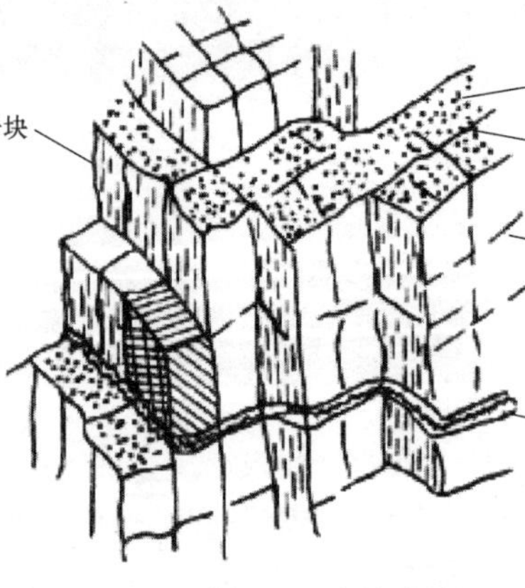


图 5-1　岩体结构图

一般把切割岩体的这些地质界面称为结构面，这些界面经常是开裂的或易于开裂的，所以岩体的物理力学性质与岩石有很大区别。岩体在工程荷载作用下发生失稳破坏的原因往往是各种结构面的存在。

岩体结构是指岩体中不同成因、形态、规模、性质的结构面和结构体在空间的排列分布和组合状态（见图 5–1）。

### ➤ 1. 结构面

所谓结构面，是指岩体中具有一定方向、力学强度相对（上下岩层）较低、两向延伸（或具一定厚度）的地质界面（或带）。它包括物质分异面与不连续面，如层面、节理、断层、片理、火成接触面等（见图 5–2）。广义的结构面，应包括面、缝、层、带，如各种成因的软弱夹层、断层破碎带等。结构面的自然特性与其成因类型和发展密切相关。

1）结构面的成因类型

岩体中结构面的工程地质特征与其成因有密切关系，结构面的成因不同，其性质及形态特征也不同。按地质成因，结构面可分为原生结构面、构造结构面和次生结构面三大类，如图 5–3 所示。

（1）原生结构面：指岩体在成岩过程中所形成的结构面，如：沉积岩中的层理面、软弱夹层、沉积间断面和不整合面等；岩浆岩中的流面、熔岩接触面、围岩接触面和因岩浆冷凝收缩所形成的节理面；变质岩中的片理面（如板理、千枚理、片麻理面等）［见图 5–3(a)］。

图 5–2　结构面与结构体

（2）构造结构面：指岩体在构造应力作用下产生的破裂面或破裂带，包括断层面、褶皱层面、层间错动面、节理面、劈理面等［见图 5–3(b)］。

（3）次生结构面：指岩体受卸荷、风化及地下水等外力作用所形成的结构面，如风化裂隙面、卸荷裂隙面、风化夹层、泥化夹层及次生充填夹泥层等［见图 5–3(c)］。次生结构面往往沿原生结构面发展，因此，在分析次生结构面的形成规律时，应充分研究存在于岩石中各种类型的原生结构面。

(a) 原生结构面　　(b) 构造结构面　　(c) 次生结构面

图 5–3　结构面类型

2）结构面的自然特性

研究结构面的关键，是研究各类结构面的分布规律、发育密度、表面特征、连续特征及它们的空间组合形式。

由于结构面在形成及后期演化过程中存在不同，使其工程特性也更为复杂。因此，在分析结构面对岩体稳定所起的作用时，除查明其成因类型外，还应注意对结构面特性进行分析，具体包括以下内容。

（1）结构面的延展性。

（2）结构面的充填胶结情况：有些结构面上的充填物质软弱松散，含黏土矿物多，抗剪强度很低，遇水易软化或泥化，对岩体稳定影响很大，通常称之为软弱结构面。

（3）结构面的密集程度。

（4）结构面的几何形状：指结构面的起伏形态和粗糙程度，如波浪状、锯齿状，镜面的、光滑的、粗糙的。

（5）结构面的演变历史：如原生结构面通常为闭合的，有一定结合力，但因经历后期地质作用的影响而开裂。原生软弱夹层受构造运动作用后形成层间破碎夹层，当水侵入时会引起泥化现象，使其工程地质性质变差。

3）*软弱夹层*

在我国工程界，经常使用软弱夹层这一术语，但至今尚无公认的确切定义。一般认为，软弱夹层是广义的结构面之一，通常是指在上、下相对坚硬的岩层中，夹有力学强度低、泥质或炭质含量高（软弱物质成分多）、遇水易软化或泥化、延伸较长而厚度较薄的软弱岩层，如图 5–4 所示。其特点是厚度薄、层次多及岩相变化显著，常成尖灭和互层，对水的作用敏感。软弱夹层按成因可分为原生、构造和次生等类型。

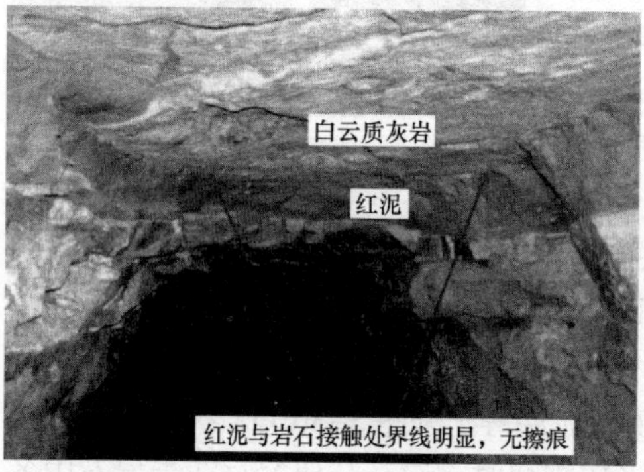


图 5-4　软弱夹层

软弱夹层是工程建设中经常遇到的重大工程地质问题之一，在公路工程建设中，应特别重视对软弱夹层的成因、性质及其埋藏分布规律进行研究，以便采取有效措施，确保工程建设的稳定和安全。

**➤ 2. 结构体**

岩体受各种结构面切割而形成的不同大小和形状的单元块体（相对完整）称为结构体。虽然在岩体稳定分析中起控制作用的是结构面（尤其是软弱结构面），但是结构体的作用，在一定条件下也相当重要。工程实践表明，单个结构面有时不一定对岩体稳定构成威胁，只有当几组结构面组合起来形成一定形状的结构体时，才能形成危险。不同形态和产状的结构体，对岩体稳定的影响是不同的。根据外形特征，结构体可以归纳为块状、柱状、板状、楔形、菱形及锥形六种基本形态（见图 5–5）。此外，由于岩体发生强烈变形和破坏，也可形成片状、碎块状、碎屑状、鳞片状等形态。

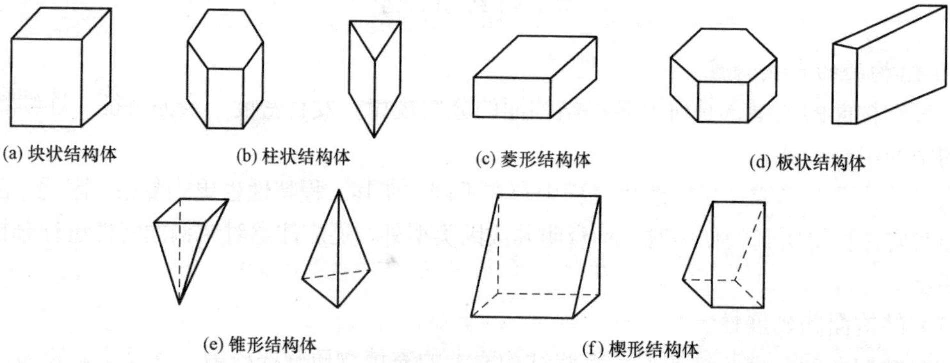


图 5–5　结构体的形状示意图

### 3. 岩体结构分类

结构面与结构体的组合称为岩体结构。岩体结构的特征实际上就是结构面和结构体的性状及组合特征的反映，它决定着岩体的物理力学性质和稳定性。因此，应综合考虑结构面和结构体这两方面的因素，及其对岩体不均一性和不连续性的影响。在工程地质勘察规范中，一般将岩体结构划分为整体状结构、块状结构、层状结构、碎裂状结构、散体状结构五级类型，其基本特征见表 5–1。

**表 5–1　岩体结构划分标准**

<table>
<tr><th>岩体结构类型</th><th>岩体地质类型</th><th>结构体形状</th><th>结构面发育程度</th><th>岩土工程特征</th><th>可能发生的岩土工程问题</th></tr>
<tr><td>整体状结构</td><td>巨块状岩浆岩和变质岩、巨厚层沉积岩</td><td>巨块状</td><td>以层面和原生、构造节理为主，多呈闭合型，间距大于 1.5 m，一般为 1～2 组，无危险结构</td><td>岩体稳定，可视为均质弹性各向同性体</td><td rowspan="2">局部滑动或坍塌，深埋洞室的岩爆</td></tr>
<tr><td>块状结构</td><td>厚层状沉积岩、块状岩浆岩和变质岩</td><td>块状<br>柱状</td><td>有少量贯穿性节理裂隙，结构面间距 0.7～1.5 m，一般为 2～3 组，有少量分离体</td><td>结构面互相牵制，岩体基本稳定，接近弹性各向同性体</td></tr>
<tr><td>层状结构</td><td>多韵律薄层、中厚层状沉积岩，副变质岩</td><td>层状<br>板状</td><td>有层理、片理、节理，常有层间错动</td><td>变形和强度受层面控制，可视为各向异性弹塑性体，稳定性较差</td><td>可沿结构面滑塌，软岩可产生塑性变形</td></tr>
<tr><td>碎裂状结构</td><td>构造影响严重的破碎岩层</td><td>碎块状</td><td>断层、节理、片理、层理发育，结构面间距 0.25～0.50 m，一般为 3 组以上，有许多分离体</td><td>整体强度很低，并受软弱结构面控制，呈弹塑性体，稳定性很差</td><td rowspan="2">易发生规模较大的岩体失稳，地下水加剧失稳</td></tr>
<tr><td>散体状结构</td><td>断层破碎带，强风化及全风化带</td><td>碎屑状</td><td>构造和风化裂隙密集，结构面错综复杂，多充填黏性土，形成无序小块和碎屑</td><td>完整性遭极大破坏，稳定性极差，接近松散体介质</td></tr>
</table>

（1）整体状结构：代表岩性均一、无软弱面的岩体，含有的原生结构面具有较强的结合力，间距大于 1.5 m。通常出现在厚层的碳酸盐岩、碎屑岩，花岗岩、闪长岩，原生节理不太发育的流纹岩、安山岩、玄武岩、凝灰角砾岩等中。

（2）块状结构：代表岩性较均一，含有 2～3 组较发育的软弱结构面的岩体，结构面间距 0.7～1.5 m。通常出现在成岩裂隙较发育的厚层砂岩或泥岩、槽状冲刷面发育的河流相砂岩体等沉积岩、原生节理发育的火山岩体中等。

（3）层状结构：代表一组连续性好、抗剪性能显著较低的软弱面的岩体，一般岩性不均一，可进一步分为层状（软弱面间距 50～30 cm）、薄层状（间距小于 30 cm），还可以据不均一程度划分出软硬相间的互层状结构。

（4）碎裂状结构：代表含有多组密集结构面的岩体，岩体被分割成碎块状，以某些动力变质岩为典型，如溪洛渡灰岩。

（5）散体状结构：完整性遭极大破坏，构造和风化裂隙密集，结构面错综复杂，多充填黏性土，形成无序小块和碎屑，多出现在断层破碎带、强风化及全风化带中。

### 4. 工程岩体分类

为了给岩石工程建设的勘察、设计、施工提供依据，必须对工程岩体质量的优劣给予明确的区分和定性评价。《岩土工程勘察规范》（GB 50021—2001）及《公路桥涵地基与基础设计规范》（JTG 3363—2019）等对岩石及岩体进行了工程分类。下面是《岩土工程勘察规范》（GB 50021—2001）中给出的工程岩体分类方法。

1）*岩石坚硬程度分类*

岩石坚硬程度的分类有定性和定量两种分法，定量是按照岩石饱和单轴抗压强度 $f_r$ 来分类的，见表5–2。

**表5–2　岩石坚硬程度分类（定量）**

| 坚硬程度 | 坚硬岩 | 较硬岩 | 较软岩 | 软岩 | 极软岩 |
|---|---|---|---|---|---|
| 饱和单轴抗压强度 $f_r$/MPa | $f_r>60$ | $60\geqslant f_r>30$ | $30\geqslant f_r>15$ | $15\geqslant f_r>5$ | $f_r\leqslant 5$ |

注：（1）当无法取得饱和单轴抗压强度数据时，可用点荷载实验强度换算，换算方法按现行国家标准《工程岩体分级标准》（GB 50218—2014）执行；

（2）当岩体完整程度极为破碎时，可不进行坚硬程度分类。

定性是按照岩石的锤击声、回弹程度、是否易击碎、吸水性及抵抗刻划能力等来分类的，见表5–3。

**表5–3　岩石坚硬程度分类（定性）**

| 坚硬程度 | | 定性鉴定 | 代表性岩石 |
|---|---|---|---|
| 硬质岩 | 坚硬岩 | 锤击声清脆，有回弹，震手，难击碎，基本无吸水反应 | 未风化～微风化的花岗岩、闪长岩、辉绿岩、玄武岩、安山岩、片麻岩、石英岩、石英砂岩、硅质砾岩、硅质石灰岩等 |
| | 较硬岩 | 锤击声较清脆，有轻微回弹，稍震手，较难击碎，有轻微吸水反应 | （1）微风化的坚硬岩；<br>（2）未风化～微风化的大理岩、板岩、石灰岩、白云岩、钙质砂岩等 |
| 软质岩 | 较软岩 | 锤击声不清脆，无回弹，较易击碎，浸水后指甲可刻划出印痕 | （1）中等风化～强风化的坚硬岩或较硬岩；<br>（2）未风化～微风化的凝灰岩、千枚岩、泥灰岩、砂质泥岩等 |
| | 软岩 | 锤击声哑，无回弹，有凹痕，易击碎，浸水后用手可掰开 | （1）强风化的坚硬岩或较硬岩；<br>（2）中等风化～强风化的较软岩；<br>（3）未风化～微风化的页岩、泥岩、泥质砂岩等 |
| 极软岩 | | 锤击声哑，无回弹，有较深凹痕，可捏碎，浸水后可捏成团 | （1）全风化的各种岩石；<br>（2）各种半成岩 |

2）岩体完整程度分类

岩体完整程度分类有定性和定量两种分法，定量是按照实测的岩体完整性指数 $K_v$ 来分类的，见表 5-4。完整性指数为岩体压缩波速与岩块压缩波速之比的二次方。

$$K_v=\left(\frac{v_{pm}}{v_{pv}}\right)^2 \tag{5-1}$$

式中：$v_{pm}$ ——岩体压缩波速，m/s。

$v_{pv}$ ——岩块压缩波速，m/s。

**表 5-4　岩体完整程度分类（定量）**

| 完整程度 | 完整 | 较完整 | 较破碎 | 破碎 | 极破碎 |
| --- | --- | --- | --- | --- | --- |
| 完整性指数 | >0.75 | 0.75～0.55 | 0.55～0.35 | 0.35～0.15 | <0.15 |

定性是按照岩体的结构面发育程度、主要结构面的结合程度及主要结构面类型来分类的，见表 5-5。

**表 5-5　岩体完整程度分类（定性）**

| 完整程度 | 结构面发育程度 | | 主要结构面的结合程度 | 主要结构面类型 | 相应结构类型 |
| --- | --- | --- | --- | --- | --- |
| | 组数 | 平均间距/m | | | |
| 完整 | 1～2 | >1.0 | 结合好或结合一般 | 裂隙、层面 | 整体状或巨厚层状结构 |
| 较完整 | 1～2 | >1.0 | 结合差 | 裂隙、层面 | 块状或厚层状结构 |
| | 2～3 | 1.0～0.4 | 结合好或结合一般 | | 块状结构 |
| 较破碎 | 2～3 | 1.0～0.4 | 结合差 | 裂隙、层面、小断层 | 裂隙块状或中厚层状结构 |
| | ≥3 | 0.4～0.2 | 结合好 | | 镶嵌碎裂结构 |
| | | | 结合一般 | | 中、薄层状结构 |
| 破碎 | ≥3 | 0.4～0.2 | 结合差 | 各种类型结构面 | 裂隙块状结构 |
| | | ≤0.2 | 结合一般或结合差 | | 碎裂状结构 |
| 极破碎 | 无序 | | 结合很差 | | 散体状结构 |

3）岩体基本质量等级分类

岩体基本质量等级分类是按照组成岩体的岩石坚硬程度及岩体的完整程度来分类的，共分为五级，等级越高，岩体质量越差，见表 5-6。

表 5–6　岩体基本质量等级分类

| 坚硬程度 | 完整 | 较完整 | 较破碎 | 破碎 | 极破碎 |
|---|---|---|---|---|---|
| 坚硬岩 | Ⅰ | Ⅱ | Ⅲ | Ⅳ | Ⅴ |
| 较硬岩 | Ⅱ | Ⅲ | Ⅳ | Ⅳ | Ⅴ |
| 较软岩 | Ⅲ | Ⅳ | Ⅳ | Ⅴ | Ⅴ |
| 软岩 | Ⅳ | Ⅳ | Ⅴ | Ⅴ | Ⅴ |
| 极软岩 | Ⅴ | Ⅴ | Ⅴ | Ⅴ | Ⅴ |

# ▶工作任务 5.2　岩体稳定性分析

◎ **学习目标与要求**：掌握岩体失稳破坏的原因；了解赤平极射法分析岩体稳定性；掌握岩体稳定性的力学分析法。

◎ **重点**：赤平极射法分析岩体稳定性；岩体稳定性的力学分析法。

◎ **难点**：赤平极射法。

## ➤ 1. 岩质边坡破坏类型及影响因素

### 1）岩质边坡破坏类型

岩质边坡的失稳破坏，往往是一部分不稳定的结构体沿着某些结构面拉开，并沿着另外一些结构面向着一定的临空面滑移的结果，这表明切割面、滑动面和临空面是岩体稳定性破坏必备的边界条件。因此，须对岩体结构要素（结构面和结构体）进行分析，只有弄清岩体是否具备滑移的边界条件，才可以对岩体的稳定性作出评价判断。这是岩体稳定性分析的基本内容和实质。

常见的岩质边坡破坏类型见表 5–7。

表 5–7　岩质边坡破坏类型

| 破坏类型 | 示意图 | 特征 | |
|---|---|---|---|
| 平面破坏 | 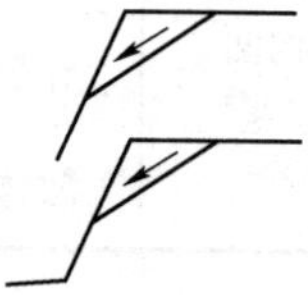 | 主要结构面的走向、倾向与坡面的基本一致，结构面的倾角小于坡角且大于其摩擦角 | 一个滑动平面和一个滑动块体 |
| | | | 一个滑动平面和一条张裂隙 |
| | 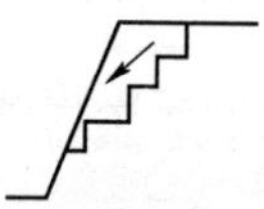 | | 若干滑动平面和横节理 |

续表

| 破坏类型 | 示意图 | 特征 | |
|---|---|---|---|
| 平面破坏 |  | 主要结构面的走向、倾向与坡面的基本一致，结构面的倾角小于坡角且大于其摩擦角 | 一个主要滑动平面和主动、被动两个滑动块体 |
| 楔形破坏 |  | 两组结构面的交线倾向坡面，交线的倾角小于坡角且大于其摩擦角 | |
| 圆弧破坏 |  | 节理很发育的破碎岩体，发生旋转破坏 | |
| 倾倒破坏 |  | 岩体被陡倾结构面分割成一系列岩柱。当为软岩时，岩柱产生向坡面的弯曲；当为硬岩时，岩柱被正交节理切割岩块，向坡面翻倒 | |

2）影响边坡稳定的因素

影响边坡稳定的因素有：岩石性质、岩体结构、水的作用、风化作用、地形地貌、地震、地应力及人为因素等。

（1）岩石性质。

岩石的成因类型、矿物成分、结构和强度等是决定边坡稳定性的重要因素。由坚硬、抗风化能力好、强度较高的岩石构成的边坡，其稳定性一般较好，反之稳定性就较差。

（2）岩体结构。

岩体的结构类型、结构面性状及其与坡面的关系是岩质边坡稳定的控制因素。

（3）水的作用。

水的渗入使岩体质量增大，岩体因被水软化而发生强度降低，也使得孔（裂）隙水压力升高；地下水的渗流会对岩体产生动水压力，水位的升高将产生浮力；地表水对岸坡的侵蚀使其失去侧向或底部支撑等。这些都对边坡稳定造成不利影响。

（4）风化作用。

风化作用使岩体的裂隙增多、扩大，透水性增强，抗剪强度降低。

（5）地形地貌。

临空面的存在及边坡的高度、坡度等都是直接与边坡稳定有关的因素。平面上呈凹形的边坡较呈凸形的稳定。

（6）地震。

地震使边坡岩体的剪应力增大，抗剪强度降低。

（7）地应力。

开挖边坡使边坡岩体的初始应力状态改变，坡角出现剪应力集中带，坡顶与坡面的一些部位可能出现张应力区。在新构造运动强烈地区，开挖边坡能使岩体中的残余构造应力释放，可直接引起边坡的变形破坏。

（8）人为因素。

边坡不合理的设计、开挖和加载，大量施工用水的渗入及爆破等，都能造成边坡失稳。

## ➤ 2. 岩体稳定性分析方法

在公路工程实践中，遇到的各种各样工程地质问题，归纳起来，主要就是路堑边坡稳定问题，路、桥基稳定问题和隧道围岩稳定问题。这三方面的问题，实质上都是岩体的稳定问题。所谓岩体稳定，它是一个相对的概念，是指在一定的时间内，在一定的自然条件和人为因素的影响下，岩体不产生破坏性的剪切滑动、塑性变形或张裂破坏。

这里主要对岩体稳定性分析方法进行介绍。常用的岩体稳定性分析方法有对比分析法、岩体结构分析法及力学分析法，三者互相结合，互相补充，互相验证，便于作出综合评价。

*1）对比分析法——工程地质类比法*

该法是将已有的天然边坡或人工边坡的研究经验（包括稳定的或破坏的），用于待研究边坡的稳定性分析，如坡角或计算参数的取值、边坡的处理措施等。这种方法具有经验性和地区性的特点，应用时必须全面分析已有边坡与待研究边坡两者之间的地貌、地层岩性、结构、水文地质、自然环境、变形主导因素及发育阶段等方面的相似性和差异性，同时还应考虑工程的规模、类型及其对边坡的特殊要求等。

*2）岩体结构分析法——赤平极射法*

赤平极射法分析的步骤：第一步，对岩体结构面的类型、产状及其特征进行调查、统计、分类；第二步，对各种结构面及其空间组合关系等进行图解分析，在工程实践中多采用赤平极射投影的图解方法分析；第三步，根据上述分析，对岩体的稳定性作出评价。

（1）赤平极射投影的原理。

在赤平极射法中，利用一个球体作为投影工具。如图 5-6(a)所示，通过球心所作的球体赤道平面 *EAWC*，称为赤平面。以球体的一个极点 *S* 或 *N*（南极或北极）为视点，发出射线（视线）*SB*，称为极射。极射 *SB* 与赤平面的交点 *M*，即为 *B* 点的赤平极射投影。所以，赤平极射投影实质上就是把物体置于球体中心，将物体的几何要素（点、线、面）投影于赤平面上，化立体为平面的一种投影。如图 5-6(a)所示，*ABCD* 为一通过球心的倾斜结构面，与赤平面相交于点 *A*、*C*，与赤平面的夹角为 $\alpha$。自南极仰视上半球 *ABC* 面，则其在赤平面上的

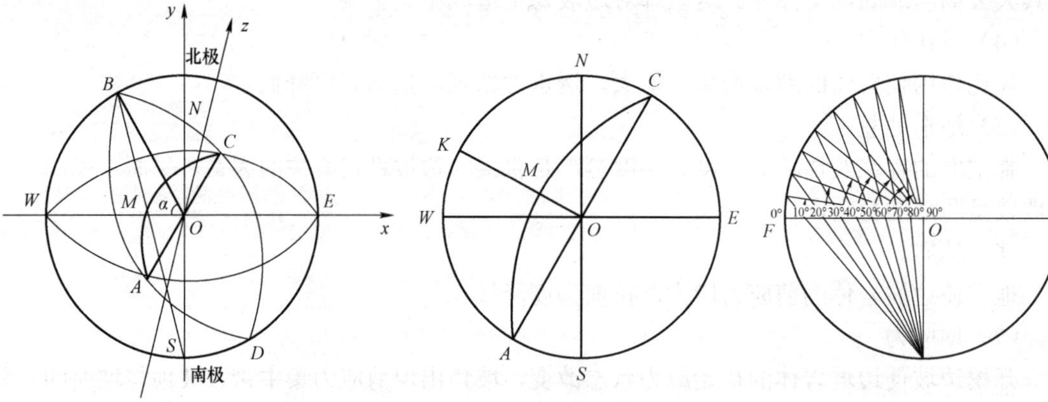


(a) 赤平极射投影立体示意图　(b) 倾斜结构面*ABCD*在赤平面上的投影示意图　(c) 倾斜结构面*ABCD*与赤平面的夹角示意图

图 5-6　赤平极射投影

投影为一圆弧 *AMC*。若将赤平面 *AWCE* 从球体中拿出来，如图 5–6(b)所示，从图中可知：*AC* 线实际上是结构面 *ABCD* 的走向；*OM* 线的方向实际上就是结构面的倾向；*OM* 线的长短随 *ABCD* 面与赤平面的夹角 $\alpha$ 的大小而变，如图 5–6(c)所示。当 $\alpha$=90° 时，*M* 点落在球心上，点 *O* 与 *M* 重合，*OM* 线的长度为零；当 $\alpha$=0° 时，*M* 点落在圆周上，与 *K* 点重合，这时 *OM* 线最长，等于圆的半径。若把 *FO* 划分为 90°，则 *KM* 线的长度实际上就表示结构面 *ABCD* 的倾角的大小。

由此可知，赤平极射投影能以二维平面图形来表达结构体几何要素（点、线、面）的空间方位及它们之间的夹角与组合关系。因此，凡具有方向性的岩体滑动边界条件、受力条件等，都可纳入统一的投影体系中进行分析，以判断岩体稳定性。

（2）赤平极射投影的作图方法。

由上述可知，利用赤平极射投影可以把空间线段或平面的产状化为平面来反映，且可以在投影图上简便地确定它们之间的夹角、交线和组合关系。因此，如果已知结构面的产状，就可以通过赤平极射投影图来表示。

在实际工作中，为了简化制图方法，常采用预先制成的投影网来制图。常用的投影网是俄国学者伍尔夫制作的投影网［见图 5–7(a)］。伍尔夫投影网的网格由 2° 分格的一组经线和一组纬线组成。

由于赤平极射投影表达的内容较为广泛，且作图方法又不尽相同，下面只就最基本的面（结构面、边坡面等）的产状、面与面交线的产状的作图方法作如下介绍。

如已测得两结构面的产状，见表 5–8，作此两结构面的赤平极射投影图，并求其交线的倾向和倾角。具体步骤如下。

**表 5–8　结构面产状表达示例**

| 结构面 | 走向 | 倾向 | 倾角 | 结构面 | 走向 | 倾向 | 倾角 |
|---|---|---|---|---|---|---|---|
| $J_1$ | N30°E | *SE* | 40° | $J_2$ | N20°W | *NE* | 60° |

① 先准备一个等角度赤平极射投影网（亦称伍尔夫投影网），如图 5–7(a)所示。

② 将透明纸放在投影网上，按相同半径画一个圆，并注上南北、东西方向，如图 5–7(b)所示。

③ 利用投影网在圆周上的方位度数，经过圆心绘制 N30°E 及 N20°W 的方向线，分别标注为 *AC* 及 *BD*。

④ 转动透明纸，分别使 *AC*、*BD* 与投影网的上下垂直线（南北线）重合，在投影网的水平线（东西线）上找出倾角为 40° 及 60° 的点（倾向为 *NE*、*SE* 时在网的左边找，倾向为 *NW*、*SW* 时在网的右边找），分别标注 *K* 及 *F*。通过 *K*、*F* 点分别描绘 40°、60° 的经度线，即得结构面 $J_1$、$J_2$ 的赤平极射投影弧 *AKC* 和 *BFD*。再分别延长 *OK*、*OF* 至圆周交于 *G*、*H* 点，就完成所求结构面 $J_1$、$J_2$ 的投影图［见图 5–7(b)］。在图 5–7(b)中，*AC*、*BD* 分别为 $J_1$、$J_2$ 的走向，*GK*、*HF* 分别表示 $J_1$、$J_2$ 的倾角，*KO*、*FO* 线的方向分别为 $J_1$、$J_2$ 的倾向。

⑤ 找 *AKC* 和 *BFD* 的交点，记为 *M*，连接 *OM* 并延长至圆周交于点 *P*。*MO* 线的方向即为 $J_1$、$J_2$ 交线的倾向，*PM* 表示 $J_1$、$J_2$ 交线的倾角。

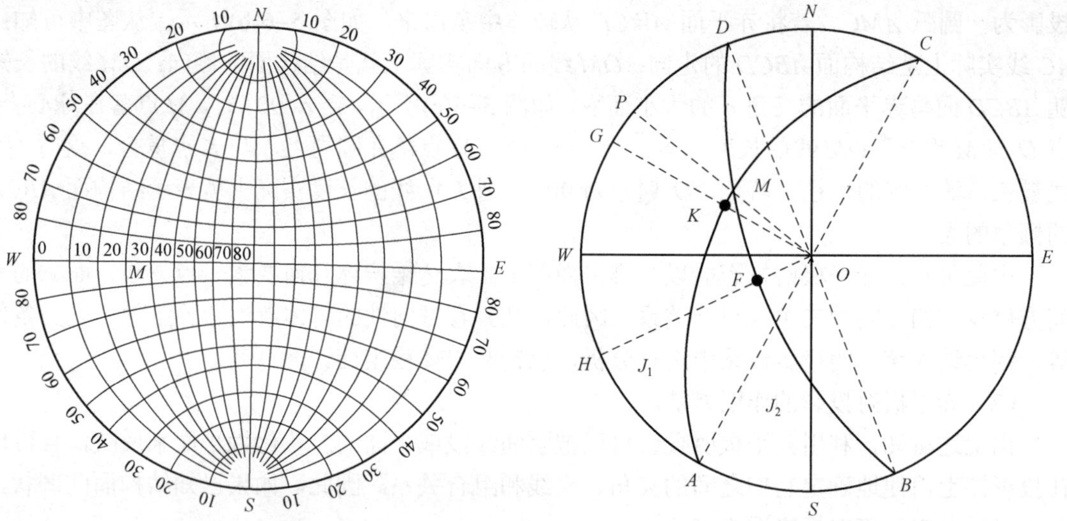


(a) 伍尔夫投影网　　(b) 结构面投影图

图 5–7　赤平极射投影应用示例

（3）赤平极射投影的应用。

赤平极射投影广泛应用于天文学、地图学、晶体学、构造地质学，在洞室及边坡等工程勘察中也较广泛应用。用赤平极射投影可表示各软弱结构面（层面、断层面、矿脉等）的产状，也可表示各构造线（擦痕、倾斜线、断层面交线及各结构面交线等）的产状，同时可定性评价岩质边坡稳定问题。下面以边坡岩体为例，介绍岩体稳定的结构分析方法。

从边坡岩体的结构特点来看，分析边坡岩体的主要任务是：初步判断岩体结构的稳定性和推断稳定倾角，同时为进一步进行定量分析提供边界条件及部分参数，诸如确定滑动面、切割面、临空面的方位及其组合关系和不稳定结构体（滑动体）的形态、大小、滑动的方向等。

当岩层（结构面）的走向与边坡的走向一致时，边坡岩层的稳定性可直接应用赤平极射投影图来判断。下面以一组结构面与坡面的关系来分析岩质边坡的稳定性。

在赤平极射投影图上，当结构面投影弧弧形与边坡面投影弧弧形的方向相反时，边坡属稳定边坡；当二者的方向相同且结构面投影弧弧形位于边坡面投影弧之内时，边坡属基本稳边坡定；当二者的方向相同但结构面投影弧弧形位于边坡面投影弧之外时，边坡属不稳定边坡。

如图 5–8(a)所示，边坡面的投影弧为 *AMB*。$J_1$、$J_2$、$J_3$ 为三个与边坡走向一致的结构面。其中，$J_1$ 与边坡面 *AB* 倾向相反［见图 5–8(b)］，边坡属稳定结构；$J_2$ 与边坡面 *AB* 倾向相同，但其倾角大于边坡倾角［见图 5–8(c)］，边坡属基本稳定结构；$J_3$ 与边坡面 *AB* 倾向相同，但倾角小于边坡倾角，边坡属不稳定结构［见图 5–8(d)］。至于稳定坡角，对于反向边坡，如图 5–8(b)所示，结构面对边坡的稳定性没有直接影响，从岩体结构的观点来看，即使坡角达到 90° 也还是比较稳定的。对于顺向边坡，如图 5–8(c)、图 5–8(d)所示，结构面的倾角即可作为稳定坡角。

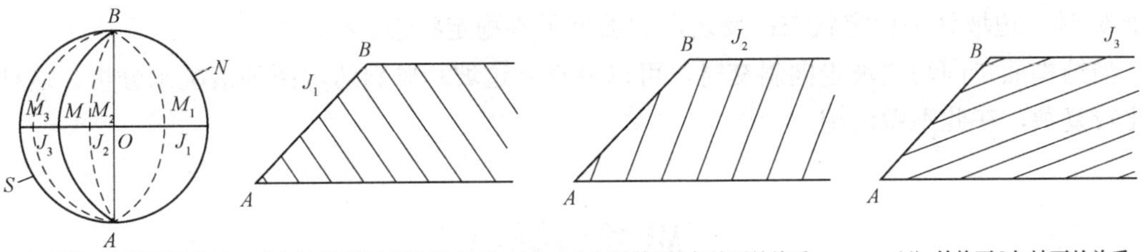


(a) 结构面与坡面的赤平极射投影图　(b) 结构面$J_1$与坡面的关系　(c) 结构面$J_2$与坡面的关系　(d) 结构面$J_3$与坡面的关系

图 5–8　利用赤平极射投影图判断岩质边坡稳定性

3）力学分析法

力学分析法主要通过滑动面上的力学性质指标来计算边坡稳定安全系数，进而定量地判断边坡的稳定性。

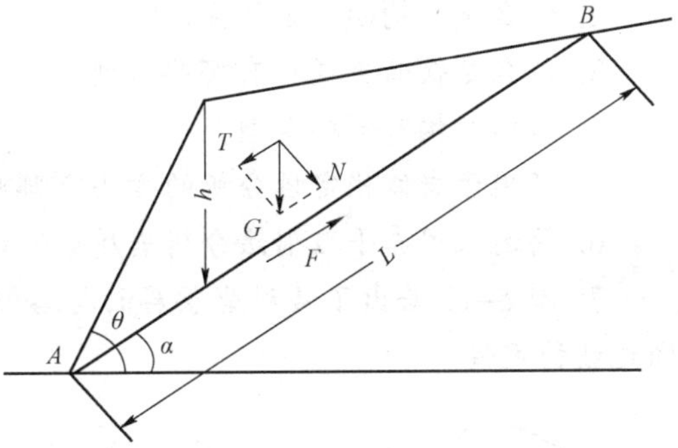


图 5–9　利用力学分析法分析岩体稳定性

采用力学分析法可分析边坡岩体在自重作用下的稳定性，如图 5–9 所示，其中$\theta$为坡角。其总下滑力就是由滑动岩体自重 $G$ 产生的平行于滑动面的分力 $T$。而抗滑力 $F$，按库仑定律，由滑动面上的摩擦力和黏聚力组成。由此，有

$$K=\frac{F}{T}=\frac{N\cdot\tan\varphi+cL}{T}=\frac{G\cdot\cos\alpha\cdot\tan\varphi+cL}{G\cdot\sin\alpha} \tag{5–2}$$

式中：$K$——边坡稳定安全系数；

$G$——滑动岩体自重；

$N$——由 $G$ 产生的法向分力；

$T$——由 $G$ 产生的切向分力；

$\varphi$——滑动面上岩体的内摩擦角；

$c$——滑动面上岩体的黏聚力；

$L$——滑动面的长度；

$\alpha$——滑动面的倾角。

当结构面走向与边坡走向一致（见图 5–10），边坡稳定安全系数 $K=1$ 时，极限平衡状态下的滑动体高度 $h_v$ 为

$$h_v=\frac{2c}{\gamma\cdot\cos^2\alpha\cdot(\tan\alpha-\tan\varphi)} \tag{5–3}$$

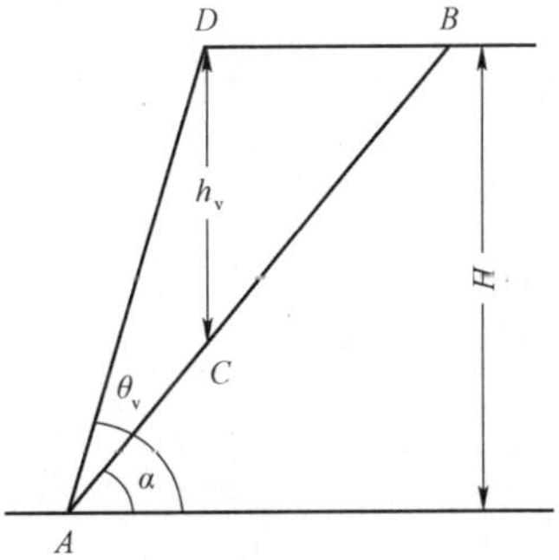


图 5–10　极限稳定坡角求解示意图

因此，在给定边坡高度的情况下，只要求得 $h_v$，即可通过作图求得极限稳定坡角 $\theta_v$ 的大小。如图 5–10 所示，某一不稳定结构面 $AB$ 的倾角为$\alpha$，需要开挖的深度为 $H$，在不稳定面 $AB$ 上选 $C$ 点作垂线 $CD$，恰好使 $CD$ 的长度等于 $h_v$，连接 $AD$，即为所求的开挖边坡线，它与水平线的夹角 $\theta_v$ 即为求得的极限稳定坡角。一般来说，当滑动体的实际高度 $h$

小于 $h_v$ 时，边坡处于稳定状态；反之，边坡处于不稳定状态。

当结构面走向与边坡走向斜交时，可以分直立边坡和倾斜边坡两种情况来分析。这种情况比较复杂，在此不做讨论。

## 思考与练习

1. 什么是岩体结构？
2. 什么是结构面？如何分类？
3. 什么是软弱夹层？有哪些类型？
4. 岩体结构有哪些类型？
5. 可用于岩体稳定性分析的方法有哪些？
6. 简述采用赤平极射法分析岩质边坡稳定的步骤。
7. 图 5-11 给出了 4 种岩层层面与路堑边坡面的赤平极射投影图，试画出其剖面图并判断边坡稳定性。

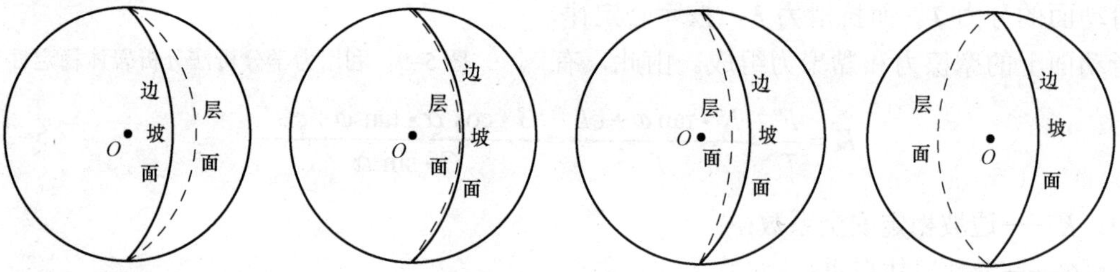


图 5-11　第 7 题图

# 学习情境 6　常见的几种地质灾害

地质灾害是指在自然或者人为因素的作用下形成的，对人类生命财产、环境造成破坏和损失的地质作用（现象），如崩塌、滑坡、泥石流、地裂缝、地面沉降、地面塌陷、地震、火山等。这里重点介绍公路工程中常见的地质灾害：崩塌、滑坡、泥石流。

## ▶工作任务 6.1　崩塌

◎ **学习目标与要求：** 了解崩塌及其类型；掌握防治崩塌的工程措施。

◎ **重点：** 防治崩塌的工程措施。

◎ **难点：** 防治崩塌的工程措施。

崩塌是山区公路常见的一种突发性的病害现象。小的崩塌对行车安全及路基养护工作影响较大，大的崩塌不仅会破坏公路、桥梁，击毁行车，有时还会发生崩积物堵塞河道，引起路基水毁。可见，崩塌不仅严重影响交通营运及安全，甚至还会迫使放弃使用已建道路。

### ➤ 1. 崩塌及其类型

视频+课件

1）定义

崩塌是指较陡坡上的岩土体在重力作用下突然脱离母体发生崩落、滚动，堆积在坡脚的动力地貌现象（见图6–1）。崩塌物下坠的速度很快，一般为5～200 m/s，有的可达自由落体的速度。

2）崩塌的分类

（1）按崩塌体的物质组成分为两大类：土崩和岩崩。

（2）按崩塌体的规模大小可以分为剥落、坠落和崩落等类型。可以是小块岩石的剥落，也可以是巨大岩体的崩落，后者又称为山崩。在河流岸边受流水、波浪的冲蚀，由于底部被掏空而崩落的，称塌岸。

图 6–1　崩塌

### ➤ 2. 崩塌的形成条件

1）内因

（1）地形条件。崩塌的形成与地形直接相关。崩塌一般发生在坡度大于 60°～70° 的陡坡或陡崖处。地形切割越强烈、高差越大，形成崩塌的可能性越大，并且破坏也越严重。

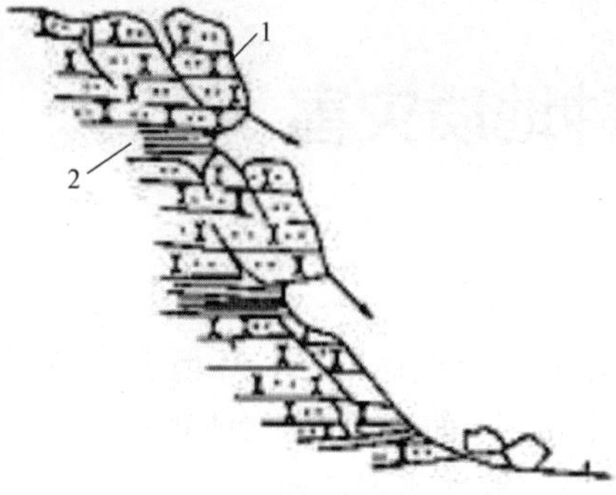


1—硬质岩；2—软质岩。

图 6–2　软硬相间的岩层

（2）坡体结构，即岩层产状与坡面的关系。反向坡一般易形成陡坡，利于崩塌产生。

（3）岩土类型。崩塌一般发生在厚层坚硬脆性岩体中。坚硬岩体的抗风化能力较强，岩体中有规模大、间隔大的节理发育。当边坡由软硬相间的岩层组成时，因抗风化能力不同，软层受风化剥蚀而凹进，上覆硬层便因悬空断裂而坠落（见图 6–2）。因边坡底座岩石软弱，产生沉陷或蠕动变形，引起上覆岩体拉裂错动也可造成崩塌。

（4）地质构造。节理、断裂对斜坡岩体产生分割，易于形成分离岩体，形成崩塌。因此，构造节理和成岩节理对崩塌的形成影响很大。高陡边坡被平行坡面的裂隙深切，在重力作用下发生向外倾倒拉裂、折断而崩落。大规模的崩塌经常发生在新构造运动强烈、地震频发的高山区。

地形条件、岩土类型和地质构造三个条件，又统称地质条件，它是形成崩塌的基本条件。

2）外因

风化作用、降雨、震动、采矿挖空等诱发崩塌的外界因素，均可造成或触发高陡边坡产生崩塌。

**➤ 3.崩塌的防治**

视频+课件

1）防治原则

由于崩塌发生得突然而猛烈，治理比较困难而且十分复杂，所以应采取以防为主的原则。

对公路工程选线时，应根据斜坡的具体条件，认真分析发生崩塌的可能性及其规模。对有可能发生大、中型崩塌的地段，应尽量避开。若完全避开有困难，可调整路线位置，离开崩塌影响区一定距离，尽量减少防治工程；或考虑其他通过方案（如隧道、明洞等），确保行车安全。对可能发生小型崩塌或落石的地段，应视地形条件进行经济比较，确定绕避还是设置防护工程。

在公路工程设计和施工中，避免使用不合理的高陡边坡，避免大挖大切，以维持山体的平衡稳定。在岩体松散或构造破碎地段，不宜使用大爆破施工，避免因工程技术上的失误而引起崩塌。

2）防治措施

（1）排水。

在有水活动的地段，布置排水构筑物，以进行拦截疏导，防止水流渗入岩土体而加剧斜坡的失稳。为排除地面水，可修建截水沟、排水沟（见图 6–3）；为排除地下水，可修建纵、横盲沟等。在距堑

图 6–3　截水沟

顶 10 m 以外有覆盖土层时，宜种植防护林带，并实施封山育林、禁止砍伐。防护林带对保护山坡、阻挡落石，减少其滚动速度和跳跃高度有明显作用，同时又节省了防护工程的费用。

（2）防护和加固工程。

加固山坡和边坡，在必要地段修建挡墙、边坡锚杆和护面（见图 6–4）。

（3）支顶工程。

对于公路上方的危岩、危石，应尽量清除，以防后患。对于已建成公路上方的危岩、危石，若威胁行车安全，应根据地形和岩层情况，采取支顶、支护、支撑等支挡建筑物加固（见图 6–5），使坡面平顺，临空面有支护和支顶的力量，岩块重心较稳，增加斜坡的稳定性。

图 6–4　边坡锚杆

图 6–5　危岩支顶

（4）拦截工程。

在路肩边或山坡上适当地点修拦石墙（见图 6–6），墙后留有空间作为落石坑。另在山坡上和拦石墙顶修建拦石网（见图 6–7），它可以与遮断信号电气联锁，崩塌时可发出信号示警。

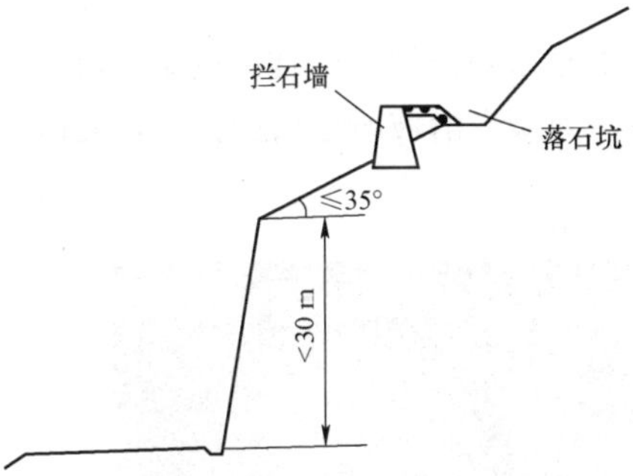


图 6–6　拦石墙和落石坑

图 6–7　拦石网

（5）遮挡工程。

遮挡工程用于遮挡斜坡上部的崩塌落石，这种措施常用于高边坡有大型崩塌的地段。当采用其他办法难以处理时，可修建明洞、棚洞等（见图 6–8、图 6–9），这样一来，上可遮拦崩塌，下可加强坡脚稳定，必要时在洞顶还要做些支顶和支护工程，以防病害向两边扩大。

图 6–8 明洞

图 6–9 棚洞

# ▶工作任务 6.2 滑坡

◎ **学习目标与要求**：了解滑坡及其类型；掌握防治滑坡的工程措施。
◎ **重点**：防治滑坡的工程措施。
◎ **难点**：防治滑坡的工程措施。

## ➤ 1. 滑坡及其形态要素

滑坡是指斜坡上的岩土体在重力作用下沿一定的软弱结构面整体下滑的动力地质现象（见图 6–10）。滑动面坡角一般为 20°～40°，过陡将发生崩塌现象。滑坡的形成过程通常是先经过一段蠕动变形阶段，而后在某些因素影响下（如暴雨、地下水渗透、地震等）发生急剧下滑，滑动后又逐渐转入新的稳定平衡状态。滑坡的危害性很大，大规模滑坡的滑动，能使大坝和其他水工建筑物遭到破坏，所以在水利水电建设中必须对滑坡区做详细勘察，研究其发生原因及发展规律，并提出合理有效的防治措施。另外，为减少滑坡所造成的损失，应做好预报工作。

图 6–10 滑坡

滑坡一般具有以下几个形态要素（见图 6–11）。

（1）滑坡体。所有与原岩分离并向下滑动的土石体，称滑坡体（图 6–11 中的 6）。

（2）滑动面与滑动带。滑坡体沿不动岩体下滑的分界面称滑动面（图 6–11 中的 8）。它常沿岩体软弱面而形成，在滑动面处有时可见擦痕和磨光面。在滑动面上下，由于滑坡体的滑动，使附近岩石被揉皱而形成滑动带。在一个滑坡体内有时不只有一个滑动面，但应注意找出最下面的滑动面。

（3）滑坡床。在滑动面之下未发生滑动的稳定岩体，称为滑坡床（图 6–11 中的 7）。

（4）滑坡台阶。由于滑坡体上下各段滑动速度不同，或几个滑动面滑动时间不同，在滑坡体上可形成阶梯状地面，称为滑坡台阶（图 6–11 中的 3）。台阶面向斜坡方向倾斜，台阶面上的树木也因倾斜而有“醉汉林”和“马刀树”之称。

（5）滑坡后壁（破裂壁）。滑坡体滑动后，与斜坡上方未滑动土石体之间的分界面，称为滑坡后壁（图 6–11 中的 2），其坡角常为 60°～80°，其上常有擦痕。

（6）滑坡洼地。在滑坡体与滑坡后壁之间形成的月牙形洼地。

（7）滑坡舌。滑坡舌是滑坡体前缘伸出部分，形如舌状（图 6–11 中的 4）。

此外，在滑坡体滑动过程中，由于受力状况不同会产生不同性质的裂隙（图 6–11 中的 1、3、4、5）。

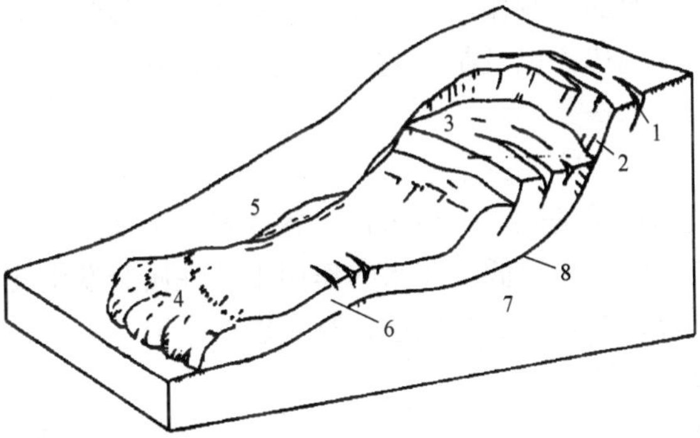


1—后缘环状拉裂缝；2—滑坡后壁；3—拉张裂隙及滑坡台阶；4—滑坡舌及鼓张裂隙；
5—滑坡侧壁及羽状裂隙；6—滑坡体；7—滑坡床；8—滑动面（带）。

图 6–11　滑坡形态要素

### 2. 滑坡的主要类型

滑坡可按滑坡体的组成物质、滑动面与岩层层面关系、滑坡体的规模进行分类。

视频+课件

（1）按滑坡体的组成物质分为黄土滑坡、黏土滑坡、堆积层滑坡和岩层滑坡。

（2）按滑动面与岩层层面关系分为均质滑坡、顺层滑坡和切层滑坡。

① 均质滑坡：多发生在岩性均一的软弱岩层中，如强烈风化的岩浆岩体或土体中，其滑动面常呈圆弧形。

② 顺层滑坡（见图 6–12）：它是沿岩层分界面滑动的滑坡。滑动面多为层面、断裂面、薄的软弱夹层、坡积物与基岩的分界面等。顺层滑坡在岩质斜坡中最为常见，如意大利瓦伊昂拱坝滑坡。

③ 切层滑坡（见图 6–13）：它是滑动面切过了不同岩层发生的滑坡，滑动面多沿断层面、

节理裂隙面形成。在剖面上，滑动面多呈直线或折线形。

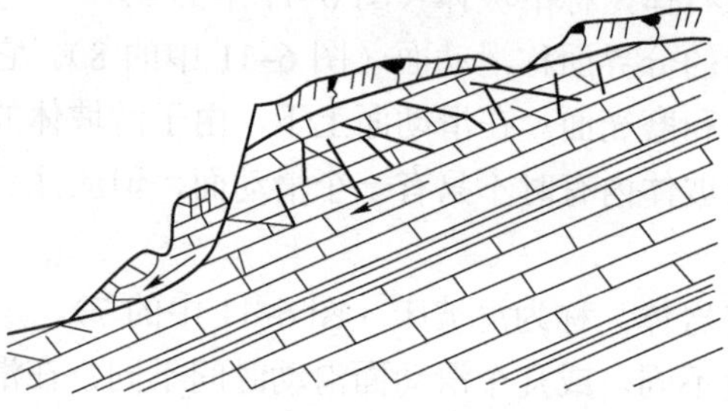

图 6–12 顺层滑坡

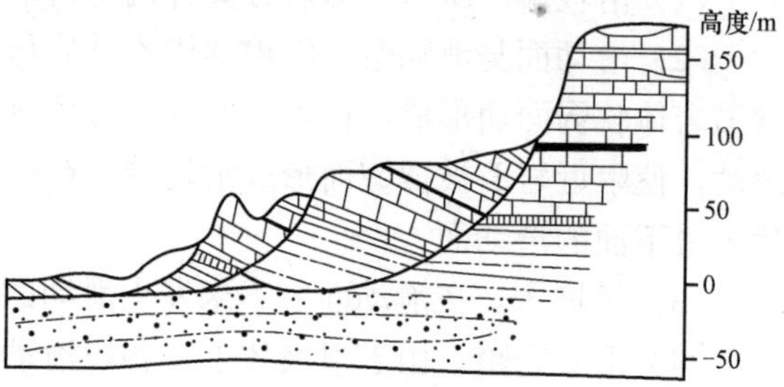


图 6–13 切层滑坡

（3）按滑坡体的规模分为：小型滑坡，滑坡体积小于 3 万 $m^3$；中型滑坡，滑坡体积在 3 万～50 万 $m^3$；大型滑坡，滑坡体积在 50 万～300 万 $m^3$；巨型滑坡，滑坡体积大于 300 万 $m^3$。

此外，滑坡按滑动年代分为古滑坡、老滑坡（可复活重新滑动）、新滑坡、正在发展中的滑坡，按力学条件分为牵引式滑坡和推移式滑坡。

### ➤ 3. 滑坡发生的条件

影响边坡稳定性的因素有内在因素和外在因素两个方面。内在因素主要是地质条件与地貌条件，它们常常起着主要的控制作用；外在因素是诱发因素。查明和掌握这些影响因素对了解边坡失稳的发生发展规律，以及制定防治措施是非常必要的。

1）内在因素

（1）岩土类型。

岩土体是产生滑坡的物质基础。一般来说，各类岩、土都有可能构成滑坡体，其中由结构松散、抗剪强度和抗风化能力较低，在水的作用下其性质会发生变化的岩土，如松散覆盖层、黄土、红黏土、页岩、泥岩、煤系地层、凝灰岩、片岩、板岩、千枚岩等及软硬相间的岩层所构成的斜坡易发生滑坡。

（2）地质构造条件。

组成斜坡的岩土体只有在被各种构造面切割分离成不连续状态时，才有可能向下滑动。同时，构造面又为降雨等水流进入斜坡提供了通道。故各种节理、裂隙、层面、断层发育的斜坡，特别是当平行和垂直斜坡的陡倾角构造面及顺坡缓倾的构造面发育时，最易发生滑坡。

（3）地形地貌条件。

只有处于一定的地貌部位且具备一定坡度的斜坡，才可能发生滑坡。一般江、河、湖（水库）、海、沟的斜坡，前缘开阔的山坡、铁路，公路和工程建筑物的边坡等都是易发生滑坡的地貌部位。坡度大于 10° 小于 45°，下陡中缓上陡、上部成环状的坡形是产生滑坡的有利地形。

（4）水文地质条件。

地下水活动在滑坡形成中起着主要作用。它的作用主要表现在：软化岩土，降低岩土体的强度，产生动水压力和孔隙水压力，潜蚀岩土，增大岩土容重，对透水岩层产生浮托力等。它对滑动面（带）的软化作用和降低强度的作用最突出。

2）外在因素

（1）水的作用。

地表水及地下水的活动是导致滑坡的重要原因，90%以上的滑坡与水的作用有关。因水渗入坡体后会引起岩土重度的增加，抗剪强度降低，产生动水力和静水力。此外，地下水还能溶解岩土中的易溶物质，使斜坡土石体的成分和结构发生变化。河流等地表水会不断冲刷和切割坡脚，对坡脚产生冲蚀淘空作用。这些因素都会导致斜坡稳定性的恶化。因此，许多滑坡常发生在雨季，或由于地表水下渗、排水管道漏水或农田灌溉系统渗水而引起滑坡。

（2）地震作用。

地震能使斜坡土石体的抗剪强度降低。在地震力反复作用下，土石体结构容易遭受破坏，并沿着斜坡的软弱结构面或裂隙、节理面向下滑动。

（3）人为因素。

在修建铁路、公路、依山建房、建厂，进行开挖坡脚时，坡体常常因下部失去支撑而发生下滑；水渠和水池的漫溢和渗漏、工业生产用水和废水的排放、农业灌溉等，均易使水流渗入坡体，加大孔隙水压力，软化岩土体，增大坡体容重，从而促使或诱发滑坡的发生；厂矿废渣的不合理堆弃，常常触发滑坡的发生；劈山开矿的爆破作用，使斜坡的岩土体受振动而破碎，产生滑坡；在山坡上乱砍滥伐，使坡体失去保护，更有利于雨水等水体的渗入，从而诱发滑坡等。

如果上述的人类作用与不利的自然作用互相结合，则就更容易促进滑坡的发生。

### ➤ 4. 滑坡的野外鉴别

1）古滑坡外貌特征的识别

在沿河谷布设路线时，为防止滑坡对道路造成危害，应识别河谷两岸有无古滑坡的存在和有否可能发生滑坡的地段。

在发生滑坡的古坡上，必然留下地形、地貌、地层及地物等方面的标志（见图 6–14），常在较平顺的山坡上造成等高线的异常和中断，使斜坡不顺直、不圆滑而造成圈椅状地形和槽谷地形，滑坡舌向河心凸出呈河谷不协调现象；沿滑坡两侧切割较深，常出现双沟同源；在滑坡体的中部常有一级或多级异常台阶状平地；滑坡体下部因受推挤力而呈现微波状鼓丘及滑坡裂缝；滑坡体表面的植物因受不匀速滑移呈零散分布，树木歪斜零乱，常见“醉树”及“马刀树”（见图 6–15）；若滑动之前滑坡体上曾建有建筑物，会出现开裂、倾斜、错位等现象。

岩质滑坡的地层产状与原生露头有明显的变化，其整体连续性遭到破坏，出现层位缺失或升降、散乱的现象。

图 6–14　古滑坡外貌特征

图 6–15 “马刀树”

2）滑坡先兆现象的识别

不同类型、不同性质、不同特点的滑坡，在滑动之前，均会表现出各种不同的异常现象，显示出滑动的预兆，常见的归纳起来有以下几种。

大滑动之前，在滑坡前缘坡脚处，有堵塞多年的泉水复活现象，或者出现泉水（水井）突然干枯、井（钻孔）水位突变等类似的异常现象，在滑坡体前缘土石零星掉落，坡脚附近土石被挤紧，并出现大量鼓张裂隙，这是滑坡向前推挤的明显迹象。如果在滑坡体上有长期位移观测仪器，那么大滑动之前，无论是水平位移量还是垂直位移量，均会出现加速变化的趋势，这是明显的临滑迹象。坡面上树木逐渐倾斜，建筑物开始开裂变形，山坡农田变形、水田漏水、动物惊恐异常等现象，这些均说明该处滑坡在缓慢滑动。

视频+课件

### ➤ 5. 滑坡的防治

1）防治原则

滑坡的防治，贯彻“以防为主，整治为辅”的原则。在选择防治措施前，一定要查清滑坡的地形和水文地质条件，认真研究和确定滑坡的性质及其所处的发展阶段，了解产生滑坡的原因，结合工程建筑的重要程度、施工条件及其他情况进行综合考虑。

（1）由于大型滑坡的整治工程量大，技术复杂，因此，在测设时应尽可能采用绕避方案。若建成后路基不稳定，是治理还是绕避，需要周密分析其经济和安全两方面的得失。

（2）对于有中小型滑坡的地段，一般情况下不必绕避，但是应注意调整路线平面位置，以求得工程量小、施工方便、经济合理的路线方案。

（3）路线通过古滑坡时，应在对滑坡体的结构、性质、规模、成因等做详细勘察后，再对路线的平、纵、横做出合理布设；对施工中的开挖、切坡、弃方、填土等都要做通盘考虑，稍有不慎即可能引起滑坡的复活。

2）防治措施

防治滑坡的工程措施有很多，归纳起来分为三类：一是消除或减轻水的危害；二是改变滑坡体外形、设置抗滑建筑物；三是改善滑动带土石性质。

（1）消除或减轻水的危害。

① 排除地表水。

排除地表水是治理滑坡中不可缺少的辅助措施，而且应是首先采取并长期运用的措施。其目的在于拦截、旁引滑坡外的地表水，避免地表水流入滑坡区；或将滑坡范围内的雨水及泉水尽快排除，阻止雨、泉水进入滑坡体内（见图 6–16）。

主要工程措施有：在滑坡体周围修截水沟；滑坡体上设置干枝排水系统汇集旁引坡面径流于滑坡体外排出；整平地表，填塞裂缝（见图 6–17）和夯实松动地面，筑隔渗层，减少地表水下渗井使其尽快汇入排水沟内，防止沟渠渗漏和溢流于沟外。

② 排除地下水。

对于地下水，可疏而不可堵，其主要工程措施有：修建截水盲沟，用于拦截和旁引滑坡外围的地下水（见图 6–18、图 6–19）；修建支撑盲沟，兼具排水和支撑作用；修建仰斜孔群，用近于水平的钻孔把地下水引出。此外，还可通过修建盲洞、渗管、渗井、垂直钻孔等工程措施排除滑体内地下水。

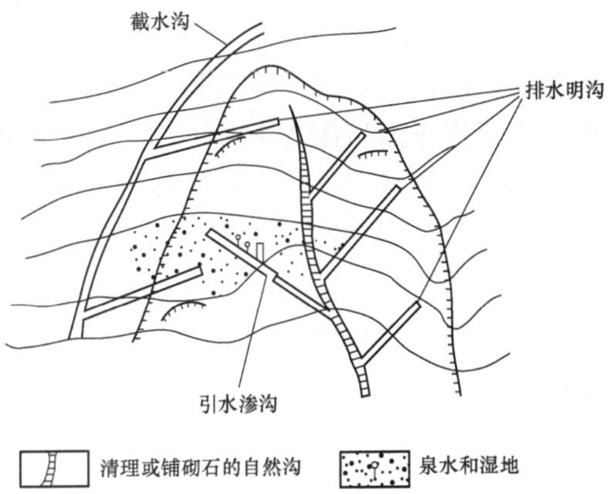


图 6–16　地表水排水系统

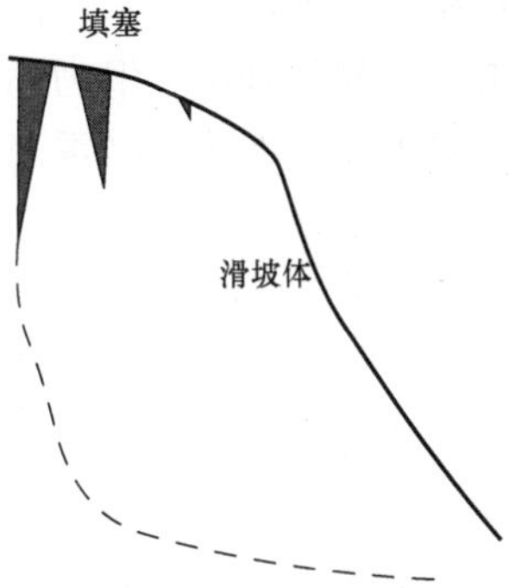


图 6–17　填塞裂缝

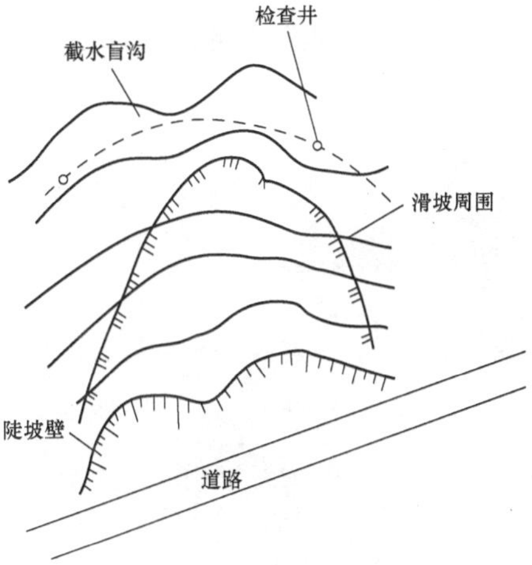


图 6–18　截水盲沟布置图

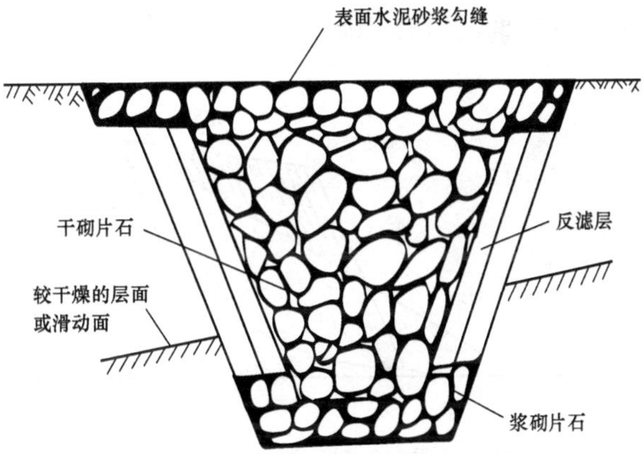


图 6–19　截水盲沟剖面图

③ 防止河水、库水对滑坡体坡脚的冲刷。

主要工程措施有：在凸入河道的滑坡前缘设置护坡、护岸、护堤及抛石、铺设石笼（见图 6–20），或置丁坝（见图 6–21）、导流堤等构造物，以保护滑坡前缘土体免受河水冲刷。

图 6–20　石笼

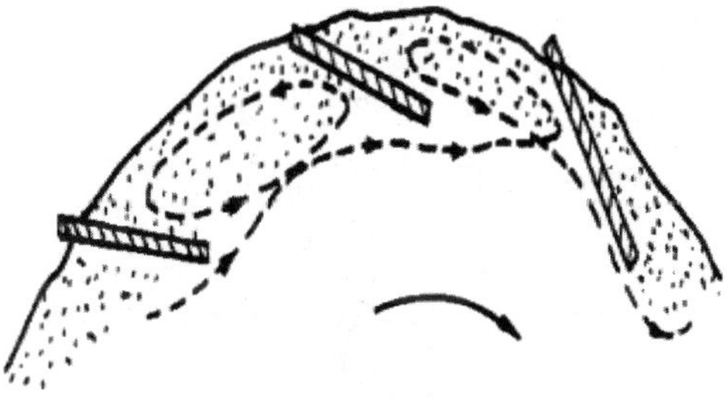

图 6–21　丁坝

（2）减重和反压。

对推移式滑坡，在上部主滑地段减重，常起到根治的效果。对其他性质的滑坡，在主滑地段减重也能起到减小下滑力的作用。减重一般适用于滑坡床为上陡下缓、滑坡后壁及两侧有稳定的岩土体，不致因减重而引起滑坡向上和向两侧发展造成后患的情况。对于错落转变成的滑坡，采用减重使滑坡达到平衡，效果比较显著。有些滑坡的滑带土或滑坡体具有卸荷膨胀的特点，减重后滑带土松弛膨胀，尤其是在被地下水浸湿后，其抗滑力减小，引起滑坡。因此具有这种特点的滑坡，不能采用减重法。另外减重后将增大暴露面，有利于地面水渗入坡体和使坡体岩石风化，应充分考虑这些不利因素。

在滑坡的抗滑段和滑坡体外前缘堆填土石加重，如做成堤、坝等，能增大抗滑力而稳定滑坡。但是必须注意，只能在抗滑段加重反压，不能填于主滑地段。而且在填方时，必须做好地下排水工程，不能因填土堵塞原有地下水出口，造成后患。

对于某些滑坡，可在设计计算后确定需减少的下滑力大小，同时在其上部进行部分减重和下部反压（见图 6–22、图 6–23）。减重和反压后，应验算滑动面从残存的滑坡体薄弱部位及反压体底面滑出的可能性。

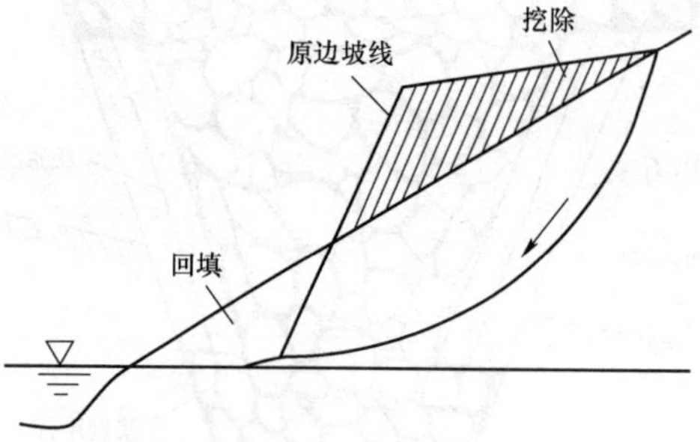


图 6–22　减重和下部反压示意图

图 6–23　削坡反压

（3）修筑支挡工程。

对于因失去支撑而引起滑动的滑坡，或滑坡床陡、滑动可能较快的滑坡，采用修筑支挡工程的办法，可增加滑坡重力平衡的条件，使滑坡体迅速恢复稳定。支挡建筑物有抗滑桩、抗滑挡墙、锚杆和锚固桩等。

抗滑挡墙示意图如图 6–24 所示，一般是重力式抗滑挡墙（见图 6–25）。挡墙的设置位置

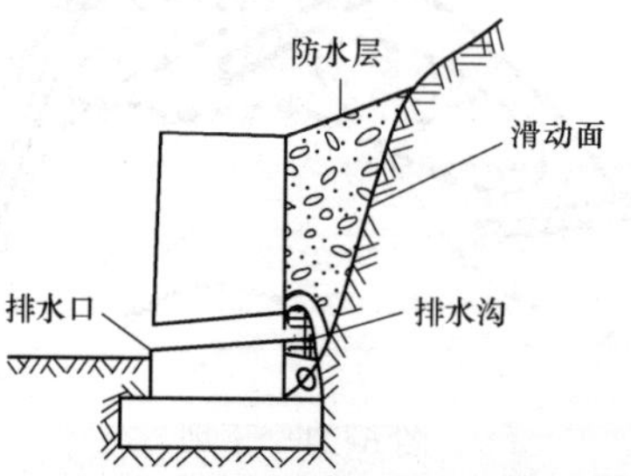


图 6–24　抗滑挡墙示意图

图 6–25　重力式抗滑挡墙

一般位于滑坡体的前缘，滑坡中、下部有稳定的岩土锁口者，设置于锁口处。如滑坡为多级滑动，当推力太大，在坡脚一级支挡施工量较大时，可分级支挡。

抗滑桩示意图如图 6–26 所示，适用于深层滑坡和各类非塑流性滑坡。它对缺乏石料的地区和处理正在活动的滑坡，更为适宜。抗滑桩实物图如图 6–27 所示。

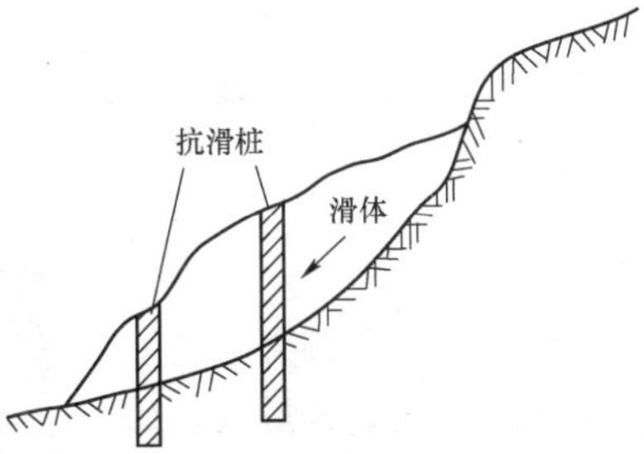


图 6–26　抗滑桩示意图

图 6–27　抗滑桩实物图

锚索挡墙是近 20 年来发展起来的新型支挡结构，它可节约材料，成功地代替了庞大的混凝土挡墙。锚索挡墙由锚杆、肋柱和挡板三部分组成。滑坡推力作用在挡板上，由挡板将滑坡推力传于肋柱，再由肋柱传至锚杆上，最后通过锚索传到滑动面以下的稳定地层中，靠锚索的锚固来维持整个坡体的稳定。锚索挡墙示意图及实物图分别如图 6–28、图 6–29 所示。

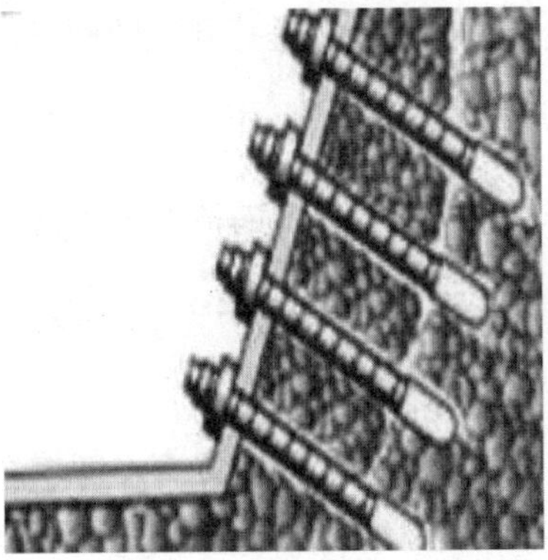

图 6–28　锚索挡墙示意图

图 6–29　锚索挡墙实物图

（4）改善滑动带土石性质。

一般采用焙烧法、压浆及化学加固等物理化学方法对滑坡的滑动带土石进行加固，从而防止滑坡再次沿软弱滑动面滑动。

由于滑坡成因复杂、影响因素多，因此常常需要上述几种方法同时使用、综合治理，方能达到目的。

# ▶工作任务 6.3 泥石流

思政课堂

◎ **学习目标与要求**：了解泥石流定义及其类型；掌握防治泥石流的工程措施。
◎ **重点**：防治泥石流的工程措施。
◎ **难点**：防治泥石流的工程措施。

## ➤1. 泥石流及其形成条件

1）泥石流

视频+课件

泥石流是山区沟谷中，由暴雨、冰雹、融水等水源激发的、含有大量泥沙石块的特殊洪流。其特征是往往突然暴发，流速快、流量大，物质容量大，破坏力强。

在泥石流发育区，泥石流能对居民点、农作物、公路铁路及水利工程、矿山等构成严重威胁。例如，1981 年四川甘洛县利子依达泥石流造成 130 人死亡和失踪，146 人受伤。又如，2000 年 4 月 9 日西藏波密县易贡乡扎木龙山发生特大泥石流，造成交通中断，4 000 多名藏胞被困。

目前我国已查明有泥石流沟 1 万多条，其中发生规模大、频率高、危害重的地区主要有：滇西北、滇东北山区，川西地区，秦巴山区，西藏喜马拉雅山区，辽东南山地，甘南及白龙江流域，等等。值得注意的是，有些泥石流的发生是由于人类不合理的开发造成或加剧的。因人为因素诱发的泥石流近年来不断增加，因此，人类在对自然资源进行开发的同时，应注意保护环境。

2）泥石流的形成条件

泥石流的形成与所在地区的自然条件和人类经济活动密切相关。泥石流的形成必须同时具备三个条件：地质条件、地形条件和水文气象条件。

（1）地质条件。

地质条件决定了松散固体物质的来源，也为泥石流活动提供动能优势。

泥石流发育地区是地质构造复杂，岩性软弱，风化强烈，褶皱、断裂发育，新构造运动强烈，地震频繁的地区。这些原因使得岩层破碎，以至于崩塌、滑坡等不良地质现象普遍发生，为泥石流的形成提供了丰富的固体物质条件。

（2）地形条件。

泥石流流域的地形特征是山高谷深，地形陡峻，河床纵坡大，流域的形状便于松散物和水汇集。典型的泥石流流域从上游到下游可分为三个区：泥石流的形成区（上游）、流通区（中游）和堆积区（下游），如图 6–30 所示。

① 形成区。形成区地形多为三面环山、一面出口的漏斗状，周围山高坡陡，但地形开阔、山体光秃破碎，植被不良，这样的地形有利于集水集物。形成区堆积物的位置与形成泥石流的严重程度有关。一般的堆积物分布在形成区的中、下部位，具有良好的动力条件。如兰州地区

的大红沟、红水沟等严重泥石流沟谷，其大量松散堆积物均分布于形成区的中、下部位。

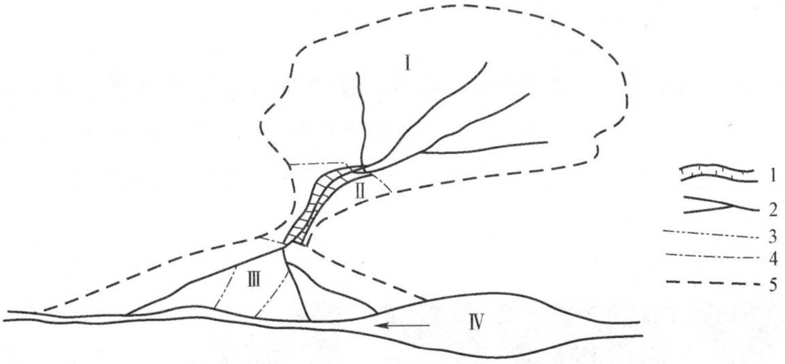


Ⅰ—形成区；Ⅱ—流通区；Ⅲ—堆积区；Ⅳ—泥石流堵塞河流形成的湖泊；
1—峡谷；2—有水沟床；3—无水沟床；4—分区界线；5—流域界线。

图 6–30　典型泥石流流域示意图

② 流通区。流通区的地形多为狭窄陡深的峡谷，谷底纵坡大，便于泥石流的迅猛通过。

③ 堆积区。堆积区地形多为开阔的山前平原或河谷阶地，使泥石流停止流动并可堆积固体物质。

（3）水文气象条件。

水是泥石流的组成部分，又是泥石流的搬运介质。松散固体物质在大量充水达到饱和或过饱和状态后，其结构发生破坏，摩阻力降低，滑动力增大，从而产生流动。泥石流的形成与短时间内突然性的大量流水密切相关。突然性的大量流水来自：① 强度较大的暴雨；② 冰川、积雪的短期强烈消融；③ 冰川湖、高山湖、水库等的突然溃决。我国形成泥石流的主要水源是暴雨，由冰川、积雪的强烈消融而形成的泥石流在西藏山区有所发生。因为我国的降雨多集中在每年的 5—10 月，因此，在这期间泥石流暴发频繁。

（4）人类活动的影响。

良好的植被可以减弱剥蚀过程，延缓径流汇集，防止冲刷，保护坡面。在山区建设中，如果滥伐山林，使山坡失去保护，将导致泥石流逐渐形成。此外，矿山剥土、工程弃渣处理不当，也可导致泥石流发生。

### ➤ 2. 泥石流的类型

（1）按泥石流的物质组成分为：水石流型泥石流、泥石流型泥石流和泥水流型泥石流。

（2）按泥石流流域的形态特征分为：标准型泥石流、河谷型泥石流和山坡型泥石流。

（3）按泥石流流体性质分为：黏性泥石流、稀性泥石流。

### ➤ 3. 泥石流的防治

视频+课件

防治泥石流应采用预防为主、以避为宜、以治为辅的原则，全面考虑跨越、排导、拦截及水土保持等措施，根据因地制宜和就地取材的原则，注意总体规划，采取综合防治措施。

（1）水土保持。

包括：封山育林、植树造林、平整山坡、修筑梯田；修筑排水系统及支挡工程等措施。

水土保持虽是根治泥石流的一种方法，但需要一定的自然条件，收效时间也较长，一般应与其他措施配合进行。

（2）跨越工程。

指通过修建桥梁、涵洞、过水路面、明洞、渡槽及隧道等方式跨越泥石流（见图6–31、图6–32）。当通过修建桥梁跨越泥石流时，既要考虑淤积问题，也要考虑冲刷问题。桥位应选在沟道顺直、沟床稳定处，并应尽量与沟床正交，不应把桥位设在沟床纵坡由陡变缓的变坡点附近。

图6–31 桥梁

图6–32 渡槽

（3）排导工程。

在泥石流下游设置排导沟、导流堤等（见图6–33、图6–34），可顺利排除泥石流，以防止掩埋道路，堵塞桥涵。

图6–33 排导沟

图6–34 导流堤

（4）拦挡工程。

它是指在泥石流沟中修筑一系列低矮的拦挡坝，如谷坊、格栅坝（见图6–35、图6–36），其作用是：拦蓄部分泥沙石块，减弱泥石流的规模；固定泥石流沟床，防止沟床下切和谷坡坍塌；缓减沟床纵坡，降低流速。

图 6–35　谷坊

图 6–36　格栅坝

## 思考与练习

1. 崩塌的常见防治措施有哪些?
2. 滑坡的形态要素有哪些?
3. 滑坡的常见防治措施有哪些?
4. 泥石流的形成条件有哪些?
5. 若公路穿越可能发生泥石流的地段，应采取哪些防治措施?

# 学习情境 7　工程地质勘察

## ▶工作任务 7.1　工程地质勘察方法

◎ **学习目标与要求**：了解工程地质勘察的意义；掌握常用的几种工程地质勘察方法。
◎ **重点**：常用的几种工程地质勘察方法。
◎ **难点**：常用的几种工程地质勘察方法。

在人类的经济活动中，凡规模较大的工程，施工前都必须对建筑场地的工程地质条件进行调查、研究，以求达到合理设计、安全施工、正常使用的目的。工程地质勘察的目的主要是查明工程地质条件，分析存在的地质问题，对建筑地区做出工程地质评价。

工程地质勘察的任务是运用工程地质学的理论和方法，按照不同勘察阶段的要求，正确反映场地的工程地质条件，并结合工程设计、施工条件、地基处理、开挖、支护等工程的具体要求，进行技术论证和评价，提出岩土工程施工的指导性意见，为设计、施工提供依据，服务于工程建设。

工程地质勘察应分阶段进行，常采用的设计阶段如下所述。

（1）可行性研究勘察：对拟建场地的稳定性和适应性做出评价，要求：① 搜集区域地质、地形地貌、地震等工程地质资料及当地的建筑经验；② 在搜集和分析已有资料的基础上，通过踏勘了解场地的地层、构造、岩石和土的性质、不良地质现象及地下水等工程地质条件。

（2）初步勘察：对场地内建筑地段的稳定性做出岩土工程评价，主要包括：① 搜集可行性研究勘察阶段岩土工程勘察报告，取得建筑区范围的地形图及有关工程性质、规模的文件；② 初步查明地层、构造、岩土物理力学性质、地下水埋藏条件及冻结深度；③ 查明场地的成因、分布、对场地稳定性的影响及其发展趋势。

（3）按不同建筑物或建筑群提出详细的岩土工程资料和设计所需的岩土技术参数；对建筑地基应做出岩土工程分析评价，并应对基础设计、地基处理、不良地质现象的防治等具体方案做出论证和建议。例如：判定桥涵地基土及水流在施工和使用期间可能产生的变化及其对工程的影响，提出防治措施及建议。

下面介绍工程地质勘察的主要方法。

1）工程地质勘探

在工程地质勘察过程中，当岩层露头不好，不能判别地下隐蔽的地质情况时，可采用工程地质勘探，主要采用挖探、简易钻探、钻探、地球物理勘探（物探）等方法进行。工程地质勘探的主要任务是探明地下有关地质情况，如地层、岩性、断裂构造、地下水位、滑动面位置等。

（1）挖探。

挖探是工程地质勘探中最常用的方法，可分为坑探、槽探和洞探。它是用人工或机械方式挖掘坑、槽和洞，以便直接观察岩土层的天然状态及各地层的接触关系等地质结构，并能取出接近实际的原状结构土样。

① 坑探。

坑探时垂直向下掘进土坑，断面一般采用 1.5 m×2.0 m 的矩形，深度一般为 1.5～2.0 m（见图 7–1）。坑探用以揭示覆盖层的厚度和性质。在探坑中部预留原状土柱，再用手工刻土的方式取原状土样，土样可以取成立方体和圆柱体两种形状以用于实验（见图 7–2）。

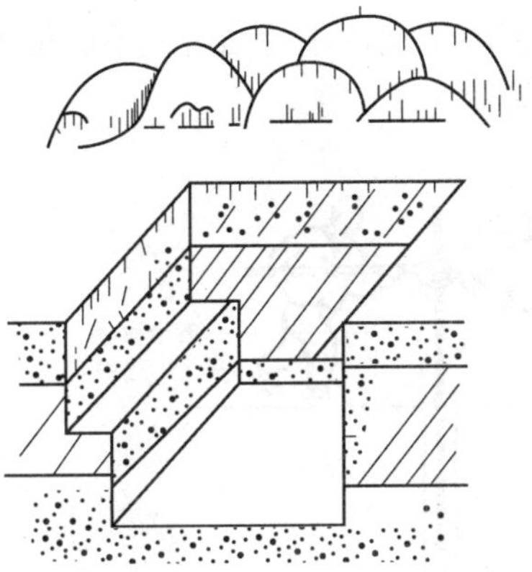

图 7–1　坑探开挖

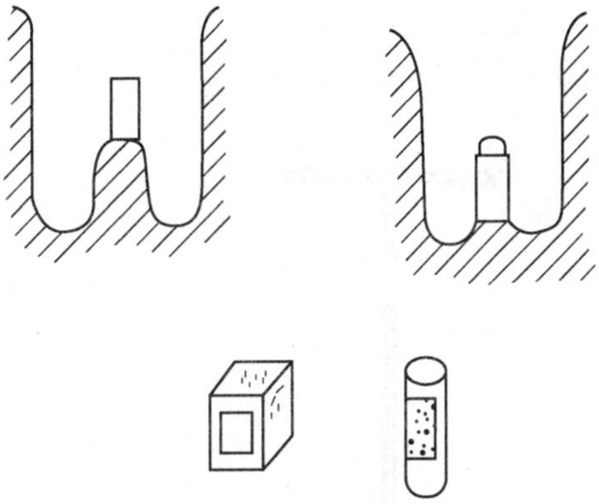

图 7–2　坑探取样

② 槽探。

探槽是一种长槽形开口的坑道，宽 0.6～1.0 m，长度按需要而定，深度小于 3 m（见图 7–3）。这种挖探槽的勘探方法叫槽探，常用于追索构造线，查明坡积层、残积层的厚度和性质，揭露地层层序等。

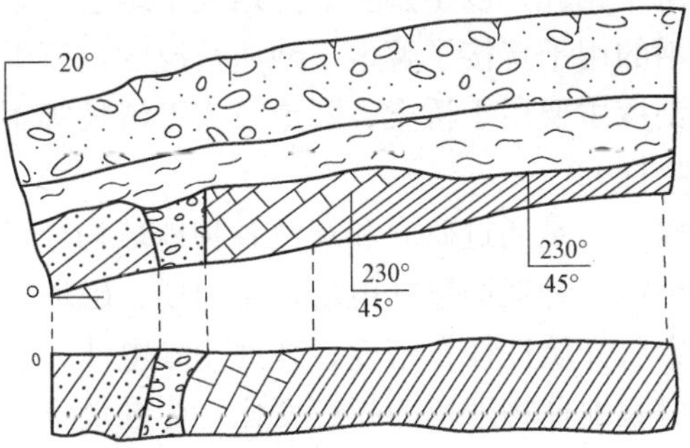


图 7–3　探槽

③ 洞探。

探洞是一种水平延伸较短的洞，宽 0.6～1.0 m，高度 1.6～2.0 m，长度按需要而定（见图 7–4、图 7–5）。洞探常用于揭露地层破碎程度等。

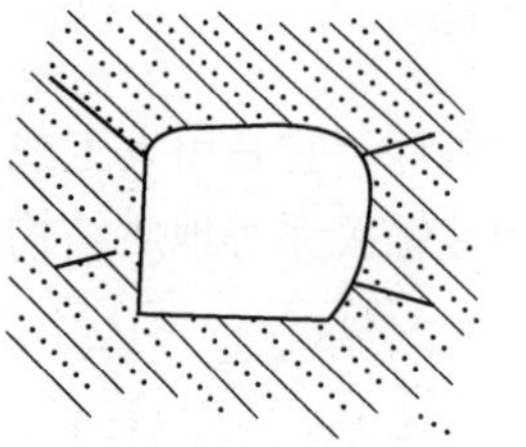

图 7–4 探洞正面

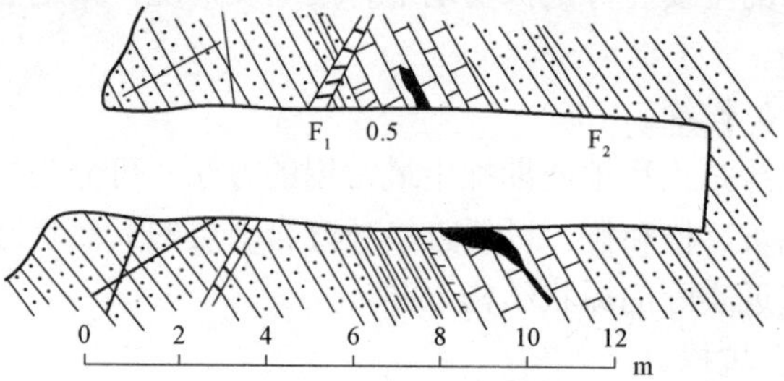


图 7–5 探洞纵剖面

（2）简易钻探。

它是公路工程地质勘探中经常采用的方法，其优点是：钻具体积小，操作简便，进尺较快，劳动强度小；缺点是不能采用原状土样，在密实或坚硬地层内不易钻进或不能使用。常用的简易钻探工具有洛阳铲（见图 7–6）和小螺纹钻（见图 7–7）等。

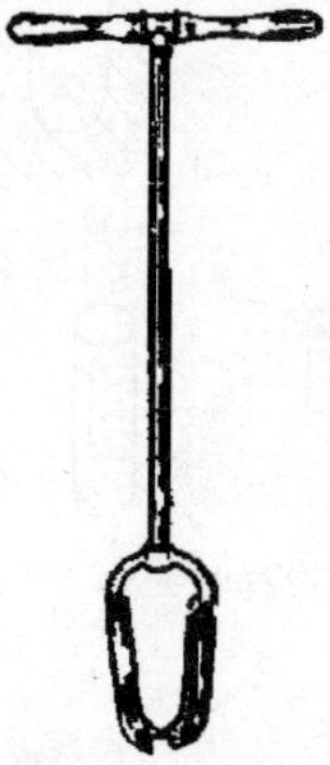

图 7–6 洛阳铲

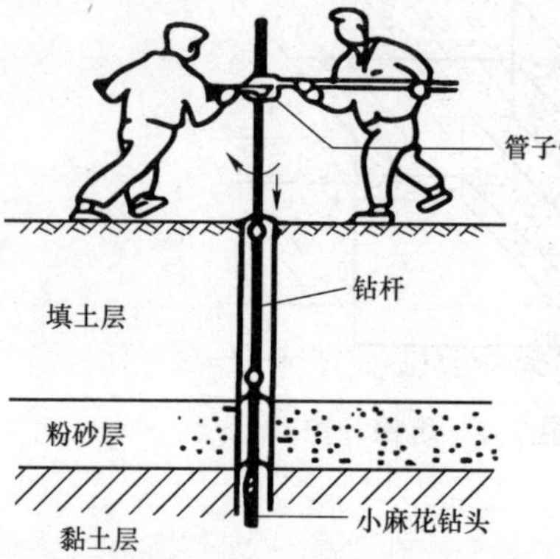


图 7–7 小螺纹钻

（3）钻探。

钻探是指用钻机在地层中钻孔，以鉴别和划分地表下地层，并可以沿孔深取样的一种勘察方法。钻探是被广泛采用的用于直接了解地下地质情况的重要手段，通过钻探可以获得深部地层的可靠地质资料。钻探主要用于桥梁、隧道及大型滑坡等不良地质现象的勘探。

（4）地球物理勘探（物探）。

地球物理勘探简称物探，它是通过研究和观测各种地球物理场的变化来探测地层岩性、地质构造等地质条件。各种地球物理场包括电场、重力场、磁场、弹性波的应力场、辐射场等。由于组成地壳的不同岩层介质往往在密度、弹性、导电性、磁性、放射性及导热性等方面存在差异，这些差异将引起地球物理场的相应变化。通过量测这些物理场的分布和变化特征，结合已知地质资料进行分析研究，就可以达到推断地质性状的目的。

2）工程地质实验

工程地质实验是取得工程设计所需的各项计算指标数值的重要手段和依据，是对土石工程性质进行定量评价时必不可少的方法。

工程地质调查测绘与勘探工作，只能对土石的工程性质进行定性评价，要进行准确的定量评价，必须通过实验工作。

工程地质实验分为室内实验和野外实验两种。室内实验是通过仪器对采集的样品进行测试、分析，取得所需数据；野外实验结合工程实际情况在原位进行，亦称原位测试。

（1）室内实验。

室内实验包括岩、土的物理、水理、力学、化学等实验内容。室内实验一般在中心实验室进行。室内实验虽然具有边界条件、排水条件和应力路径容易控制的优点，但是由于实验需要取土样，而土样在采集、运送、保存和制备等方面不可避免地会受到不同程度的扰动，尤其是对于饱和的砂质粉土和砂土，可能根本无法完成取样，这使测得的力学指标严重“失真”。因此，为了取得可靠的力学指标，在工程地质勘察中，必须进行一定的相应数量的野外实验。

（2）野外实验。

① 载荷实验。

载荷实验就是在一定面积的承压板上向地基逐级施加荷载，并观测每级荷载下地基变形特性，从而评定地基的承载力，计算地基的变形模量并预测实体基础的沉降量。

② 静力触探实验。

静力触探实验是用静力将探头以一定的速度压入土中，同时用压力传感器或直接用量测仪表测试土层对探头的贯入阻力，以此来判断、分析地基土的物理力学性质。

③ 动力触探实验。

动力触探实验是指利用一定的锤击动能，将一定规格的探头打入土中，根据每打入土中一定深度所需的能量来判定土的性质，并对土进行分层的一种原位测试方法。所需的能量体现了土的阻力大小，一般可以以锤击数来表示。

④ 标准贯入实验。

标准贯入实验是利用一定的锤击动能，将一定规格的贯入器打入钻孔孔底的土层中，根据打入土层中所需的能量来评价土层和土的物理力学性质。在标准贯入实验中，贯入器贯入土层中 30 cm 的锤击数记作 $N$。

⑤ 十字板剪切实验。

十字板剪切实验是将十字板头插入饱和软黏土中并以一定的速度旋转，测出土的抵抗力矩，然后换算成土的抗剪强度。它是一种快速测定饱和软黏土层抗剪强度的简单而可靠的原位测试方法。

## ▶工作任务 7.2　公路工程地质勘察

◎ **学习目标与要求**：掌握公路工程地质勘察的内容及资料整理。

◎ **重点**：公路工程地质勘察的内容及资料整理。

◎ **难点**：公路工程地质勘察的内容及资料整理。

公路工程地质勘察，就是运用地质、工程地质的理论和各种技术手段，实地调查、研究公路要穿越地带的工程地质条件。公路工程地质勘察的目的，是为公路选线、测设、施工和使用提供经济合理而又正确完整的工程地质资料。

**➤ 1. 新建公路工程地质勘察**

1）新建公路工程地质勘察的内容

（1）路线工程地质勘察。

主要查明与路线方案及路线布设有关的地质问题。选择地质条件相对良好的路线方案，在地形、地质条件复杂的地段，重点调查对路线方案与路线布设起控制作用的地质问题，确定路线的合理布设。

（2）路基、路面工程地质勘察。

亦称沿线地质土质调查。在初勘、定测阶段，根据选定的路线位置，对中线两侧一定范围的地带进行详细的工程地质勘察，为路基、路面的设计与施工提供工程地质和水文地质资料。

（3）桥涵工程地质勘察。

按初勘、详勘阶段的不同深度要求，进行相应的工程地质勘察，为桥涵的基础设计提供地质资料。大中桥桥位多是路线布设的控制点，常有比较方案。因此，桥涵工程地质勘察一般包括两项内容：一是对各比较方案进行调查，配合路线、桥梁专业人员，选择地质条件比较好的桥位；二是对选定的桥位进行详细的工程地质勘察，为桥梁及其附属工程的设计和施工提供所需要的地质资料。

（4）隧道工程地质勘察。

隧道多是路线布设的控制点且影响路线方案的选择。隧道工程地质勘察通常包括两项内容：一是隧道方案与位置的选择，包括隧道与展线或明挖的比较；二是隧道洞口与洞身的勘察。

（5）天然筑路材料工程地质勘察。

修建公路需要大量的筑路材料，其中绝大部分都是就地取材，如石料、砂、黏土、水等。这些材料质量的好坏和运输距离的远近，直接影响工程的质量和造价，有时还会影响路线的布局。天然筑路材料工程地质勘察的任务是充分发掘、改造和就近利用沿线的一切材料，对分布在沿线的天然筑路材料和工业废料，按初勘和详勘阶段的不同深度进行勘察，为公路设计提供筑路材料的资料。

2）新建公路工程地质勘察的资料整理

（1）全线工程地质说明书。

① 序言，说明勘察工作的目的、依据、起讫时间、完成情况、主要的工作方法、现有资料利用及有必要说明的问题。

② 描述自然地理、地层、地质构造等工程地质条件及其对公路的影响。

③ 地震烈度的分析，并提出抗震措施。

④ 筑路材料的分布、种类、质量、蕴藏量、开采条件及供应方式等。

⑤ 说明小桥涵及其他人工构造物的基础地质情况。

⑥ 关于岩土物理力学指标的分析评价。

⑦ 各比选方案的工程地质评价和方案选择。

⑧ 提出全线主要工程地质问题的处理意见。

（2）工程地质平面图。

当控制路线选择的路段地质条件复杂时，应绘制工程地质平面图。

① 岩层分界线及成因、时代、产状。

② 地质构造线，如节理、裂隙、撕裂、褶曲等。

（3）添绘路线纵断面图中的地质说明。

主要表明地貌、岩性特征及土石分类等。

（4）各类测试原始资料的汇总分析。

① 勘察资料按各种不同勘察方法和不同测试资料，分类汇总成册。

② 气象资料、气温、风、降水量、冻结、雪等的汇总分析。

③ 对不良地质地段做专项资料汇总。

### ➤ 2. 改建公路工程地质勘察

1）改建公路工程地质勘察内容

（1）收集沿线的地形、地貌、工程地质、水文地质、气象、地震等资料。

（2）收集有关桥梁、隧道和防护、排水等构造物的新建、改建或加固工程所需的地质资料。

（3）收集原有公路路况资料。

（4）调查原有公路的路基、路面、小桥涵等人工构造物的状况及病害，研究病因及防治的效果。对原有公路的工程地质、不良地质地段的道路病害应力求根治。

（5）当路线因提高等级或绕避病害而另选新线的路段时，应按新建公路的要求进行工程地质勘察工作。

2）改建公路工程地质勘察的资料要求

（1）工程地质说明书。

① 全线工程地质说明书，主要论证沿线工程地质条件，评价对原有工程的利用程度。

② 不良地质、特殊岩土及其他道路病害路段的工点说明，应论证地质现象特征及提出治理方案。

③ 原有公路等级、历史和现状、现有交通量及其组成、交通量的增长率和公路适应情况。

④ 路基、路面的现状和不符合改建技术标准路段的主要问题。

⑤ 原有路基、路面、桥涵等的加固、加宽、接茬等处的工程地质特征。

⑥ 沿线筑路材料的分布及采运条件。

（2）不良地质、特殊岩土、路基病害等有关项目的调查表。

（3）原有路面整体补强测试图表。

（4）工程地质平面图，按新建公路地质平面图的有关规定编制。

（5）勘探、实验、调查等资料。

# 思考与练习

1. 根据下面的地质草图（见图 7–8），试确定最合理的路线方案，并说明理由。

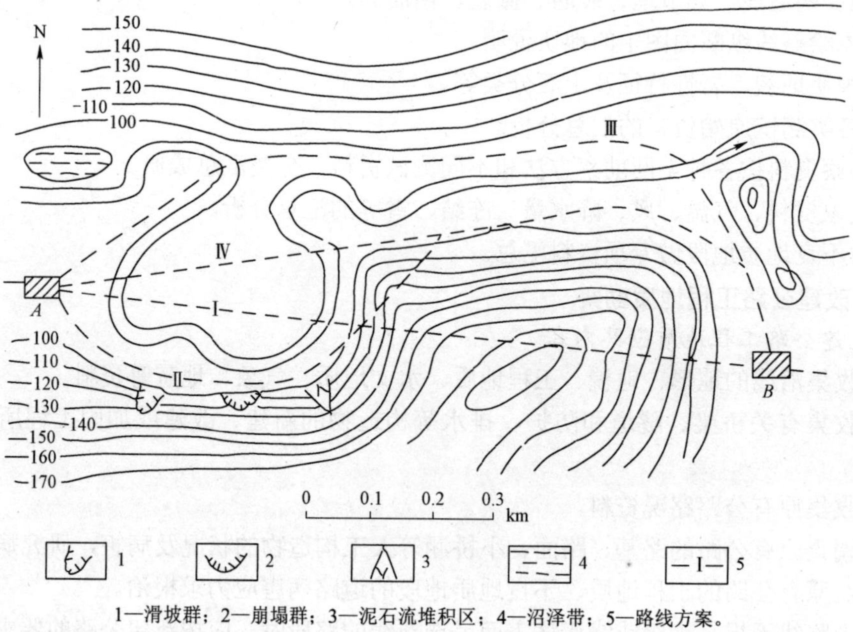


图 7–8 工程地质选线草图

2. 工程地质勘探的主要方法有哪些？

# 模块 2　土质与土力学

## 学习情境 8　土的物理性质及工程分类

### ▶工作任务 8.1　土的物理性质

视频+课件

◎ **学习目标与要求**：掌握土的三相组成、土的三相草图及土的基本物理性质指标；了解土的其他常用指标。

◎ **重点**：土的三相草图；土的基本物理性质指标；土的其他常用指标。

◎ **难点**：土的基本物理性质指标。

**➤ 1. 土和土体**

1）土

土是地壳表层母岩经强烈风化作用而形成的颗粒大小不等、未经胶结的一种松散物质，它包括土壤、黏土、砂、岩屑、岩块和砾石等。

土总的特性是颗粒与颗粒之间的黏结强度较土粒本身强度低，甚至没有黏结性。根据土粒之间有无黏结性，大致可将土分为黏性土和无黏性土（砾石、砂）两大类。

2）土体

土体是与工程建筑的稳定、变形有关的土层的组合体。土体不是由单一而均匀的土组成的，而是由性质各异、厚薄不等的若干土层以特定的上下次序组合在一起的。

土体中含有天然结构面，并赋存于一定的地质环境中，这些结构面及颗粒材料控制着土体的物理力学性质。

**➤ 2. 土的三相组成**

土作为三相体，是由土粒及土粒间孔隙中的水和气体组成的。土中的土粒、水和气体三部分的质量（或重力）与体积之间的比例关系，随着各种条件的变化而改变。土粒一般由矿物质组成，有时含有机质，它构成土的固体部分。土粒构成土的骨架，称为土骨架。土骨架间布满相互贯通的孔隙，这些孔隙有时完全被水充满，称为饱和土；有时一部分孔隙被水占据，另一部分被气体占据，称为非饱和土；有时也可能完全充满气体，称为干土。水和溶解于水的物质构成土的液体部分，空气和其他一些气体构成土的气体部分。这三种组成部分本身的性质及它们之间的比例关系和相互作用决定了土的物理力学性质。因此，研究土的性质时必须要研究土的固体、液体和气体的三相组成。

1）土粒

（1）粒组。

自然界中，土的颗粒大小十分不均匀，性质各异。土粒大小，通常以其直径大小表示，简称粒径，单位为 mm。土粒大小变化范围极大，大者可达数米以上，小者可小于万分之一毫米。随着粒径的变化，土粒的成分和性质也逐渐发生变化。

因此，需要分析土粒粒径的大小及其在土中所占的百分比，称为土的粒径级配（粒度成分）。工程上按粒径大小分组，将粒径接近的归成一类，称为粒组，即某一级粒径的变化范围。划分粒组主要基于以下两个原则。

① 首先，考虑到在一定的粒径变化范围内，其工程地质性质是相似的，若超越了这个变化幅度，就要引起质的变化。

② 要考虑与目前粒度成分的测定技术相适应。

《公路土工试验规程》（JTG 3430—2020）中将土按粒径大小分为巨粒组、粗粒组、细粒组。巨粒组又细分为漂石组和卵石组，粗粒组又细分为砾组和砂组，细粒组又细分为粉粒组、黏粒组（见图 8–1）。

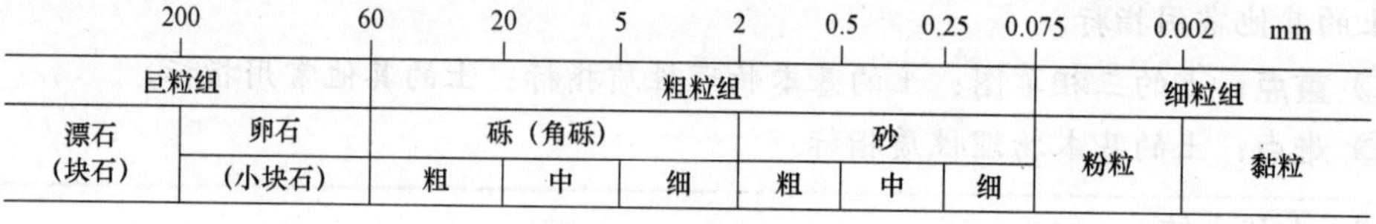


图 8–1　粒组划分图

实际上，土常常是各种大小不一颗粒的混合体。较笼统地说，以砾石和砂为主要组成的土为粗粒土，也称无黏性土。其特征为：孔隙大，透水性强，毛细水上升高度很小，既无可塑造性，也无胀缩性，压缩性极弱，强度较高。以粉粒、黏粒为主的土称为细粒土，也称为黏性土。其特征为：主要由原生矿物、次生矿物组成，孔隙很小，透水性极弱，毛细水上升高度较高，有可塑性、胀缩性，强度较低。

（2）粒径级配分析方法。

工程上，常使用的粒径级配分析方法有筛析法和水分法两种。

① 筛析法：适用于粒径大于 0.075 mm 的土，是利用一套孔径大小不同的筛子，将一定质量的烘干土样过筛，称量留在各筛上的质量，然后计算相应的百分数。砾石类土与砂类土采用筛分法。

② 水分法（静水沉降法）：用于分析粒径小于 0.075 mm 的土，根据斯托克斯定理，球状的细颗粒在水中的下沉速度与颗粒直径的平方成正比。因此，可以利用粗颗粒下沉速度快、细颗粒下沉速度慢的原理，把颗粒按下沉速度进行粗细分组。实验室常用比重计进行颗粒分析，称为比重计法。

2）土中的水

天然状态下的土一般都含有水，水常以不同的形式和状态存在于土中，并与土粒相互作用，是影响土的性质的主要因素。按土中水的存在形式、状态、活动性及其与土的相互作用，土中除矿物成分水外，还有结合水和自由水。

（1）结合水。

由于细小的土粒表面带负电，而水又是极性水分子（一端类似阴极，另一端类似阳极，形成所谓的“偶极体”），在土粒表面静电引力作用下被吸附的水称为结合水，又叫土粒表面结合水或物理结合水。结合水分为强结合水和弱结合水（见图 8–2）。

① 强结合水。

土粒的静电引力作用强度随着离开土粒表面的距离增大而逐渐减弱，靠近土粒表面的水分子，因受到土粒的强烈吸引（可达 1 000～2 000 MPa）而失去活动能力，整齐地排列起来，这部分水称为强结合水，又叫吸着水。

② 弱结合水。

距离土粒表面稍远的水分子（强结合水的外缘），因受到土粒的吸引力减弱，有部分活动能力，排列疏松不整齐，这部分水叫弱结合水，又叫薄膜水。

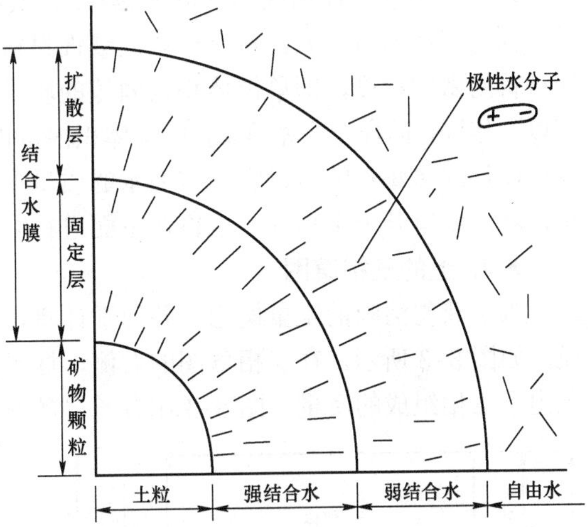

图 8–2　土粒表面的结合水

结合水不同于其他类型的水，它不受重力影响，密度较大（强结合水密度为 1.6～2.4 g/cm$^3$，弱结合水密度为 1.3～1.74 g/cm$^3$），有黏滞性和一定的抗剪强度。强结合水在常温下不能移动，性质类似于固体颗粒，而弱结合水可以从水膜厚处缓慢地向水膜薄处移动。黏性土的很多特性如可塑性与胀缩性等都是由于土中弱结合水的特性而表现出来的。

（2）自由水。

自由水距土粒表面较远，几乎不受或者完全不受土粒表面静电引力作用的影响，主要受重力或毛细压力作用的控制，能传递静水压力和溶解盐分，在 0 ℃左右冻结成冰。自由水可分为毛细水和重力水。

① 毛细水。

由于毛细作用，保持在土的毛细孔隙中的地下水分布在结合水的外围，虽然水分子不能被土粒表面直接吸引住，但其仍受土粒表面的静电引力作用的影响，特别是在固、液、气三相交界弯液面的附近（地下水面以上附近），这种影响尤甚。这种情况下，土粒的分子引力（浸湿力）和水与空气界面的表面张力（毛细力）共同作用而形成毛细水。毛细水对土性质的影响，主要是毛细力常使砂类土产生微弱的毛细水连接。毛细水上升至地表时不仅引起沼泽化、盐渍化，而且使地基、路基浸蚀，降低土的力学强度。

② 重力水。

重力水存在于较大孔隙中，具有自由活动的能力，在重力作用下产生流动，为普通液态水。重力水流动时，产生动水压力，能冲刷带走土中的细小土粒，这种作用常称为机械潜蚀作用，如管涌、流土等。重力水还能溶滤土中的易溶盐，这种作用称为化学潜蚀作用。化学潜蚀作用使土的孔隙增大，压缩性增大，土的抗剪强度降低；同时，地下水面以下饱水的土，受重力水浮力作用，土粒及土的重量相对减小。

3）土中的气体

土中气体主要为空气与水气，一般与大气连通，处于动平衡状态，对土的性质影响不大。

### 3. 土的三相比例

自然界中的土体由固相（固体颗粒）、液相（土中的水）和气相（土中的气体）组成，通常称为三相分散体系。对于一般连续性材料如混凝土，只要知道密度 $\rho$，就能直接说明这种材料的密实程度，即单位体积内固体的质量。但对于三相体的土，由于气、液、固的体积可以不相同，同样一个密度 $\rho$，单位体积内可以是固体颗粒的质量多一些而水的质量少一些，也可以是固体颗粒的质量少一些而水的质量多一些。因此，要全面说明土的三相量的比例关系，就需要有若干个指标，这将在下面进行介绍。

### 4. 土的三相草图

为了获得清晰的定量概念，并便于计算，在土力学中通常用三相草图来表示土的三相组成，如图 8–3 所示。在三相草图的右侧，标示出了三相组成的体积；在三相草图的左侧，标示出了三相组成的质量。图 8–3 中各符号的意义如下所述：

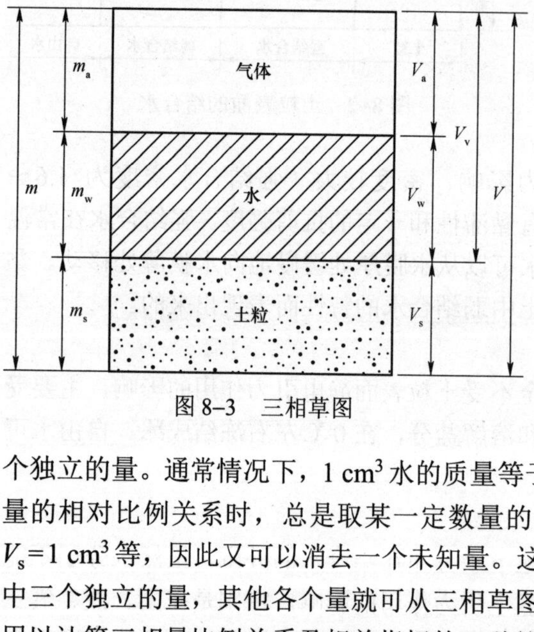


图 8–3　三相草图

$V$——土的总体积；

$V_V$——土中孔隙体积；

$V_W$——土中的水的体积；

$V_a$——土中的气体的体积；

$V_s$——土中固体颗粒的体积；

$m$——土的总质量；

$m_W$——土中水的质量；

$m_a$——土中气体的质量，$m_a \approx 0$；

$m_s$——土中固体颗粒的质量。

在上述这些量中，独立的量有 $V_s$、$V_a$、$V_W$、$m_a$、$m_W$、$m_s$ 六个，其中 $m_a \approx 0$，因此只剩下五个独立的量。通常情况下，1 cm$^3$ 水的质量等于 1 g，故在数值上 $V_W = m_W$。此外，当研究这些量的相对比例关系时，总是取某一定数量的土体来分析，例如取 $V$=1 cm$^3$ 或 $m$=1 g，或 $V_s$=1 cm$^3$ 等，因此又可以消去一个未知量。这样，对于这一定数量的三相土体，只要知道其中三个独立的量，其他各个量就可从三相草图中直接换算得到。所以，三相草图是土力学中用以计算三相量比例关系及相关指标的一种简单而又很实用的工具。

### 5. 土的基本物理性质指标

土的基本物理性质指标是指可以通过实验室的实验测定的参数，它们是土的密度和重度、土粒相对密度（比重）、土的含水率。

1）土的密度和重度

土的密度定义为单位体积土的质量，用 $\rho$ 表示，单位为 g/cm$^3$。

$$\rho = \frac{m}{V} \tag{8-1}$$

天然状态下土的密度（有时也叫湿密度）变化范围较大。对于黏性土和粉土，$\rho$=1.8～2.0 g/cm$^3$；对于砂土，$\rho$=1.6～2.0 g/cm$^3$；对于腐殖土，$\rho$=1.5～1.7 g/cm$^3$。

测量土的密度的实验方法有环刀法、蜡封法、灌水法和灌砂法等。对于细粒土，可采用环刀法；对于易碎裂、难以切削的土，可用蜡封法；对于现场粗粒土，可采用灌水法或灌砂法。

土的重度定义为单位体积土的重量，它是重力的函数，用 $\gamma$ 表示，单位为 kN/m$^3$。

$$\gamma=\frac{G}{V}=\frac{mg}{V}=\rho\cdot g \tag{8-2}$$

式中，$G$ 为土的重量，$g$ 为重力加速度，$g$=9.8 m/s$^2$。工程上为了计算方便，通常取 $g$ = 10 m/s$^2$。

2）土粒相对密度（比重）

土粒密度（单位体积土粒的质量）与 4 ℃时纯水密度之比，称为土粒相对密度（比重），用 $d_s$ 表示，为无量纲量，即

$$d_s=\frac{m_s}{V}\cdot\frac{1}{\rho_{w_1}}=\rho_s/\rho_{w_1} \tag{8-3}$$

式中，$\rho_{w_1}$ 为 4 ℃时纯水的密度，$\rho_{w_1}$=1 g/cm$^3$，$\rho_s$ 为土粒的密度，即单位体积土粒的质量。故实用上，土粒相对密度在数值上等于土粒密度。

土粒相对密度可在实验室内用比重瓶法测定，详见“能力拓展”版块的训练 3。由于土粒相对密度变化不大，通常可按经验数值选用，一般参考值见表 8–1。

**表 8–1　土粒相对密度参考值**

| 土的名称 | 砂土 | 粉土 | 黏性土 | |
|---|---|---|---|---|
| | | | 粉质黏土 | 黏土 |
| 土粒相对密度 | 2.65～2.69 | 2.70～2.71 | 2.72～2.73 | 2.74～2.76 |

3）土的含水率

土的含水率定义为土中水的质量与土粒质量之比，用 $w$ 表示，以百分数计，即

$$w=\frac{m_w}{m_s}\times 100\%=\frac{m-m_s}{m_s}\times 100\% \tag{8-4}$$

含水率 $w$ 是标志土的湿度的一个重要物理指标。天然土层的含水率变化范围很大，它与土的种类、埋藏条件及其所处的自然地理环境等有关。一般来说，对同一类土，当其含水率增大时，其强度降低。

土的含水率一般用烘干法测定，具体内容详见后面“能力拓展”版块的训练 1。

**➤ 6. 土的其他常用指标**

在测定土的密度 $\rho$、土粒相对密度 $d_s$ 和土的含水率 $w$ 这三个基本指标后，就可以根据土的三相草图计算出三相分别在体积上与质量上的含量。工程上，为了便于表示三相含量的某些特征，定义如下几种指标。

1）表示土中孔隙含量的指标

工程上常用孔隙比 $e$ 或孔隙率 $n$ 表示土中孔隙含量。

孔隙比 $e$ 定义为土中孔隙体积与土粒体积之比，即

$$e=\frac{V_v}{V_s} \tag{8–5}$$

孔隙比用小数表示，它是一个重要的物理性能指标，可用来评价天然土层的密实程度。一般地，$e<0.6$ 的土是密实的低压缩性土，$e>1.0$ 的土是疏松的高压缩性土。

孔隙率 $n$ 定义为土中孔隙体积与土的总体积之比，以百分数计，即

$$n=\frac{V_v}{V}\times 100\% \tag{8–6}$$

孔隙比和孔隙率都是用来表示土中孔隙含量的指标，容易证明两者之间具有以下关系：

$$n=\frac{e}{1+e}\times 100\% \tag{8–7}$$

$$e=\frac{n}{1-n} \tag{8–8}$$

2）表示土中含水程度的指标

含水率 $w$ 是表示土中含水程度的一个重要指标。此外，工程上往往需要知道孔隙中充满水的程度，这可用饱和度 $S_r$ 表示。土的饱和度 $S_r$ 定义为土中被水充满的孔隙体积与孔隙总体积之比，即

$$S_r=\frac{V_w}{V_v}\times 100\% \tag{8–9}$$

砂土根据 $S_r$ 分为稍湿、很湿和饱和三种湿度状态，其划分标准见表 8–2。显然，干土的饱和度 $S_r=0$，而完全饱和土的饱和度 $S_r=100\%$。

**表 8–2　砂土湿度状态的划分**

| 砂土湿度状态 | 稍湿 | 很湿 | 饱和 |
|---|---|---|---|
| $S_r$/% | $S_r \leqslant 50$ | $50<S_r \leqslant 80$ | $S_r>80$ |

3）表示土的密度和重度的几种指标

除了天然密度 $\rho$ 以外，工程计算中还常用如下两种土的密度：饱和密度 $\rho_{sat}$ 和干密度 $\rho_d$。

土的饱和密度定义为土中孔隙被水充满时土的密度，表示为

$$\rho_{sat}=\frac{m_s+V_v\rho_w}{V} \tag{8–10}$$

土的干密度定义为单位土体积中土粒的质量，表示为

$$\rho_d=\frac{m_s}{V} \tag{8–11}$$

在计算土中自重应力时，须采用土的重度。与上述几种土的密度相对应，有天然重度$\gamma$、饱和重度$\gamma_{sat}$、干重度$\gamma_d$。在数值上，它们等于相应的密度乘以重力加速度 $g$，即$\gamma=\rho \cdot g$，$\gamma_{sat}=\rho_{sat} \cdot g$，$\gamma_d=\rho_d \cdot g$。另外，对于地下水位以下的土体，由于受到水的浮力作用，将扣除水浮力后单位体积土所受的重力称为土的有效重度，以$\gamma'$表示。当认为水下土饱和时，它在数值上等于饱和重度$\gamma_{sat}$与水的重度$\gamma_w$ ($\gamma_w=\rho_w \cdot g$) 之差，即

$$\gamma'=\frac{m_s g-V_s\gamma_w}{V}=\gamma_{sat}-\gamma_w \tag{8-12}$$

显然，几种密度和重度在数值上有如下关系：

$$\rho_{sat}\geqslant\rho\geqslant\rho_d$$

$$\gamma_{sat}\geqslant\gamma\geqslant\gamma_d\geqslant\gamma'$$

［**例 8-1**］某原状土样，经实验测得密度$\rho=1.91\text{ g/cm}^3$，含水率 $w$=9.5%，土粒相对密度$d_s=2.70$。试计算：① 土的孔隙比$e$、饱和度 $S_r$；② 当土中孔隙充满水时土的密度$\rho_{sat}$和含水率$w$。

**解：**绘制三相草图如图 8-4 所示。设土的体积 $V=1.0\text{ cm}^3$。

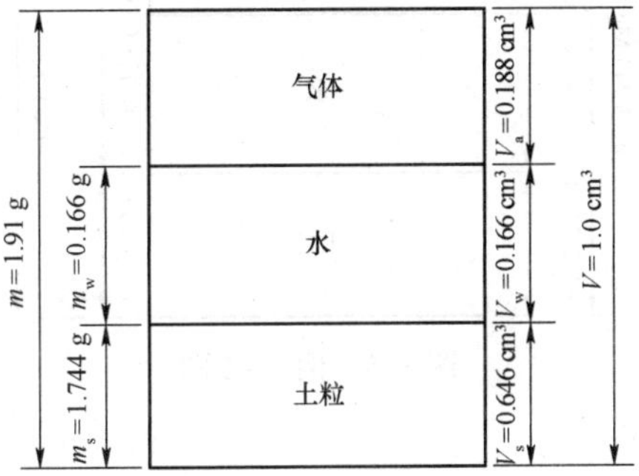

图 8-4　三相草图

（1）根据密度定义，得：

$$m=\rho V=1.91\times1.0=1.91(\text{g})$$

根据含水率定义，得：$m_w=wm_s=0.095m_s$

从三相草图有：$m_w+m_s=m$

因此　$0.095m_s+m_s=1.91$

解得：$m_s=1.744\text{ g}$　　$m_w=0.166\text{ g}$

根据土粒相对密度定义，得土粒密度$\rho_s$为

$$\rho_s=d_s\rho_{w_1}=2.70\times1.0=2.70(\text{g/cm}^3)$$

土中固体颗粒的体积　　$V_s=\dfrac{m_s}{\rho_s}=\dfrac{1.744}{2.70}=0.646(\text{cm}^3)$

土中的水的体积　　$V_w=\dfrac{m_w}{\rho_{w_1}}=\dfrac{0.166}{1.0}=0.166(\text{cm}^3)$

土中的气体的体积$V_a=V-V_s-V_w=1.0-0.646-0.166=0.188(\text{cm}^3)$

因此，土中孔隙体积$V_v=V_w+V_a=0.166+0.188=0.354(\text{cm}^3)$。至此，在三相草图中，对于三相组成的量，无论是质量或体积，均已算出，将计算结果填入三相草图中。根据孔隙比定义，得

$$e=\frac{V_v}{V_s}=\frac{0.354}{0.646}=0.548$$

根据饱和度定义，得

$$S_r = \frac{V_w}{V_v} \times 100\% = \frac{0.166}{0.354} \times 100\% = 46.9\%$$

（2）当土中孔隙充满水时，由饱和密度定义，有

$$\rho_{sat} = \frac{m_s + V_v \rho_{w_1}}{V} = \frac{1.744 + 0.354 \times 1.0}{1.0} = 2.10 \left(g / cm^3\right)$$

由含水率定义，有：$w = \frac{V_v \rho_{w_1}}{m_s} \times 100\% = \frac{0.354 \times 1.0}{1.744} \times 100\% = 20.3\%$

［**例 8-2**］某土样已测得其孔隙比 $e = 0.70$，土粒相对密度 $d_s = 2.72$。试计算：① 土的干重度 $\gamma_d$、饱和重度 $\gamma_{sat}$、有效重度 $\gamma'$；② 当土的饱和度 $S_r = 75\%$ 时，土的重度 $\gamma$ 和含水率 $w$ 为多大？

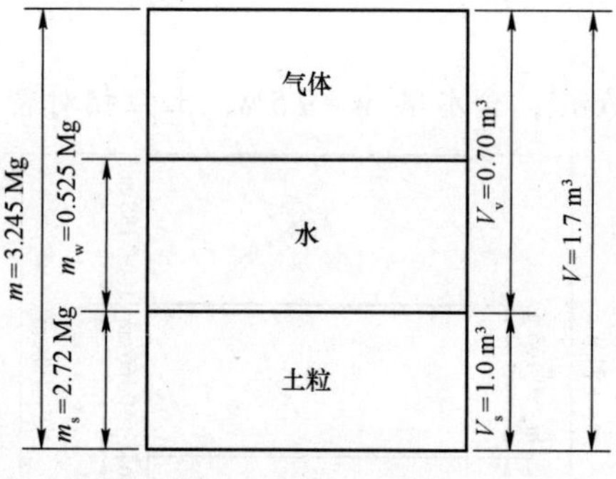


图 8-5 例 8-2 图

**解**：绘制三相草图如图 8-5 所示。设土粒体积 $V_s = 1.0\ m^3$。

（1）根据孔隙。比的定义，有

$$V_v = eV_s = 0.70 \times 1.0 = 0.70 \left(m^3\right)$$

根据土粒相对密度的定义，有

$$m_s = d_s V_s \rho_{w_1} = 2.72 \times 1.0 \times 1.0 = 2.72 (Mg)$$

土的总体积为：$V = V_v + V_s = 0.70 + 1.0 = 1.70 \left(m^3\right)$

根据干重度定义，有

$$\gamma_d = \frac{m_s g}{V} = \frac{2.72 \times 9.8}{1.70} = 15.68 \left(kN / m^3\right)$$

当孔隙充满水时，土的总质量为

$$m = m_s + V_v \rho_{w_1} = 2.72 + 0.70 \times 1.0 = 3.42\ (Mg)$$

根据饱和重度定义，有

$$\gamma_{sat} = \frac{mg}{V} = \frac{3.42}{1.70} \times 9.8 = 19.72 \left(kN / m^3\right)$$

则有效重度 $\gamma'$ 为

$$\gamma' = \gamma_{sat} - \gamma_w = 19.72 - 9.8 = 9.92 \left(kN / m^3\right)$$

（2）当土的饱和度 $S_r$=75%时，由饱和度定义有

$$V_w = S_r V_v = 0.75 \times 0.70 = 0.525 \left(m^3\right)$$

此时水的质量：$m_w = \rho_w V_w = 1.0 \times 0.525 = 0.525 (Mg)$

土的总质量：$m = m_w + m_s = 0.525 + 2.72 = 3.245 (Mg)$

由土的重度的定义有

$$\gamma=\frac{mg}{V}=\frac{3.245\times 9.8}{1.70}=18.71\left(\mathrm{kN/m^3}\right)$$

由含水率定义有

$$w=\frac{m_w}{m_s}\times 100\%=\frac{0.525}{2.72}\times 100\%=19.3\%$$

［例 8–3］推导常用的三相比例指标之间的换算关系。

**解：**绘制三相草图如图 8–6 所示，并假设 $V_s$=1.0。

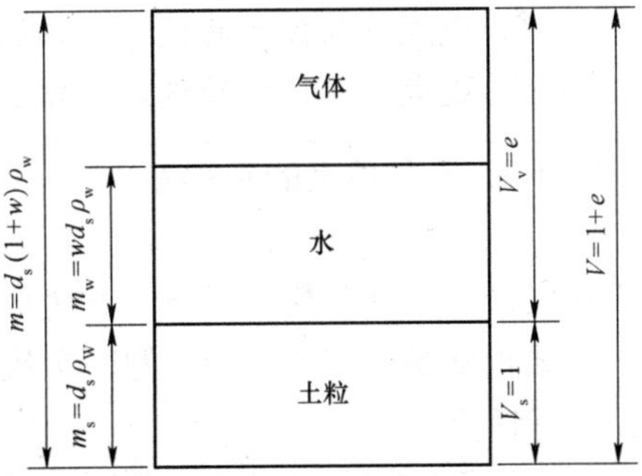


图 8–6　例 8–3 图

根据孔隙比的定义有

$$V_v=e\cdot V_s=e$$

则土的总体积

$$V=V_s+V_v=1+e$$

根据土粒相对密度的定义有

$$m_s=d_sV_s\rho_w=d_s\rho_w$$

由含水率的定义有 $m_w=mw_s=wd_s\rho_w$

则土的总质量 $m=m_s+m_w=d_s\rho_w+wd_s\rho_w=(1+w)d_s\rho_w$

将上述质量和体积填入三相草图中，由三相指标的定义，可推导得

$$\rho=\frac{m}{V}=\frac{(1+w)d_s\rho_w}{1+e},\quad \frac{\rho}{1+w}=\frac{d_s\rho_w}{1+e}$$

$$\rho_d=\frac{m_s}{V}=\frac{d_s\rho_w}{1+e},\quad \rho_d=\frac{\rho}{1+w}$$

$$\rho_{sat}=\frac{m_s+V_v\rho_w}{V}=\frac{d_s\rho_w+e\rho_w}{1+e}=\frac{d_s+e}{1+e}\rho_w$$

$$\gamma_{sat}=\rho_{sat}\cdot g=\frac{d_s+e}{1+e}\rho_w\cdot g=\frac{d_s+e}{1+e}\gamma_w$$

$$\gamma'=\gamma_{sat}-\gamma_w=\frac{d_s+e}{1+e}\gamma_w-\gamma_w=\frac{d_s-1}{1+e}\gamma_w$$

$$\gamma_d=\rho_d\cdot g=\frac{\rho}{1+w}\cdot g\frac{\gamma}{1+w}$$

$$n=\frac{V_v}{V}=\frac{e}{1+e}$$

$$S_r=\frac{V_w}{V_v}=\frac{m_w/\rho_w}{e}=\frac{wd_s}{e},\quad w=\frac{S_re}{d_s}$$

在这里，其他指标之间的关系不再一一推导。总之，利用三相草图换算指标，就是利用已知的指标计算出三相草图中的各相数值，再根据所求指标的定义直接计算。事实上，由于三相量的指标都是相对的比例关系，不是量的绝对值，因此，为了简化计算，常常可以假设三相中某相的值为 1 个单位，实用上最常用的是假设 $V_s=1.0\ \mathrm{m^3}$（或 $1.0\ \mathrm{cm^3}$）或 $V=1.0\ \mathrm{m^3}$（或 $1.0\ \mathrm{cm^3}$）进行计算。

## ▶工作任务 8.2 土的状态指标

视频+课件

◎ **学习目标与要求**：掌握无黏性土的密实度、黏性土的稠度、黏性土的塑性指数和液性指数。

◎ **重点**：黏性土的稠度；黏性土的塑性指数和液性指数。

◎ **难点**：黏性土的稠度；黏性土的塑性指数和液性指数。

### ➤ 1. 无黏性土的密实度

砂土、碎石土统称无黏性土。无黏性土的密度对其工程性质有重要的影响。如果土粒排列越紧密，在外荷载作用下，其变形越小，强度越大，工程性质越好。反映这类土工程性质的主要指标是密实度。砂土的密实状态可以分别用孔隙比 $e$、相对密度 $D_r$ 和标准贯入锤击数 $N$ 进行评价。

采用孔隙比 $e$ 的大小来判别砂土的密实度，是一种较简捷的方法，但不足之处是它不能反映砂土的级配和颗粒形状的影响。实践表明，有时较疏松的级配良好的砂土的孔隙比，比较密实的颗粒均匀的砂土的孔隙比还要小。

工程上为了更好地表明砂土所处的密实状态，采用将现场土的孔隙比 $e$（也叫天然孔隙比）与该种土所能达到最密实状态时的孔隙比 $e_{min}$（土的最小孔隙比）和最松散状态时的孔隙比 $e_{max}$（土的最大孔隙比）相比较的办法，来表示孔隙比为 $e$ 时土的密实度。这种度量密实度的指标称为相对密实度 $D_r$，定义为

$$D_r = \frac{e_{max} - e}{e_{max} - e_{min}} \tag{8–13}$$

土的最大孔隙比 $e_{max}$ 的测定方法是将松散的风干土样，通过长颈漏斗轻轻地倒入容器，求得土的最小干密度再经换算确定；土的最小孔隙比 $e_{min}$ 的测定方法是将松散的风干土样分批装入金属容器内，按规定的方法进行振动或锤击夯实，直至密实度不再提高，求得最大干密度再经换算确定。

当砂土的天然孔隙比 $e$ 接近最小孔隙比 $e_{min}$ 时，则其相对密度 $D_r$ 较大，砂土处于较密实状态。当 $e$ 接近最大孔隙比 $e_{max}$ 时，则其 $D_r$ 较小，砂土处于较疏松状态。用相对密实度 $D_r$ 判定砂土的密实度的标准为

$$0 \leqslant D_r \leqslant \frac{1}{3} \qquad \text{松散}$$

$$\frac{1}{3} < D_r \leqslant \frac{2}{3} \qquad \text{中密}$$

$$\frac{2}{3} < D_r \leqslant 1 \qquad \text{密实}$$

应指出，要在实验室测得各种土理论上的 $e_{max}$ 和 $e_{min}$ 是十分困难的。在静水中缓慢沉积形成的土，其孔隙比有时可能比实验室能测得的 $e_{max}$ 还大；同样，在漫长地质年代中堆积形

成的土，其孔隙比有时可能比实验室能测得的 $e_{min}$ 还小。此外，地下深处，特别是地下水位以下的粗粒土的天然孔隙比 $e$，很难准确测定。相对密实度 $D_r$ 这一指标虽然从理论上讲能更合理地用以确定土的密实状态，但由于上述原因，其通常用于填方土的质量控制中，对于天然土尚难以应用。

### 2. 黏性土的物理状态特征

1）黏性土的稠度

黏性土最主要的物理状态特征是它的稠度。所谓稠度，是指黏性土在某一含水率下对外力引起的变形或破坏的抵抗能力。黏性土在含水率发生变化时，其稠度也随之而变，通常用坚硬、硬塑、可塑、软塑和流塑等术语来对其加以描述。

刚沉积的黏性土具有液体泥浆那样的稠度，随着黏性土中水分的蒸发或上覆沉积层厚度的增加，它的含水率将逐渐减小，体积收缩，从而丧失其流动能力，进入可塑状态。这时在外力作用下，可改变土的形状，而不显著改变其体积，并且在外力卸除后土仍能保持其已获得的形状。黏性土的这种性质称为可塑性。若含水率继续减小，黏性土将丧失其可塑性，在外力作用下易于破裂，这时它已进入半固体状态。最后，即使黏性土进一步减少含水率，它的体积已不再收缩，这时，由于空气进入土体，土的颜色变淡，黏性土就进入了固体状态。将上述过程示于图 8–7 中。

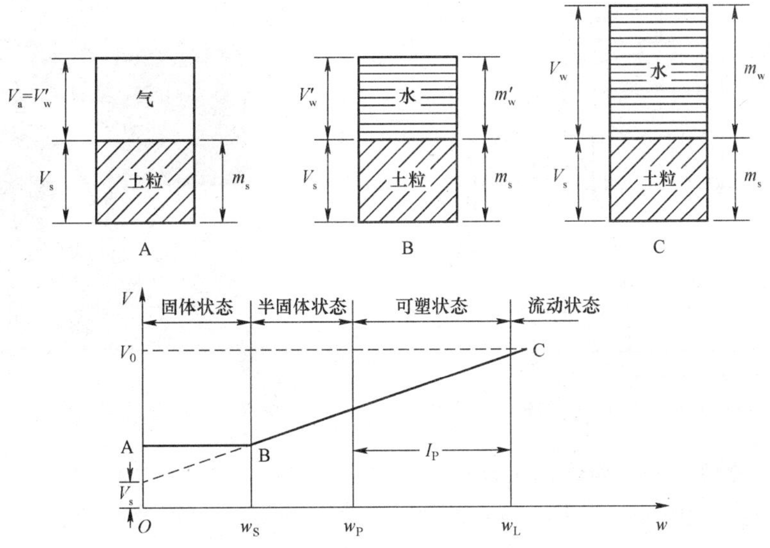


图 8–7　黏性土物理状态与含水率的关系

于是，黏性土从一种状态转变为另一种状态，可用某一界限含水率来区分。这种界限含水率称为稠度界限。工程上常用的稠度界限有：液限 $w_L$、塑限 $w_P$ 和缩限 $w_S$。

液限又称液性界限、流限，它是流动状态与可塑状态的界限含水率，也就是可塑状态的上限含水率。塑限又称塑性界限，它是可塑状态与半固体状态的界限含水率，也就是可塑状态的下限含水率。缩限是半固体状态与固体状态的界限含水率，也就是黏性土随着含水率的减小体积开始不变时的含水率。黏性土的界限含水率和土粒组成、矿物成分、土粒表面吸附阳离子性质等有关，可以说界限含水率的大小反映了这些因素的综合影响，因而对黏性土的分类和工程性质的评价有着重要意义。

必须指出，黏性土从一种状态变为另一种状态是逐渐过渡的，本无明确的界限，目前只是采用根据某些通用的实验方法所测定的含水率来代表这些界限含水率。

黏性土的液限 $w_L$ 常用液限仪测定。我国采用的液限仪是圆锥液限仪，其示意图如图 8–8 所示，圆锥体的质量为 76 g、锥角为 30°。将用于测定液限的土样调成均匀的浓糊状，装满于盛土杯内，刮平杯口表面，再将盛土杯置于圆锥液限仪底座上。将圆锥体轻放在试样表面的中心，使其在自重作用下徐徐沉入土样。若采用经 5～15 s 恰好沉入 20 mm 深度为液限标准，则称这时土样的含水率为土的 20 mm 液限 $w_L$；若采用沉入 10 mm 深度为液限标准，则称这时土样的含水率为土的 10 mm 液限 $w_L$。在实验报告上应注明液限标准。黏性土的塑限 $w_P$ 采用搓条法测定。该法是把调制均匀的湿土样，在玻璃板上搓滚成直径 3 mm 的土条，若这时土条恰好出现裂缝并开始断裂，就把土条的含水率定为土的塑限值 $w_P$。

我国目前主要使用液塑限联合测定法，具体实验过程见后面“能力拓展”版块的训练 5。图 8–9 为液塑限联合测定仪实物图。

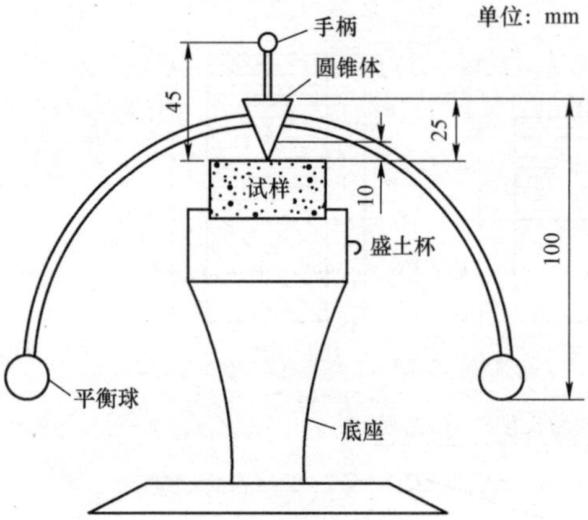

图 8–8　圆锥液限仪示意图

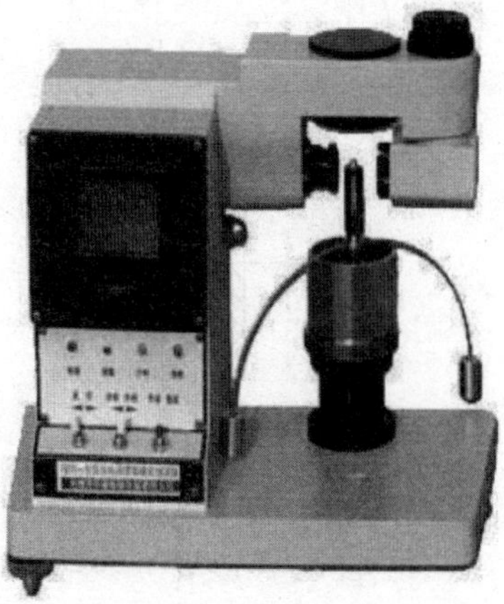
图 8–9　液塑限联合测定仪实物图

2）黏性土的塑性指数和液性指数

塑性指数是指液限 $w_L$ 与塑限 $w_P$ 的差值（省去%符号），用符号 $I_P$ 表示，即

$$I_P = w_L - w_P \tag{8–14}$$

$I_P$ 表示土处于可塑状态的含水率变化的范围，是衡量土的可塑性大小的重要指标。塑性指数 $I_P$ 的大小与土中结合水的可能含量有关，也即与土的颗粒组成、土粒的矿物成分及土中水的离子成分和浓度等因素有关。土粒越细，其比表面积和可能的结合水含量越高，因而 $I_P$ 也越大。塑性指数 $I_P$ 与黏粒含量（这里指粒径小于 0.002 mm 的黏粒的含量）呈近似直线关系。当土中高价阳离子的浓度增加时，土粒表面吸附的反离子层的厚度变薄，土容易产生凝聚，结合水含量减少，$I_P$ 也减少；反之，随着反离子层中的低价阳离子的增加，$I_P$ 变大。工程上常用掺高价阳离子的方法提高土的水稳定性。

液性指数是指黏性土的天然含水率 $w$ 与塑限含水率 $w_P$ 的差值与塑性指数 $I_P$ 之比值，表征土的天然含水率与界限含水率之间的相对关系，用符号 $I_L$ 表示，即

$$I_L=\frac{w-w_P}{I_P}=\frac{w-w_P}{w_L-w_P} \tag{8-15}$$

显然，当 $I_L=0$ 时，$w=w_P$，土从半固体状态进入可塑状态；当 $I_L=1$ 时，$w=w_L$，土从可塑状态进入流动状态。因此，根据 $I_L$ 值可以直接判定土的稠度（软硬）状态。工程上按液性指数 $I_L$ 的大小，把黏性土分成五种稠度（软硬）状态，见表 8–3。

**表 8–3　黏性土稠度状态的划分**

| 状态 | 坚硬 | 硬塑 | 可塑 | 软塑 | 流塑 |
|---|---|---|---|---|---|
| 液性指数 $I_L$ | $I_L\leqslant 0$ | $0<I_L\leqslant 0.25$ | $0.25<I_L\leqslant 0.75$ | $0.75<I_L\leqslant 1.0$ | $I_L>1.0$ |

［**例 8–4**］某土样的液限为 38.6%，塑限为 23.2%，天然含水率为 25.5%，问该土样处于何种状态？

**解**：已知 $w_L=38.6\%$，$w_P=23.2\%$，$w=25.5\%$，则

$$I_P=w_L-w_P=38.6-23.2=15.4$$

$$I_L=\frac{w-w_P}{I_P}=\frac{25.5-23.2}{15.4}=0.15$$

所以，该土处于硬塑状态。

## ▶工作任务 8.3　土的工程分类

◎ **学习目标与要求**：了解土的工程分类的原则；了解土的分类依据及分类指标；掌握公路工程行业中关于土的工程分类。

◎ **重点**：公路工程行业中关于土的工程分类。

◎ **难点**：公路工程行业中关于土的工程分类。

### ➤ 1. 土的工程分类的原则

土的工程分类是指根据工程建设的需要，将工程用土按种属关系划分为各种类别。土的工程分类的目的是为工程建设服务。土的分类与工程勘察、设计、施工等各个环节密切相关，其作用体现在下列几个方面：

（1）根据土的类别，可大致判断土的基本工程特性；

（2）根据土的类别，可合理确定不同土的研究内容和方法；

（3）当土的工程性质不能满足工程要求时，可根据该类土的特性并结合工程要求选择适当的改良和治理措施。

土的工程分类的主要原则如下所述。

（1）工程特性差异性原则：应综合考虑土的各种主要工程特性，用影响土的工程特性的主要因素作为分类的依据，应使所划分的不同土类别之间，在其主要工程特性方面具有显著的质和量的差别。

（2）以地质成因和地质年代为基础、以工程特性为依据原则：土是长期地质作用的产物，土的物质成分和结构与地质成因和地质年代有着密切的内在联系，特定的地质年代和成因条件形成特定类型的土，即地质成因和地质年代与土的工程特性有一定的关联性。另外，土的工程性质指标是其基本工程特性的定量标志，以土的工程特性作为分类依据才能达到使土的分类服务于工程的目的。

（3）分类指标便于准确测定原则：土的分类指标，应既能综合反映土的基本工程特性，又要便于准确测定。为了减少误差，应尽可能采用定量指标。指标的测定方法应合理可行，不致引起过大的人为误差。

**➤ 2. 土的分类依据和分类指标**

1）土的粒度成分及其级配指标

土的粒度成分是粗颗粒土分类的最基本依据。按土的粒度成分进行土的分类时，确定分类界限有两种方法：一种是将各粒组的含量作为土的分类界限，如《土的工程分类标准》（GB/T 50145—2007）和《公路土工试验规程》（JTG 3430—2020）中土的分类方法；另一种是将累计的粒组含量，即大于某粒径的颗粒含量作为土的分类界限，如《岩土工程勘察规范》（GB 50021—2001）和《建筑地基基础设计规范》（GB 50007—2011）中土的分类方法。

评价土的级配状况主要针对粗粒土，对于黏性土等细粒土，主要研究其塑性，研究土的级配状况已无意义。土的级配指标不均匀系数和曲率系数是通过颗粒级配曲线确定的。

（1）不均匀系数。

$$C_u = \frac{d_{60}}{d_{10}} \tag{8-16}$$

式中：$C_u$——不均匀系数；

$d_{60}$——限制粒径，累计质量百分数为 60%的粒径，mm；

$d_{10}$——有效粒径，累计质量百分数为 10%的粒径，mm。

（2）曲率系数。

$$C_c = \frac{d_{30}^2}{d_{60} \cdot d_{10}} \tag{8-17}$$

式中：$C_c$——曲率系数。

$d_{30}$——累计质量百分数为 30% 的粒径，mm。

上述公式中，$d_{60}$、$d_{30}$ 和 $d_{10}$ 的数值均可通过土的颗粒级配曲线图（见图 8–10）确定。土的级配良好包含两方面的因素：其一是土的粒径变化范围广，即粒度大小要不均匀；其二是各种粒径的颗粒都要保证一定的含量，不要出现某些粒径范围的颗粒含量特别多或某些粒径范围的颗粒缺失等现象。同时满足这两方面条件的土，在压力（包括自重压力）作用下容易压密实，土的相对密度容易提高，故属级配良好土；反之，则属级配不良土。

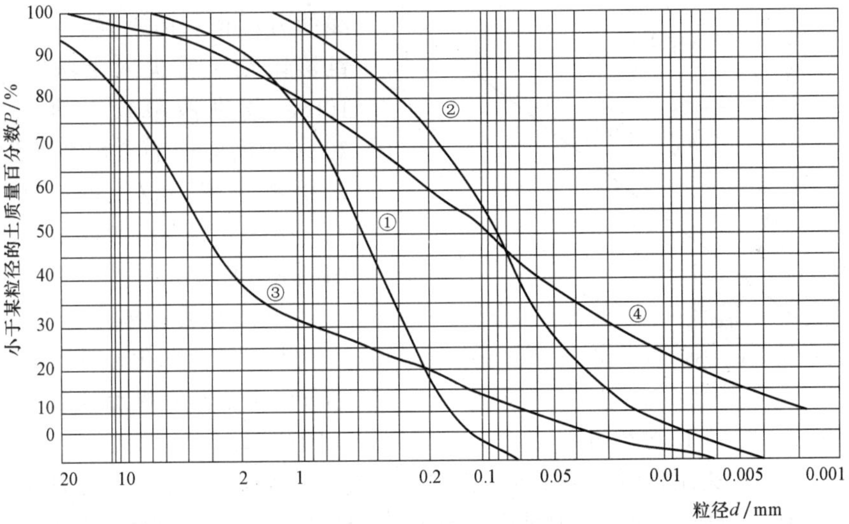


图 8–10　土的颗粒级配曲线图

利用土的级配指标可对粗粒土的级配状况进行定量评价。不均匀系数 $C_u$ 反映土的粒径变化范围的大小。$C_u$ 值小，颗粒级配曲线形状陡峭，表明土的粒径变化范围小，大部分土颗粒的大小相近甚至均匀，这种土不易压密，即相对密度不易提高，故属级配不良土。$C_u$ 值大，颗粒级配曲线形状平缓，表明土的粒径变化范围广。但 $C_u$ 值大只是级配良好的必要条件，因为 $C_u$ 值仅取决于 $d_{60}$ 和 $d_{10}$，$C_u$ 值大只能保证这两者的粒径相差悬殊，而不能保证其中间粒径的含量情况。$C_u$ 值过大，甚至可能会出现中间粒径缺失的情况，称为不连续级配，也属级配不良。曲率系数 $C_c$ 反映土中介于 $d_{60}$ 与 $d_{10}$ 之间的中间粒径的含量情况，在土的颗粒级配曲线图上，表现为曲线的凹面朝向和弯曲程度。因此，必须同时考虑不均匀系数 $C_u$ 和曲率系数 $C_c$ 以评价土的级配状况。根据《公路土工试验规程》（JTG 3430—2020）中的有关规定，级配指标同时满足不均匀系数 $C_u \geqslant 5$、曲率系数 $C_c=1\sim3$ 的土属级配良好土；不能同时满足这两个条件，即 $C_u<5$ 或者 $C_c<1$ 或 $C_c>3$ 的土，均属级配不良土。

2）土的塑性指标

土的塑性指标包括土的液限、塑限和塑性指数，是细粒土分类的最基本依据。土的塑性是指土受力后可塑成任何形状而不发生开裂，在外力解除后能保持变形后状态而不恢复原状的性质。土的塑性本质上取决于其黏性土矿物的成分和含量，但同时又与土的含水率有着密切的关系。只有在一定的含水率范围内土才具有塑性，当含水率超出（大于或小于）这个范围时，土受力后的变形不再满足上述土的塑性的定义。

对于土的分类，这里介绍一个工具——塑性图。直接用塑性指数来划分土类，其优点是非常简易方便，但有时也可能会存在不合理现象。塑性指数是液限与塑限的差值，当一个土样的液、塑限都很大，而另一个土样的液、塑限都较小时，只要液、塑限的差值相等，单一地采用塑性指数分类将把这两种土归为同一类。但这两种土的性质未必相近，甚至出入很大。

《土的工程分类标准》（GB/T 50145—2007）和《公路土工试验规程》（JTG 3430—2020）对细粒土均按塑性图分类。由于测定液限所采用方法的不同，塑性图中 $A$ 线和 $B$

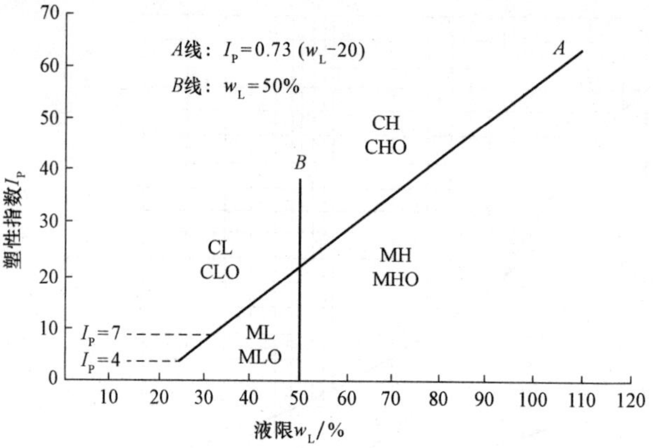


图 8–11　塑性图

线的方程也有所不同。当采用 76 g 圆锥液限仪、锥尖入土深度 17 mm 或 100 g 圆锥液限仪、锥尖入土深度 20 mm 所对应的含水率作为液限（或采用碟式液限仪）时，A 线方程为 $I_P=0.73(w_L-20)$，B 线方程为 $w_L$=50%，如图 8–11 所示。

3）土中的有机质

土中是否存在有机质及其含量，是划分无机土和有机土及进一步细分有机土的依据。

土中的有机质可采用目测、手摸或嗅感等进行判定。当采用上述简易方法不能判定时，可将土样放入 105～110 ℃的烘箱中烘烤。若烘烤 24 h 后土样的液限小于烘烤前土样液限的 3/4，则该土样为有机质土。当需测定土中有机质的含量时，可进行有机质含量实验或灼失量实验。

**➤ 3. 公路工程行业中关于土的工程分类**

公路工程行业中关于土的工程分类，以《公路土工试验规程》（JTG 3430—2020）中土的工程分类体系为准。当按堆积年代、成因类型、有机质含量等分类时，按《岩土工程勘察规范》（GB 50021—2001）中的相关规定执行。公路、桥涵地基土的分类，应符合《公路桥涵地基与基础设计规范》（JTG 3363—2019）中的相关规定。

1）《公路土工试验规程》（JTG 3430—2020）中土的工程分类

《公路土工试验规程》（JTG 3430—2020）中关于土的工程分类的总体系是先将土分为巨粒土、粗粒土、细粒土和特殊土四大类。巨粒土分为漂石土和卵石土，粗粒土分为砾类土和砂类土，细粒土分为粉质土、黏质土和有机质土，特殊土分为黄土、膨胀土和红黏土等，如图 8–12 所示。

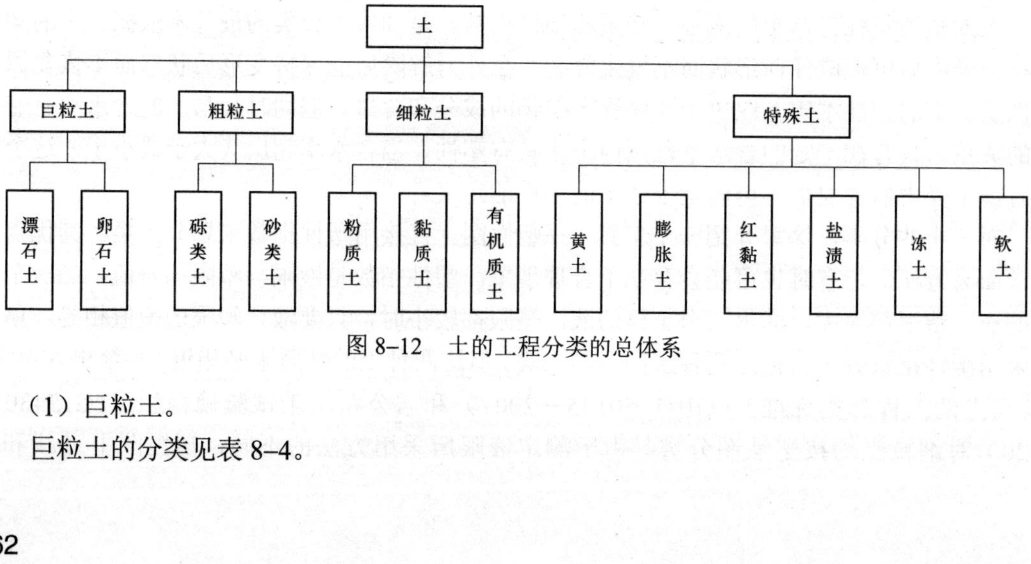


图 8–12　土的工程分类的总体系

（1）巨粒土。

巨粒土的分类见表 8–4。

**表 8–4　巨粒土的分类**

| 土类 | | | 土代号 | 土名 |
|---|---|---|---|---|
| 巨粒土（巨粒含量>50%） | 漂（卵）石（巨粒含量>75%） | 漂石含量>卵石含量 | B | 漂石 |
| | | 漂石含量≤卵石含量 | Cb | 卵石 |
| | 漂（卵）石夹土（50%<巨粒含量≤75%） | 漂石含量>卵石含量 | BSl | 漂石夹土 |
| | | 漂石含量≤卵石含量 | CbSl | 卵石夹土 |
| | 块（小块）石（巨粒含量>75%） | 块石含量>小块石含量 | $B_a$ | 块石 |
| | | 块石含量≤小块石含量 | $Cb_a$ | 小块石 |
| | 块（小块）石夹土（50%<巨粒含量≤75%） | 块石含量>小块石含量 | $B_aSl$ | 块石夹土 |
| | | 块石含量≤小块石含量 | $Cb_aSl$ | 小块石夹土 |
| | 漂（卵）石质土（巨粒含量 15%～50%） | 漂石含量>卵石含量 | SlB | 漂石质土 |
| | | 漂石含量≤卵石含量 | SlCb | 卵石质土 |
| | 块（小块）石质土（巨粒含量 15%～50%） | 块石含量>小块石含量 | $SlB_a$ | 块石质土 |
| | | 块石含量≤小块石含量 | $SlCb_a$ | 小块石质土 |

注：① 对巨粒组质量少于总质量的 15%的土，可扣除巨粒，按粗粒土或细粒土的相应规定分类定名；
② 对漂（卵）石质土、块（小块）石质土，如有必要，可按土中的砾、砂、细粒土含量定名。

（2）粗粒土。

粗粒土分为砾类土和砂类土，再分别根据其中的细粒含量和类别及粗粒组的级配进行分类，见表 8–5。

**表 8–5　粗粒土的分类**

| 土类 | | | | 土代号 | 土名 |
|---|---|---|---|---|---|
| 粗粒土（巨粒≤15%，且粗粒含量>50%） | 砾类土（砾粒含量>砂粒含量） | 砾（细粒含量<5%） | 级配良好 | GW | 级配良好砾 |
| | | | 级配不良 | GP | 级配不良砾 |
| | | 含细粒土砾（细粒含量 5%～15%） | | GF | 含细粒土砾 |
| | | 细粒土质砾（15%<细粒含量≤50%） | 粉土质砾 | GM | 粉土质砾 |
| | | | 黏土质砾 | GC | 黏土质砾 |
| | 角砾类土（角砾粒含量>砂粒含量） | 角砾（细粒含量<5%） | 级配良好 | $G_aW$ | 级配良好角砾 |
| | | | 级配不良 | $G_aP$ | 级配不良角砾 |
| | | 含细粒土角砾（细粒含量 5%～15%） | | $G_aF$ | 含细粒土角砾 |

续表

<table>
<tr><th colspan="4">土类</th><th>土代号</th><th>土名</th></tr>
<tr><td rowspan="7">粗粒土（巨粒≤15%，且粗粒含量>50%）</td><td rowspan="2">角砾类土（角砾粒含量>砂粒含量）</td><td rowspan="2">细粒土质角砾（15%<细粒含量≤50%）</td><td>粉土质角砾</td><td>$G_aM$</td><td>粉土质角砾</td></tr>
<tr><td>黏土质角砾</td><td>$G_aC$</td><td>黏土质角砾</td></tr>
<tr><td rowspan="5">砂类土（角砾粒含量≤砂粒含量）</td><td rowspan="2">砂（细粒含量<5%）</td><td>级配良好</td><td>SW</td><td>级配良好砂</td></tr>
<tr><td>级配不良</td><td>SP</td><td>级配不良砂</td></tr>
<tr><td colspan="2">含细粒土砂（细粒含量 5%～15%）</td><td>SF</td><td>含细粒土砂</td></tr>
<tr><td rowspan="2">细粒土质砂（15%<细粒含量≤50%）</td><td>粉土质</td><td>SM</td><td>粉土质砂</td></tr>
<tr><td>黏土质</td><td>SC</td><td>黏土质砂</td></tr>
</table>

注：① 定土名时，根据粒径分组由大到小，以首先符合者命名；

② 表中“级配良好”指粗粒组的级配指标不均匀系数 $C_u$≥5 且曲率系数 $C_c$=1～3，“级配不良”指粗粒组的级配指标不满足该要求；

③ 表中“粉土质”指细粒土位于塑性图 $A$ 线以下，“黏土质”指细粒土位于塑性图 $A$ 线以上；

④ 需要时，在砂类土中对砂可进一步细分为粗砂、中砂和细砂：粒径大于 0.5 mm 的颗粒多于总质量 50%的定为粗砂，粒径大于 0.25 mm 的颗粒多于总质量 50%的定为中砂，粒径大于 0.075 mm 的颗粒多于总质量 75%的定为细砂。

（3）细粒土。

细粒土分为粉质土、黏质土和有机质土，再按土中粗粒成分和含量根据塑性图分类，结果见表 8–6。

**表 8–6 细粒土的分类**

<table>
<tr><th colspan="5">土类</th><th>土代号</th><th>土名</th></tr>
<tr><td rowspan="8">细粒土（细粒含量>50%）</td><td rowspan="6">粉质土（位于塑性图 $A$ 线以下）</td><td colspan="2" rowspan="2">粉土（粗粒含量<25%）</td><td>高液限</td><td>MH</td><td>高液限粉土</td></tr>
<tr><td>低液限</td><td>ML</td><td>低液限粉土</td></tr>
<tr><td rowspan="4">含粗粒粉土（粗粒含量 25%～50%）</td><td rowspan="2">含砾粉土（砾粒≥砂粒）</td><td>高液限</td><td>MHG</td><td>含砾高液限粉土</td></tr>
<tr><td>低液限</td><td>MLG</td><td>含砾低液限粉土</td></tr>
<tr><td rowspan="2">含砂粉土（砾粒<砂粒）</td><td>高液限</td><td>MHS</td><td>含砂高液限粉土</td></tr>
<tr><td>低液限</td><td>MLS</td><td>含砂低液限粉土</td></tr>
<tr><td rowspan="2">黏质土（位于塑性图 $A$ 线以上）</td><td colspan="2" rowspan="2">黏土（粗粒含量<25%）</td><td>高液限</td><td>CH</td><td>高液限黏土</td></tr>
<tr><td>低液限</td><td>CL</td><td>低液限黏土</td></tr>
</table>

续表

<table>
<tr><th colspan="5">土类</th><th>土代号</th><th>土名</th></tr>
<tr><td rowspan="8">细粒土<br>（细粒含量<br>＞50%）</td><td rowspan="4">黏质土（位于<br>塑性图 A<br>线以上）</td><td rowspan="4">含粗粒黏土<br>（粗粒含量<br>25%～50%）</td><td rowspan="2">含砾黏土<br>（砾粒≥砂粒）</td><td>高液限</td><td>CHG</td><td>含砾高液限黏土</td></tr>
<tr><td>低液限</td><td>CLG</td><td>含砾低液限黏土</td></tr>
<tr><td rowspan="2">含砂黏土<br>（砾粒＜砂粒）</td><td>高液限</td><td>CHS</td><td>含砂高液限黏土</td></tr>
<tr><td>低液限</td><td>CLS</td><td>含砂低液限黏土</td></tr>
<tr><td rowspan="4">有机质土<br>（含有机质）</td><td colspan="2" rowspan="2">有机质粉土<br>（位于塑性图 A 线以下）</td><td>高液限</td><td>MHO</td><td>有机质高液限粉土</td></tr>
<tr><td>低液限</td><td>MLO</td><td>有机质低液限粉土</td></tr>
<tr><td colspan="2" rowspan="2">有机质黏土<br>（位于塑性图 A 线以上）</td><td>高液限</td><td>CHO</td><td>有机质高液限黏土</td></tr>
<tr><td>低液限</td><td>CLO</td><td>有机质低液限黏土</td></tr>
</table>

注：① 液限取 100 g 圆锥液限仪、锥尖入土深度为 20 mm 对应的含水率，塑性图的 $A$ 线方程为 $I_P=0.73(w_L-20)$，$B$ 线方程为 $w_L=50\%$（见图 8–11）；

② 高液限指位于塑性图 $B$ 线右侧，低液限指位于塑性图 $B$ 线左侧；

③ 各种低液限粉土应位于塑性图 $A$ 线以下、$B$ 线左侧且 $I_P=10$ 线以下，各种低液限黏土应位于塑性图 $A$ 线以上、$B$ 线左侧且 $I_P=10$ 线以上；

④ 如分类遇搭界情况，土中粗、细粒组质量相同定名为细粒土，正好位于塑性图 $A$ 线上定名为黏土，正好位于塑性图 $B$ 线上定为高液限。

2）《公路桥涵地基与基础设计规范》（JTG 3363—2019）中土的工程分类

《公路桥涵地基与基础设计规范》（JTG 3363—2019）中将一般性地基土根据粒度成分或塑性指数分为碎石土、砂土、细粒土（粉土、黏性土）三大类，各大类土再进一步分为若干亚类。

（1）碎石土。

粒径大于 2 mm 的颗粒超过全重 50% 的土为碎石土。碎石土可按颗粒级配和颗粒形状分为 3 组共 6 个亚类，见表 8–7。

**表 8–7　碎石土的分类表**

<table>
<tr><th>土的名称</th><th>颗粒形状</th><th>颗粒级配</th></tr>
<tr><td>漂石</td><td>圆形及亚圆形为主</td><td rowspan="2">粒径大于 200 mm 的颗粒超过全重 50%</td></tr>
<tr><td>块石</td><td>棱角形为主</td></tr>
<tr><td>卵石</td><td>圆形及亚圆形为主</td><td rowspan="2">粒径大于 20 mm 的颗粒超过全重 50%</td></tr>
<tr><td>碎石</td><td>棱角形为主</td></tr>
<tr><td>圆砾</td><td>圆形及亚圆形为主</td><td rowspan="2">粒径大于 2 mm 的颗粒超过全重 50%</td></tr>
<tr><td>角砾</td><td>棱角形为主</td></tr>
</table>

注：定名时应根据粒径分组由大到小以最先符合者确定。

（2）砂土。

粒径大于 2 mm 的颗粒不超过全重 50%且粒径大于 0.075 mm 的颗粒超过总质量 50%的土为砂土。砂土可按颗粒级配分为 5 个亚类，见表 8–8。

**表 8–8 砂土的分类表**

| 土的名称 | 颗粒级配 |
| --- | --- |
| 砾砂 | 粒径大于 2 mm 的颗粒占全重 25%～50% |
| 粗砂 | 粒径大于 0.5 mm 的颗粒超过全重 50% |
| 中砂 | 粒径大于 0.25 mm 的颗粒超过全重 50% |
| 细砂 | 粒径大于 0.075 mm 的颗粒超过全重 85% |
| 粉砂 | 粒径大于 0.075 mm 的颗粒不超过全重 50% |

注：定名时应根据粒径分组由大到小以最先符合者确定。

（3）细粒土。

① 粉土：塑性指数 $I_P$≤10 且粒径大于 0.075 mm 的颗粒含量不超过总质量 50%的土。

② 黏性土：塑性指数 $I_P$>10 且粒径大于 0.075 mm 的颗粒含量不超过总质量 50%的土。黏性土根据塑性指数分为 2 个亚类，见表 8–9。

**表 8–9 黏性土的分类表**

| 土的名称 | 塑性指数 $I_P$ |
| --- | --- |
| 粉质黏土 | $10<I_P\leq 17$ |
| 黏土 | $I_P>17$ |

思政课堂

# ▶工作任务 8.4 土的压实性

◎ **学习目标与要求**：掌握黏性土的压实性、黏性土的击实实验方法、黏性土的压实度；了解无黏性土的压实性。

◎ **重点**：黏性土的压实性、黏性土的击实实验方法、黏性土的压实度。

◎ **难点**：黏性土的击实实验方法。

工程建设中广泛用到填土，如修建路基、土堤、土坝、飞机跑道等，它们都是通过把土作为建筑材料按一定要求和范围进行堆填而成的。显然，未经压实的填土，强度低，压缩性大且不均匀，遇水易发生塌陷等现象。因此，这些填土一般都要经过压实，以减少沉降量，降低透水性，提高强度。在进行填土时，通常采用夯实、振动或辗压等方法，使土得到压实。土的压实是指填土在压实能量作用下，使土颗粒克服粒间阻力而重新排列，使土中的孔隙减小、密度增加，从而使填土在短时间内得到新的结构强度。

实践经验表明，压实细粒土宜用夯击机具或压力较大的辗压机具，同时必须要控制土的含水率。当对过湿的黏性土进行辗压或夯实时会出现软弹现象，填土难以压实；当对很干的黏性土进行辗压或夯实时，也不能把填土充分压实。因此，含水率太高或太低的填土都得不到好的压密效果，必须把填土的含水率控制在适当的范围内。在压实粗粒土时，宜采用振动机具，同时充分洒水。两种不同的做法说明细粒土和粗粒土具有不同的压密性质。

### ➤ 1. 黏性土的压实性

研究黏性土的压实性可以在实验室或现场进行。在实验室内研究土的压实性是通过击实实验进行的，可采用《公路土工试验规程》（JTG 3430—2020）中的实验方法。实验时，将某一种土配成若干份具有不同含水率的土样。将每份土样装入击实仪内，用完全同样的方法加以击实。击实后，测出压实土的含水率 $w$ 和干密度 $\rho_d$。以含水率 $w$ 为横坐标，干密度 $\rho_d$ 为纵坐标，绘制含水率–干密度曲线如图 8–13 所示。这种实验称为土的击实实验。

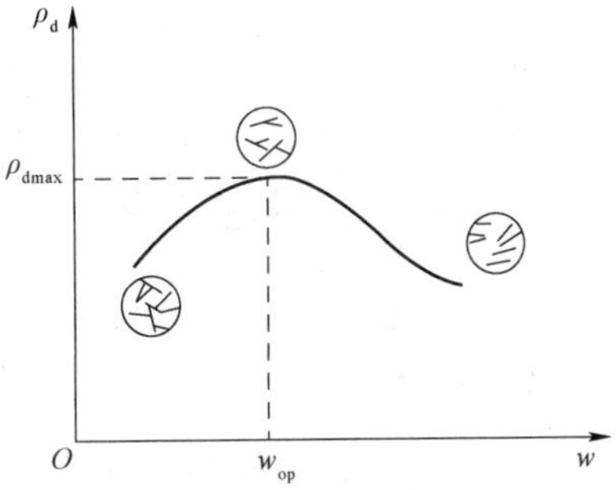

图 8–13　黏性土的击实曲线

1）最优含水率与最大干密度

在一定的压实功能（在实验室中，压实功能是用击数表示的）下，土最容易被压实，并能达到最大密实度时的含水率称为土的最优含水率 $w_{op}$。在图 8–13 所示的击实曲线上，峰值干密度 $\rho_{dmax}$ 对应的含水率就是最优含水率 $w_{op}$。同一种土，干密度越大，孔隙比越小，所以最大干密度 $\rho_{dmax}$ 相应于击实实验所能达到的最小孔隙比。在某一含水率下，将土压到最密，理论上就是将土中所有的气体都从孔隙中赶走，使土达到饱和。作为参考，在图 8–14 中，绘出了饱和度 $S_r$=100%，90%，80%，70% 时干密度 $\rho_d$ 与含水率 $w$ 的理论关系曲线。

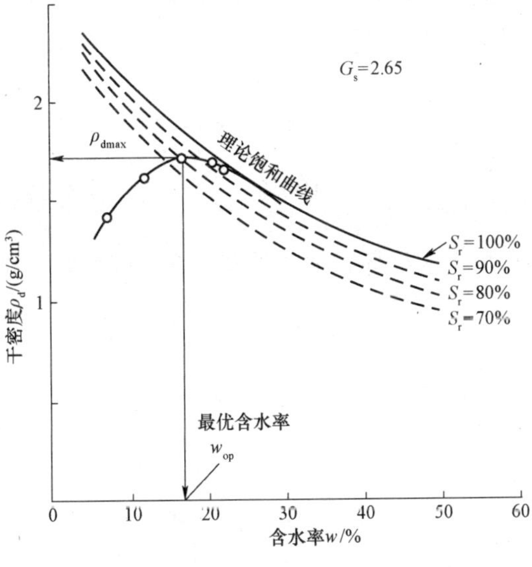

图 8–14　击实曲线和最优含水率 $w_{op}$

由图 8–14 可以看到，随着含水率的增大，土趋近于饱和，所以击实曲线渐近于饱和度 $S_r$=100%对应的曲线（理论饱和曲线，由于孔隙全部被水充满，也称零孔隙曲线），并且大体上与它平行。在峰值以左，则两条曲线差别较大，而且随着含水率的减小，差值迅速增加。土的最优含水率 $W_{op}$ 的大小随土的性质而异，实验表明 $w_{op}$ 约在土的塑限 $w_P$ 附近。有各种理论解释这种现象的机理。归纳起来，可以这样理解：当含水率很小时，颗粒表面的水膜很薄，要使颗粒相互移动需要克服很大的粒间阻力，因而需要消耗很大的能量。这种阻力可能来源于毛细压力或者结合水的剪切阻力。随着含水率的增加，水膜加厚，粒间阻力减小，颗粒就容易移动。但是，当含水率超过最优含水率 $w_{op}$ 以后，水膜继续增厚所引起的润滑作用已不明显。这时，土中的剩余气体已经不多，并且处于与大气隔绝的封闭状态。封闭气体很难全部被赶走，因此击实曲线不可能达到理论饱和曲线，也即击实土不会达到完全饱和状态。注意，这里所讨论的是黏性土，其渗透性很小，在击实的过程中，土中的水来不及渗出，在压实的过程中可以认为含水率保持不变，因此必然是含水率越高，得到的压实干密度越小。

2）压实功能的影响

压实功能是指压实单位体积土所消耗的能量。同一种土，用不同的功能压实，得到的击实曲线如图 8–15 所示。图 8–15 表明，压实功能越大，得到的最优含水率越小，相应的最大干密度越大。所以，对于同一种土，最优含水率和最大干密度并不是恒值，而随着压实功能而变化。同时，从图 8–15 中还可以看到，当含水率超过最优含水率以后，压实功能的影响随含水率的增加而逐渐减小。压实曲线均靠近于理论饱和曲线。

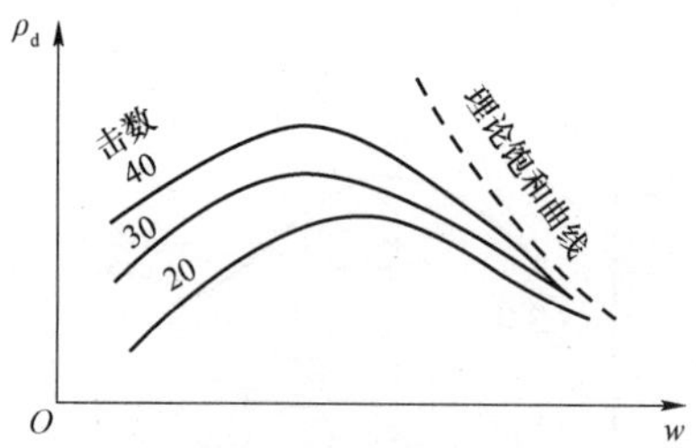

图 8–15　不同压实功能下的击实曲线

3）土的压实度控制

由于黏性填土存在最优含水率，因此在填土施工时应将土料的含水率控制在最优含水率 $w_{op}$ 左右，以期用较小的能量获得最大的密度。当含水率被控制在最优含水率的左侧时（小于最优含水率），压实土的结构常具有絮凝结构的特征。这样的土比较均匀，强度较高，较脆硬，不易压密，但浸水时容易产生附加沉降。当含水率控制在最优含水率的右侧时（大于最优含水率），土具有分散结构的特征。这样的土可塑性大，适应变形的能力强，但强度较低，且具有不等向性。所以，含水率比最优含水率偏高或偏低，填土的性质各有优缺点。因此，要根据对填土提出的要求和当地土料的天然含水率，选定合适的含水率进行压实，一般选用的含水率要求在 $w_{op}\pm(2\sim3)\%$ 范围内。

要求填土达到的压密标准，工程上采用压实度 $\lambda_c$ 控制。压实度的定义为

$$\lambda_c=\frac{\text{填土干密度}\rho_d}{\text{室内标准功能击实的最大干密度}\rho_{d\max}}\times100\% \tag{8–18}$$

在公路工程施工中，影响路基压实度的因素有填土的好坏、地基处理、含水率控制、松铺厚度及施工机械设备的配套情况等。

### 2. 无黏性土的压实性

砂和砂砾等无黏性土的压实性也与含水率有关，不过不存在最优含水率问题。无黏性土一般在完全干燥或者充分洒水饱和的情况下容易压实到较大的干密度。潮湿状态下，由于毛细压力增加了粒间阻力，压实干密度显著降低。当粗砂的含水率为 4%～5%，中砂的含水率为 7%左右时，压实干密度最小，如图 8–16 所示。所以，在压实砂砾时要充分洒水使土料饱和。

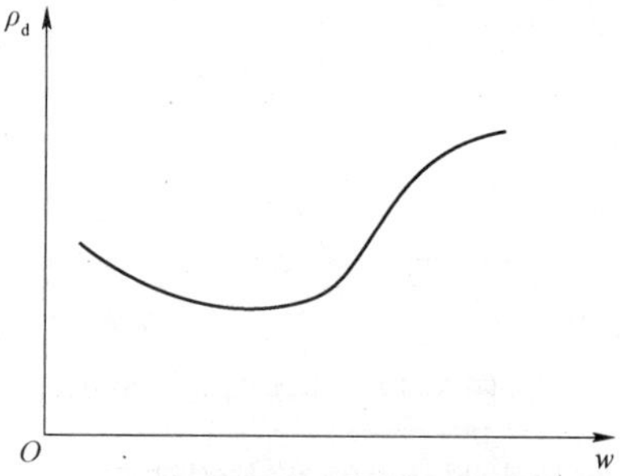

图 8–16　粗粒土的击实曲线

无黏性土的压实标准，一般用相对密度 $D_r$ 控制。对于

饱和的无黏性土，在静力或动力的作用下，当相对密度大于 0.70～0.75 时，土的强度明显增加，变形显著减小，可以认为相对密度 0.7～0.75 是土的力学性质的一个转折点。同时大功率的振动辗压机具的发展，使提高辗压密实度成为可能。所以，对一般工程的无黏性土地基，要求其地基土的相对密度达到 0.7～0.75，对重点工程，则要求相对密度应达到 0.75～0.85。

## 能力拓展

### 训练 1　含水率测量实验（烘干法）

**1. 实验目的**

测定土的含水率，以了解土的含水情况。含水率是计算土的孔隙比、液性指数、饱和度和其他物理力学性质不可缺少的一个基本指标。

**2. 实验原理**

含水率反映土的状态，含水率的变化将使土的一系列物理力学性质指标随之而异。这种影响表现在各个方面，如反映在土的稠度方面，使土成为坚硬的、可塑的或流塑的；反映在土内水分的饱和程度方面，使土成为稍湿、很湿或饱和的；反映在土的力学性质方面，能使土的结构强度增加或减小、紧密或疏松，构成压缩性及稳定性的变化。测定含水率的方法有烘干法、酒精燃烧法、炒干法、微波法等。

**3. 仪器设备**

（1）烘箱：采用温度能保持在 105～110 ℃的电热烘箱。

（2）天平：称量 500 g，分度值 0.01 g。

（3）其他：干燥器、称量盒等。

**4. 操作步骤**

（1）湿土称量：选取具有代表性的试样 15～20 g 并放入称量盒内，立即盖好盒盖，称出盒与湿土的总质量。

（2）烘干冷却：打开盒盖，放入烘箱内，在 105～110 ℃条件下烘干至恒重后，将试样取出，盖好盒盖放入干燥器内冷却，称出盒与干土质量。烘干时间随土质不同而定，对于黏性土，不少于 8 h；对于砂类土，不少于 6 h。

**5. 实验注意事项**

（1）刚刚烘干的土样要等冷却后才称重；

（2）称重时精确至小数点后两位。

**6. 计算公式**

按下式计算土的含水率：

$$w=\frac{m_{\mathrm{w}}}{m_{\mathrm{s}}}\times 100\%=\frac{m_1-m_2}{m_2-m_0}\times 100\%$$

式中：$w$——含水率，计算至 0.1%；

$m_0$——盒质量，g；

$m_1$——盒、湿土质量，g；

$m_2$——盒、干土质量，g；

$m_w$——土中的水质量，$m_w = m_1 - m_2$，g；

$m_s$——干土质量，$m_s = m_2 - m_0$，g。

含水率测量实验需进行两次平行实验，其平行差值不得大于 2%，取其算术平均值。

7. 实验记录

将实验数据填入表 8–10 中。

**表 8–10　含水率测量实验数据记录表（烘干法）**

实验者：______　　校核者：______　　实验日期：______

| 土样编号 | 盒号 | 盒质量/g | 盒、湿土质量/g | 盒、干土质量/g | 土中的水质量/g | 干土质量/g | 含水率/% | |
|---|---|---|---|---|---|---|---|---|
| | | $m_0$ | $m_1$ | $m_2$ | $m_w$ | $m_s$ | 单值 | 平均值 |
| | | | | | | | | |
| | | | | | | | | |

## 训练 2　密度测量实验（环刀法）

1. 实验目的

测定土的密度，以了解土的疏密和干湿状态，供换算土的其他物理性质指标和工程设计及控制施工质量之用。

2. 实验原理

土的密度 $\rho$ 是指土的单位体积质量，是土的基本物理性质指标之一，其单位为 g/cm$^3$。环刀法是采用一定体积环刀切取土样并称取土质量的方法，环刀内土的质量与体积之比即为土的密度。

3. 仪器设备

（1）环刀：内径 6～8 cm，高 2～3 cm。

（2）天平：称量 500 g，分度值 0.01 g。

（3）其他：切土刀、钢丝锯等。

4. 操作步骤

（1）量测环刀：取出环刀，称出环刀的质量，并薄薄涂上一层凡士林。

（2）切取土样：将环刀的刀口向下放在土样上，然后用切土刀将土样削成直径略大于环刀直径的土柱，将环刀垂直下压，边压边削，直到使土样上端伸出环刀为止，然后将环刀两端的余土削平。

（3）土样称量：擦净环刀外壁，称出环刀和土的质量。

5. 实验注意事项

（1）称取质量前，把土样削平并擦净环刀外壁；

（2）如果使用电子天平称重，则称量前必须预热，称重时精确至小数点后两位。

6. 计算公式

按下式计算土的密度：

$$\rho=\frac{m}{V}=\frac{m_1-m_2}{V}$$

式中：$\rho$——土的密度，计算至 0.01 g/cm³；

$m$——湿土质量，g；

$m_1$——环刀及湿土质量，g；

$m_2$——环刀质量，g；

$V$——环刀体积，cm³。

密度测量实验需进行两次平行测定，其平行差值不得大于 0.03 g/cm³，取其算术平均值。

7. 实验记录

将实验数据填入表 8–11 中。

**表 8–11　密度测量实验数据记录表（环刀法）**

实验者：_______　　校核者：______　　实验日期：________

| 土样编号 | 环刀号 | 环刀及湿土质量/g | 环刀质量/g | 湿土质量/g | 环刀体积/cm³ | 密度/（g/cm³） | |
|---|---|---|---|---|---|---|---|
| | | $m_1$ | $m_2$ | $m$ | $V$ | 单值 | 平均值 |
| | | | | | | | |
| | | | | | | | |

## 训练 3　土粒相对密度测量实验（比重瓶法）

1. 实验目的

测定土粒相对密度，为计算土的孔隙比、饱和度及土的其他物理力学实验（如颗粒分析的密度计法实验、固结实验等）提供必需的数据。

2. 实验原理

根据土粒粒径不同，土粒相对密度测量实验可采用比重瓶法、浮称法或虹吸筒法。对于粒径小于 5 mm 的土，可采用比重瓶法。比重瓶法就是，先将称好质量的干土放入盛满水的比重瓶中，根据比重瓶的前后质量差异来计算土粒的体积，从而进一步计算出土粒相对密度。

3. 仪器设备

（1）比重瓶：容重 100 ml 或 50 ml；

（2）天平：称量 200 g，分度值 0.001 g；

（3）其他：烘箱、温度计、筛、玻璃漏斗、滴管等。

4. 操作步骤

（1）取样称量：取通过 5 mm 筛的烘干土样约 15 g（如用 50 ml 的比重瓶，可取干土约 12 g），用玻璃漏斗将其装入洗净烘干的比重瓶内，称瓶与土的质量。

（2）煮沸排气：将蒸馏水注入比重瓶内，约至瓶的一半高处时，摇动比重瓶，并将比重瓶放在砂浴上煮沸，使土粒分散排气。煮沸时间自悬液沸腾时算起，砂及砂质粉土不少于

30 min，黏性土及粉质黏土应不少于 1 h。煮沸时不要使土液从瓶内溢出。

（3）注水称量：将蒸馏水注入比重瓶内至近满，待瓶内悬液温度稳定后及瓶内土悬液澄清时，盖紧瓶塞，使多余的水分从瓶塞的毛细管中溢出，擦干瓶外的水分，称出瓶、水、土的总质量。称量后立即测定瓶内水的温度。

（4）查取瓶、水质量：根据测得的温度，根据已绘制的温度与瓶、水的质量的关系曲线（由实验室提供）查取瓶、水的质量。

5. 实验注意事项

（1）称重前，比重瓶的水位要加满至瓶塞的毛细管；

（2）称重时，精确至小数点后三位。

6. 计算公式

按下式计算土粒相对密度：

$$d_s = \frac{m_s}{m_1 + m_s - m_2} \times G_{wt}$$

式中：$d_s$——土粒相对密度，计算精确至 0.001；

$m_s$——土质量，g；

$m_1$——瓶+水质量，可查相关关系曲线（由实验室提供）；

$m_2$——瓶+水+土质量，g；

$G_{wt}$——$t$ ℃时蒸馏水的比重，准确至 0.001，查表 8–12 获取。

土粒相对密度测量实验需进行两次平行测定，其平行差不得大于 0.02，取其算术平均值。

**表 8–12　不同温度时水的比重（近似值）**

| 水温/℃ | 4.0～12.5 | 12.5～19.0 | 19.0～23.5 | 23.5～27.5 | 27.5～30.5 | 30.5～33.0 |
|---|---|---|---|---|---|---|
| 水的比重 | 1.000 | 0.999 | 0.998 | 0.997 | 0.996 | 0.995 |

7. 实验记录

将实验数据填入表 8–13 中。

**表 8–13　土粒相对密度测量实验数据记录表（比重瓶法）**

工程名称：＿＿＿＿＿＿　　实验者：＿＿＿＿＿＿

土样说明：＿＿＿＿＿＿　　计算者：＿＿＿＿＿＿

实验日期：＿＿＿＿＿＿　　校核者：＿＿＿＿＿＿

| 土样编号 | 比重瓶号 | 温度/℃ | 水的比重 | 瓶质量/g | 瓶+土质量/g | 土质量/g | 瓶+水质量/g | 瓶+水+土质量/g | 与干土同体积的水的质量/g | 比重 | 平均比重 |
|---|---|---|---|---|---|---|---|---|---|---|---|
| | | $t$ | $G_{wt}$ | $m_0$ | $m_3$ | $m_s=m_3-m_0$ | $m_1$ | $m_2$ | $m_s+m_1-m_2$ | $d_s=\frac{m_s}{m_s+m_1-m_2}\cdot G_{wt}$ | |
| | | | | | | | | | | | |
| | | | | | | | | | | | |

## 训练 4　颗粒分析实验（筛析法）

1. 实验目的

测定干土各粒组占该土总质量的百分数，以便了解土粒的组成情况，供砂类土的分类、判断土的工程性质及建材选料之用。

2. 实验原理

土的颗粒组成在一定程度上反映了土的性质，工程上常依据颗粒组成对土进行分类。粗粒土主要是依据颗粒组成进行分类的，细粒土由于矿物成分、颗粒形状及胶体含量等因素，则不能单以颗粒组成进行分类，需要借助于塑性图或塑性指数进行分类。颗粒分析实验可采用筛析法和比重计法。对于粒径大于 0.075 mm 的土粒，可用筛析法测定，而对于粒径小于 0.075 mm 的土粒，则用比重计法来测定。筛析法是将土样通过各种不同孔径的筛子，并按筛子孔径的大小将颗粒加以分组，然后再称量并计算出各个粒组占总量的百分数。

3. 仪器设备

（1）标准筛：孔径 10，5，2，1.0，0.5，0.25，0.075 mm；

（2）天平：称量 1 000 g，分度值 0.1 g；

（3）台称：称量 5 kg，分度值 1 g；

（4）其他：毛刷、木碾等。

4. 操作步骤

（1）备土：从粒径大于 0.075 mm 的风干松散无黏性土中，用四分对角法取出代表性的试样。

（2）取土：取干土 500 g，称量准确至 0.2 g。

（3）摇筛：将称好的试样倒入依次叠好的筛中，然后按顺时针或逆时针进行筛析，振摇时间一般为 10～15 min。

（4）称量：逐级称取留在各筛上的土的质量。

5. 实验注意事项

（1）将土样倒入依次叠好的筛子中进行筛析。

（2）筛析法采用振筛机，在筛析过程中应能上下振动、水平转动。

（3）称重后，干砂总重精确至 ±2 g 。

6. 计算及制图

（1）按下式计算小于某颗粒直径的土质量百分数：

$$X = \frac{m_A}{m_B} \times 100\%$$

式中：$X$——小于某颗粒直径的土质量百分数，%；

$m_A$——小于某颗粒直径的土质量，g；

$m_B$——所取试样的总质量（500 g），g。

（2）用小于某颗粒直径的土质量百分数为纵坐标，颗粒直径（mm）的对数值为横坐标，绘制颗粒级配曲线。

7. 实验记录

将实验数据填入表 8–14 中。

**表 8–14　颗粒分析实验数据记录表（筛析法）**

土样编号：________　　干土总质量：　500 g　　实验者：________

土样说明：　粗砂　　实验日期：________　　校核者：________

| 孔径/ mm | 留筛土质量/g | 累积留筛土质量/g | 小于该孔径的土质量/g | 小于该孔径的土质量百分数/% |
|---|---|---|---|---|
| 20 | 0.0 | 0.0 | 500.0 | 100.0 |
| 10 | 17.0 | 17.0 | 483.0 | 96.6 |
| 5 | 45.0 | 62.0 | 438.0 | 87.6 |
| 2 | 65.5 | 127.5 | 372.5 | 74.5 |
| 1 | 85.0 | 212.5 | 287.5 | 57.5 |
| 0.5 | 100.5 | 313.0 | 187.0 | 37.4 |
| 0.25 | 122.0 | 435.0 | 65.0 | 13.0 |
| 0.075 | 60.0 | 495.0 | 5.0 | 1.0 |
| 底盘总计 | 5.0 | 500.0 | | |

## 训练 5　界限含水率测量实验（液塑限联合测定法）

1. 实验目的

测定黏性土的液限 $w_L$ 和塑限 $w_P$，并由此计算塑性指数 $I_P$、液性指数 $I_L$，进行黏性土的定名及判别黏性土的软硬程度。

2. 实验原理

液塑限联合测定法是根据圆锥仪圆锥体的下沉深度与其相应的含水率在双对数坐标系中具有线性关系的特性来进行的。利用圆锥体质量为 76 g 的液塑限联合测定仪测得土在不同含水率时的圆锥体下沉深度，并绘制其关系图，在图上查得圆锥体下沉深度为 17 mm 时所对应的含水率即为液限，查得圆锥体下沉深度为 2 mm 时对所对应的含水率即为塑限。

3. 实验设备

（1）光电式液塑限联合测定仪：如图 8–17 所示，包括控制开关、光源装置、升降台、盛土杯等。圆锥体质量 76 g，锥角 30°。

（2）天平：称量 200 g，分度值 0.01 g。

（3）其他：刮土刀、不锈钢杯、称量盒、烘箱、干燥器等。

4. 操作步骤

（1）土样制备：当采用风干土样时，取通过 0.5 mm 筛的代表性土样约 200 g，分成 3 份，分别放入不锈钢杯中，加入不同数量的水，然后按下沉深度为 4～5 mm、9～11 mm、15～17 mm 范围制备不同稠度的试样。

（2）装土入杯：将制备的试样调拌均匀，装入盛土杯中，填满后用刮土刀刮平表面，然后将盛土杯放在液塑限联合测定仪的升降台上。

（3）接通电源：在圆锥体锥尖上涂抹一薄层凡士林，接通电源，使电磁铁吸住圆锥体。

（4）测读深度：调整升降台，使锥尖刚好与试样面接触，切断电源使电磁铁失磁，圆锥体在自重下沉入试样，经 5 s 后测读圆锥体下沉深度。

（5）测含水率：取出盛土杯，测定试样的含水率。重复以上步骤，测定另外两个试样的圆锥体下沉深度和含水率。

5. 实验注意事项

（1）将土样分层装杯时，注意土中不能留有空隙。

（2）每种含水率设 3 个测点，取平均值作为这种含水率所对应土的圆锥体入土深度，如各测点的下沉深度相差太大，则必须重新调试土样。

6. 计算公式

（1）按下式计算各试样的含水率：

$$w=\frac{m_{\mathrm{w}}}{m_{\mathrm{s}}}\times 100\%=\frac{m_1-m_2}{m_2-m_0}\times 100\%$$

式中各符号意义与含水率测量实验中的相同。

（2）以含水率为横坐标，圆锥体下沉深度为纵坐标，在双对数坐标纸上绘制关系曲线，三点连一直线（见图 8–18 中的 A 线）。当三点不在一条直线上时，可通过高含水率的一点与另两点连成两条直线，在圆锥体下沉深度为 2 mm 处查得相应的含水率。当两个含水率的差值大于等于 2%时，应重做实验。当两个含水率的差值小于 2%时，用这两个含水率的平均值与高含水率的点连成一条直线（见图 8–18 中的 B 线）。

（3）在圆锥体下沉深度与含水率关系图上，查得下沉深度为 17 mm 时所对应的含水率为液限，查得下沉深度为 2 mm 时所对应的含水率为塑限。

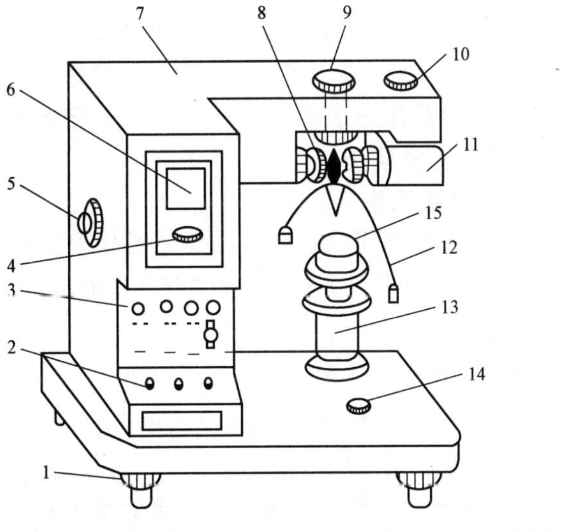


1—水平调节螺丝；2—控制开关；3—指示灯；4—零线调节螺钉；5—反光镜调节螺钉；6—屏幕；7—机壳；8—物镜调节螺钉；9—电池装置；10—光源调节螺钉；11—光源装置；12—圆锥仪；13—升降台；14—水平泡；15—盛土杯。

图 8–17　光电式液塑限联合测定仪结构示意图

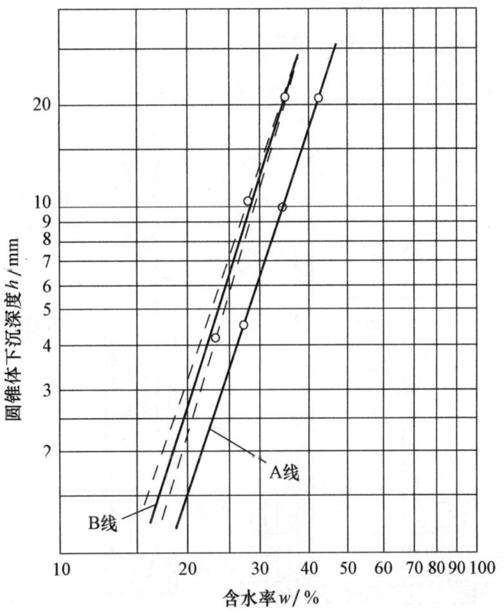


图 8–18　圆锥体下沉深度与含水率关系图

7. 实验记录

将实验数据填入表 8–15 中。

**表 8–15　界限含水率测量实验数据记录表**

工程名称：________　　　　实验者：________

试样编号：________　　　　计算者：________

实验日期：________　　　　校核者：________

| 试样编号 | 圆锥体下沉深度/mm | 盒号 | 盒质量 $m_0$/g | 盒、湿土质量 $m_1$/g | 盒、干土质量 $m_2$/g | 土中水质量 $m_w$/g | 干土质量 $m_s$/g | 含水率 $w$/% | 液限 $w_L$/% | 塑限 $w_P$/% |
|---|---|---|---|---|---|---|---|---|---|---|
| 1 | | | | | | | | | | |
| 2 | | | | | | | | | | |
| 3 | | | | | | | | | | |

## 训练 6　击实实验

1. 实验目的

通过击实实验测定土的最大干密度和最优含水率，它们是控制路堤、土坝和填土地基等密实度的重要指标。

2. 实验原理

土的压实程度与含水率、压实功能和压实方法有密切的关系。当压实功能和压实方法不变时，土的干密度随含水率的增加而增加。当干密度达到某一最大值后，含水率继续增加反而使干密度减小。能使土达到最大密度的含水率，称为最优含水率 $w_{op}$。与其相应的干密度称为最大干密度 $\rho_{dmax}$。

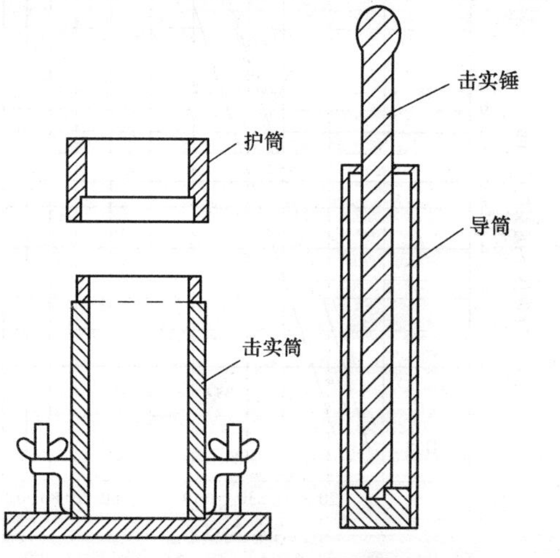

图 8–19　重型击Ⅱ–2 击实仪示意图

3. 仪器设备

（1）重型击Ⅱ–2 击实仪：示意图如图 8–19 所示。击实锤质量 4.5 kg，击实筒高 170 mm，体积 2 177 cm³。

（2）天平：称量 200 g，分度 0.01 g。

（3）台称：称量 10 kg，分度值 1 g。

（4）筛：孔径 5 mm。

（5）其他：喷水设备、碾土器、盛土器、推土器、刮土刀等。

4. 操作步骤

（1）制备土样：取代表性风干土样并将其放在橡皮板上用木碾碾散，过 5 mm 筛，土样量不少于 20 kg。

（2）加水拌和：预定 5 个不同含水率，依次相差 2%，其中大于和小于最优含水率的土样各 2 个。所需加水量按下式计算：

$$m_{\mathrm{w}}=\frac{m_{\mathrm{w0}}}{1+w_0}\left(w-w_0\right)$$

式中：$m_{\mathrm{w}}$——所需加水质量，g；

$m_{\mathrm{w0}}$——风干含水率时土样的质量，g；

$w_0$——土样的风干含水率，%；

$w$——预定达到的含水率，%。

按预定含水率制备试样，每个试样取 2.5 kg，平铺于不吸水的平板上，用喷水设备向土样均匀喷洒预定的加水量，并均匀拌和。

（3）分层击实：取制备好的试样约 1 700 g，倒入筒内，整平表面，击实 98 次，每层击实后土样体积约为击实筒容积的 1/3。击实时，击实锤应自由落下，锤迹须均匀分布于土面上。重复上述步骤，进行第二层、第三层的击实。击实后试样应略高出击实筒（不得大于 6 mm）。

（4）称土质量：取下套环，齐筒顶细心削平试样，擦净筒外壁，称土质量，准确至 0.1 g。

（5）测含水率：用推土器推出筒内试样，从试样中心处取 2 个质量为 15～30 g 的土测定含水率，平行差值不得超过 1%。按步骤（2）～（4）进行其他不同含水率试样的击实实验。

5. 实验注意事项

（1）实验前，击实筒内壁要涂一层凡士林。

（2）击实一层后，用刮土刀把土样表面刨毛，使层与层之间压密。同理，其他两层之间也是如此。

（3）如果使用电动击实仪，则必须注意安全。打开仪器电源后，手不能接触击实锤。

6. 计算及绘图

（1）按下式计算干密度：

$$\rho_{\mathrm{d}}=\frac{\rho}{1+w}$$

式中：$\rho_{\mathrm{d}}$——干密度，g/cm³；

$\rho$——湿密度，g/cm³；

$w$——含水率，%。

（2）以干密度 $\rho_{\mathrm{d}}$ 为纵坐标，含水率 $w$ 为横坐标，绘制干密度与含水率关系曲线（见图 8–20）。曲线上峰值点所对应的纵、横坐标分别为土的最大干密度和最优含水率。如曲线上不能找出准确峰值点，应进行补点。

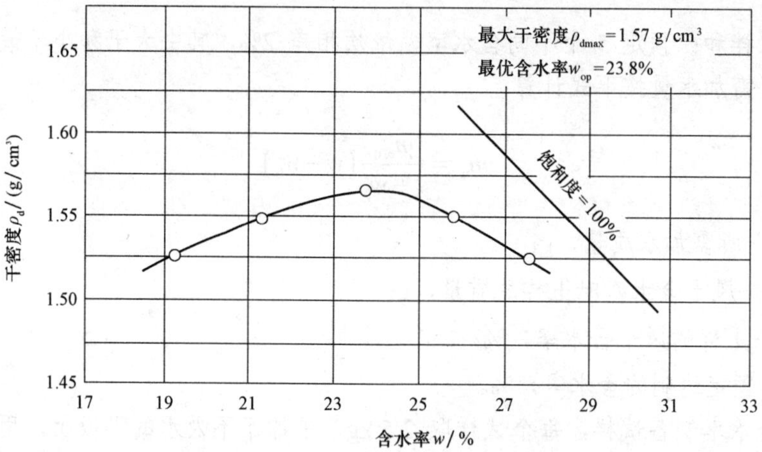


图 8–20 干密度与含水率关系曲线

7. 实验记录

将实验数据填入表 8–16 中。

**表 8–16 击实实验数据记录表**

土样编号：________ 土粒比重：______ 实验者：______

土样类别：________ 每层击数：______ 校核者：______

风干含水率：______ 实验仪器：______ 实验日期：______

| 实验序号 | 干密度 | | | | | 含水率 | | | | | | | |
|---|---|---|---|---|---|---|---|---|---|---|---|---|---|
| | 筒和土质量/g | 筒质量/g | 湿土质量/g | 密度/g/cm³） | 干密度/（g/cm³） | 盒号 | 盒和湿土质量/g | 盒和干土质量/g | 盒质量/g | 水的质量/g | 干土质量/g | 含水率/% | 平均含水率/% |
| | （1） | （2） | （3） | （4） | （5） | | （6） | （7） | （8） | （9） | （10） | （11） | （12） |
| | | | （1）-（2） | $\frac{(3)}{V}$ | $\frac{(4)}{1+0.01w}$ | | | | | （6）-（7） | （7）-（8） | $\frac{(9)}{(10)}\times 100$ | |
| 1 | | | | | | | | | | | | | |
| 2 | | | | | | | | | | | | | |
| 3 | | | | | | | | | | | | | |
| 4 | | | | | | | | | | | | | |
| 5 | | | | | | | | | | | | | |

注：V 为击实筒的体积。

## 训练 7　相对密实度测定实验

1. 实验目的

测定无黏性土的最大和最小孔隙比，用于计算相对密度，判断砂土的密实度。

2. 实验原理

相对密实度测定实验适用于透水性良好的无黏性土，是无黏性土处于最松状态的孔隙比与天然孔隙比之差和最松状态与最紧状态下孔隙比之差的比值。最大孔隙比测定实验宜采用漏斗法和量筒法，最小孔隙比测定实验采用振动锤击法。

3. 实验设备

（1）漏斗及拂平器：锥形塞、长颈漏斗、砂面拂平器等。

（2）振动叉和击锤：击实球、击实锤、锤座等。

（3）其他：量筒、击实筒等。

4. 实验步骤

1）最大孔隙比（最小干密度）测定

（1）漏斗法。

① 将锥形塞杆自长颈漏斗下口穿入，并向上提起，使锥底堵住漏斗管口，一并放入 1 000 ml 的量筒内，使其下端与量筒底接触。

② 称取烘干的代表性试样 700 g，将其均匀缓慢地倒入漏斗中，将漏斗和锥形塞杆同时提高，移动塞杆，使锥体略离开管口，管口应经常保持高出砂面 1～2 cm，使试样缓慢且均匀分布地落入量筒中。待试样全部落入量筒后，取出漏斗和锥形塞，用砂面拂平器将砂面拂平，测量试样体积。

（2）量筒法。

用手掌或橡皮板堵住量筒口，将量筒倒转并缓慢地转回到原来位置，重复数次，测记试样在量筒内所占体积的最大值。

取上述两种方法测得的较大体积值，计算最小干密度。

2）最小孔隙比（最大干密度）测定

采用锤击法测定最大干密度。

（1）取代表性试样 2 000 g，拌匀后分 3 次倒入金属击实筒进行振击，每层试样为击实筒容积的 1/3，试样倒入击实筒后用振动叉以每分钟往返 150～200 次的速度敲打击实筒两侧，并在同一时间内用击实锤锤击试样，每分钟 30～60 次，直至试样体积不变为止。重复此操作步骤进行第二层、第三层的击实。

（2）取下护筒，刮平试样，称击实筒和试样总质量，算出试样质量，计算最大干密度。

5. 实验注意事项

砂土的最大孔隙比和最小孔隙比的测定必须进行两次平行实验，两次测定的密度差值不得大于 0.3 g/cm$^3$，并取两次测值的平均值。

6. 计算和绘图

（1）最小干密度的计算：

$$\rho_{d\min} = \frac{m_d}{V_{\max}}$$

式中：$m_d$——试样干质量，g；

$V_{\max}$——试样最大体积，$cm^3$。

（2）最大孔隙比的计算：

$$e_{\max} = \frac{\rho_w \cdot G_s}{\rho_{d\min}} - 1$$

式中：$\rho_w$——水的密度，$g/cm^3$；

$G_s$——土粒比重。

（3）最大干密度的计算：

$$\rho_{d\max} = \frac{m_d}{V_{\min}}$$

式中：$V_{\min}$——试样最小体积，$cm^3$。

（4）最小孔隙比的计算：

$$e_{\min} = \frac{\rho_w \cdot G_s}{\rho_{d\max}} - 1$$

（5）相对密实度的计算：

$$D_r = \frac{e_{\max} - e_0}{e_{\max} - e_{\min}} \text{或} D_r = \frac{\rho_{d\max}(\rho_d - \rho_{d\min})}{\rho_d(\rho_{d\max} - \rho_{\min})}$$

式中：$D_r$——相对密实度；

$e_0$——天然孔隙比；

$\rho_d$——天然干密度（或填土的相应干密度），$g/cm^3$；

7. 实验记录

将实验数据填入表 8–17 中。

**表 8–17　相对密实度测定实验数据记录表**

工程名称：________　　实验者：________

试样编号：________　　计算者：________

实验日期：________　　校核者：________

| 实验项目 | | | 最小干密度测定 | | | | 最大干密度测定 | |
|---|---|---|---|---|---|---|---|---|
| 实验方法 | | | 漏斗法 | | 量筒法 | | 锤击法 | |
| 试样+容器质量/g | | （1） | | | | | | |
| 容器质量/g | | （2） | | | | | | |
| 试样质量/g | | （3）=（1）-（2） | | | | | | |
| 试样体积/$cm^3$ | | （4） | | | | | | |
| 土粒比重 $G_s$ | | （6） | | | | | | |
| 最小、最大干密度/($g/cm^3$) | 单值 | （5）=（3）/（4） | | | | | | |
| | 平均值 | | | | | | | |

## 思考与练习

1. 从地下水位以下某黏土层取出一土样做实验，测得其质量为 15.3 g，烘干后质量为 10.3 g，土粒比重为 2.70，求试样的含水率、孔隙比、孔隙率、饱和密度、浮密度、干密度及其相应的重度。

2. 某土样的含水率为 8.0%，密度为 1.65 g/cm$^3$，土粒比重为 2.70。若设孔隙比不变，为使土样完全饱和，1 000 cm$^3$ 土样中应该加多少水？

3. 有土料 1 000 g，它的含水率为 6.0%。若使它的含水率增加到 16.0%，需要加多少水？

4. 有一砂土层，测得其天然密度为 1.77 g/cm$^3$，天然含水率为 9.8%，土的比重为 2.70，烘干后测得最小孔隙比为 0.46，最大孔隙比为 0.94，试求天然孔隙比、饱和含水率和相对密实度，并判别该砂土层处于何种密实状态。

5. 今有两种土，其性质指标见表 8–18。试通过计算判断下列说法是否正确。

（1）土样 A 的密度比土样 B 的大。

（2）土样 A 的干密度比土样 B 的大。

（3）土样 A 的孔隙比比土样 B 的大。

**表 8–18　土的性质指标**

| 性质指标 | A | B |
|---|---|---|
| 含水率/% | 16 | 8 |
| 土粒比重 | 2.70 | 2.65 |
| 饱和度/% | 50 | 30 |

6. 某公路路基填料做筛析实验，结果见表 8–19，试计算 $C_c$ 和 $C_u$，绘制颗粒级配曲线，并判断该填料的级配是否良好。

**表 8–19**

| 孔径/mm | 留筛土质量/g | 累积留筛土质量/g | 小于该孔径的土质量/g | 小于该孔径的土质量百分数/% |
|---|---|---|---|---|
| 20 | 0.0 | 0.0 | 500.0 | 100.0 |
| 10 | 17.0 | 17.0 | 483.0 | 96.6 |
| 5 | 45.0 | 62.0 | 438.0 | 87.6 |

续表

| 孔径/mm | 留筛土质量/g | 累积留筛土质量/g | 小于该孔径的土质量/g | 小于该孔径的土质量百分数/% |
|---|---|---|---|---|
| 2 | 65.0 | 127.5 | 372.5 | 74.5 |
| 1 | 85.0 | 212.5 | 287.5 | 57.5 |
| 0.5 | 100.5 | 313.0 | 187.0 | 37.4 |
| 0.25 | 122.0 | 435.0 | 65.0 | 13.0 |
| 0.075 | 60.0 | 495.0 | 5.0 | 1.0 |
| 底盘总计 | 5.0 | 500.0 | | |

# 学习情境 9　土中应力

## ▶工作任务 9.1　土中自重应力计算

视频+课件

> ◎ **学习目标与要求**：掌握土中应力的概念及分类；掌握土中自重应力的计算。
> ◎ **重点**：土中应力的概念及分类；土中自重应力的计算。
> ◎ **难点**：土中自重应力的计算。

### ➤ 1. 土中应力分析

大多数建筑物是建造在土层上的，把支承建筑物的这种土层称为地基。由天然土层直接支承建筑物的称天然地基，由软弱土层经加固后支承建筑物的称人工地基。而与地基相接触的建筑物底部构造物称为基础。

地基受荷以后将产生应力和变形，给建筑物带来两个工程问题，即土体稳定问题和变形问题。如果地基内部所产生的应力在土的强度所允许的范围内，那么土体是稳定的，反之，土体就要发生破坏，并能引起整个地基产生滑动而失去稳定，从而导致建筑物倾倒。地基中的应力，按照其成因可以分为自重应力和附加应力两种。

自重应力：由土体本身有效重量产生的应力称为自重应力。一般而言，土体在自重作用下，在漫长的地质历史上已压缩稳定，不再引起土的变形（新沉积土或近期人工充填土除外）。

附加应力：由外荷载（静的或动的）在地基内部引起的应力称为附加应力，它是使地基失去稳定和产生变形（压缩、沉降）的主要原因。

附加应力的大小，除了与计算点的位置有关外，还决定于基础底面压力的大小和分布状况。

### ➤ 2. 土中应力计算方法

目前计算土中应力的方法，主要采用弹性理论公式，也就是把地基土视为均匀的、各向同性的半无限弹性体，即做如下假定。

（1）忽略土的分散性影响。土是由三相组成的分散体，而不是连续的介质，土中应力是通过土颗粒间的接触而传递的。忽略土的分散性的影响，近似地把土体作为连续体考虑。

（2）忽略土的非均质性和非理想弹性体的影响。

（3）地基土可被视为半无限体。

### ➤ 3. 土中自重应力的计算

1）计算假定

在均匀土体中，土中某点的自重应力只与该点距离地面的深度有关。

2）计算方法

如图 9–1 所示，设土中某 $M$ 点距离地面的深度为 $z$，土的重度为 $\gamma$，求作用于 $M$ 点上的竖向自重应力 $\sigma_{cz}$。

$$\sigma_{cz} = \frac{\gamma z \Delta A}{\Delta A} = \gamma z \tag{9–1}$$

式中：$\gamma$——土的重度，kN/m³；

$z$——计算点的深度，m。

土的竖向自重应力分布情况如图 9–2 所示。

$M$ 点的水平自重应力为

$$\sigma_{cx} = \sigma_{cy} = \xi \sigma_{cz} \tag{9–2}$$

式中：$\xi$——土的侧压力系数，其值与土的类别和物理状态有关，可由实验确定。

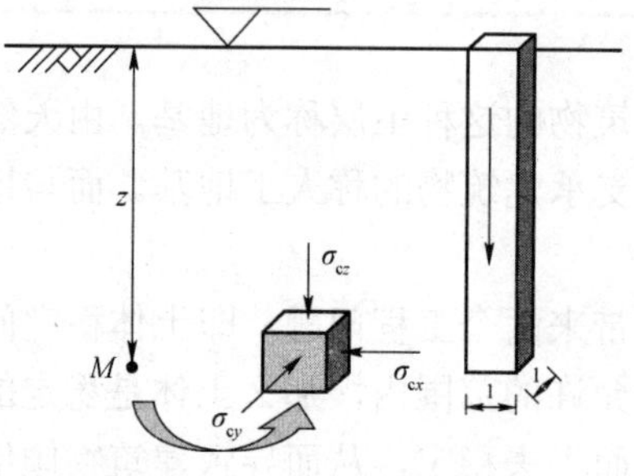


图 9–1　土中一点的应力情况

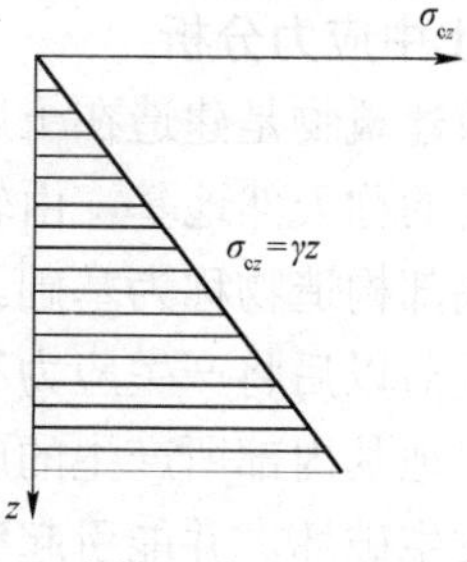


图 9–2 土的竖向自重应力分布情况

## ➤ 4. 土的自重应力计算示例

1）多层土的情况

当地基由不同重度的多层土组成时，如图 9–3 所示，各土层界面上的竖向自重应力为

$$\left.\begin{aligned} \sigma_{c1} &= \gamma_1 h_1 \\ \sigma_{c2} &= \gamma_1 h_1 + \gamma_2 h_2 \end{aligned}\right\} \tag{9–3}$$

式中：$\gamma_1$、$\gamma_2$——第 1、2 层土的重度，kN/m³；

$h_1$、$h_2$——第 1、2 层土的厚度，m。

由此可知，任意第 $i$ 层底面的竖向自重应力为

$$\sigma_{ci} = \sum_{i=1}^{n} \gamma_i h_i \tag{9–4}$$

2）有地下水的情况

当土层位于地面水或地下水位以下时，如图 9–4 所示，若土为透水性的（如砂、碎石类土及液性指数 $I_L \geqslant 1$ 的黏性土等），应考虑水的浮力作用，计算式中的 $\gamma$ 要用有效重度 $\gamma'$ 代替；若土为非透水性的（如 $I_L < 1$ 的黏土、$I_L < 0.5$ 的亚黏土和亚砂土及致密的岩石等），可不考虑水的浮力作用，而采用天然重度。有些黏性土的透水性很难作出判断，从而无法确定是否计入水的浮力。此时，通常的做法是两者均考虑，取其不利者。

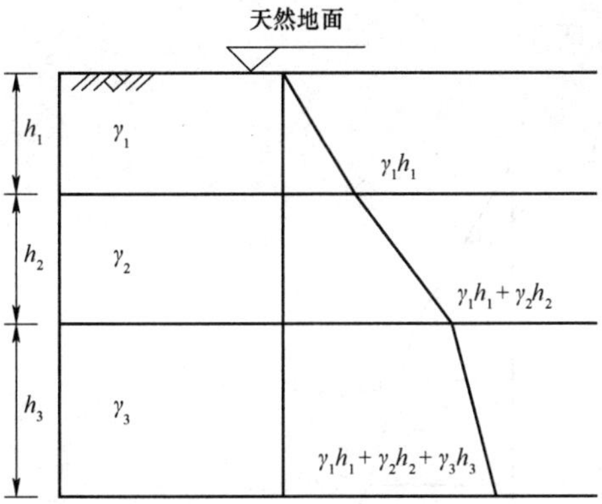

图 9–3　多层土的自重应力分布情况

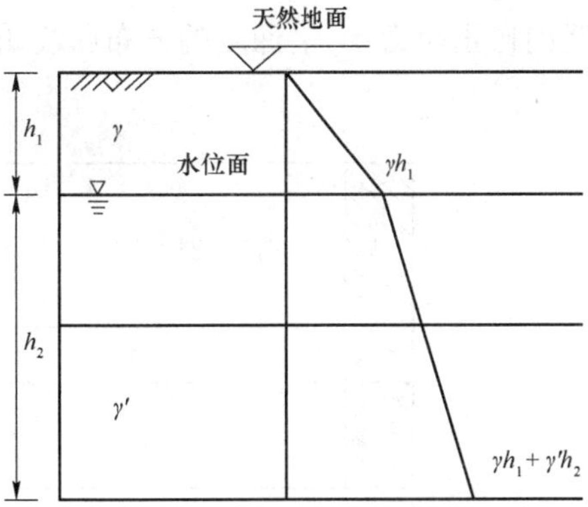

图 9–4　水下土的自重应力分布

[**例 9–1**] 按照图 9–5 给出的资料，计算并绘制出地基中的竖向自重应力 $\sigma_{cz}$ 沿深度的分布曲线（各层土均为透水性的）。

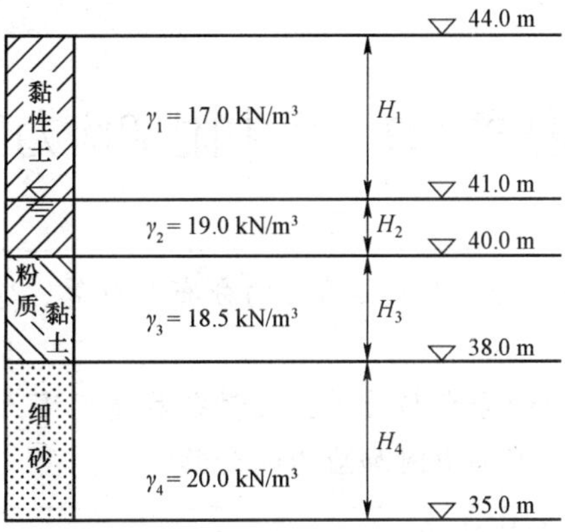

图 9–5　土层分布

**解：**（1）41.0 m 高程处（地下水位处）。

$$H_1=44.0-41.0=3.0\ (\mathrm{m})$$
$$\sigma_{cz}=\gamma_1 H_1=17.0\times3.0=51.0\ (\mathrm{kN/m^2})$$

（2）40.0 m 高程处。

$$H_2=41.0-40.0=1.0\ (\mathrm{m})$$
$$\sigma_{cz}=\gamma_1 H_1+\gamma_2' H_2=51.0+(19.0-9.8)\times1.0=60.2\ (\mathrm{kN/m^2})$$

（3）38.0 m 高程处。

$$H_3=40.0-38.0=2.0\ (\mathrm{m})$$
$$\begin{aligned}\sigma_{cz}&=\gamma_1 H_1+\gamma_2' H_2+\gamma_3' H_3\\&=60.2+(18.5-9.8)\times2.0=77.6\ (\mathrm{kN/m^2})\end{aligned}$$

（4）35.0 m 高程处。

$$H_4=38.0-35.0=3.0(\mathrm{m})$$
$$\begin{aligned}\sigma_{cz}&=\gamma_1 H_1+\gamma_2' H_2+\gamma_3' H_3+\gamma_4' H_4\\&=77.6+(20.0-9.8)\times3.0=108.2(\mathrm{kN/m^2})\end{aligned}$$

竖向自重应力 $\sigma_{cz}$ 沿深度的分布曲线如图 9–6 所示。

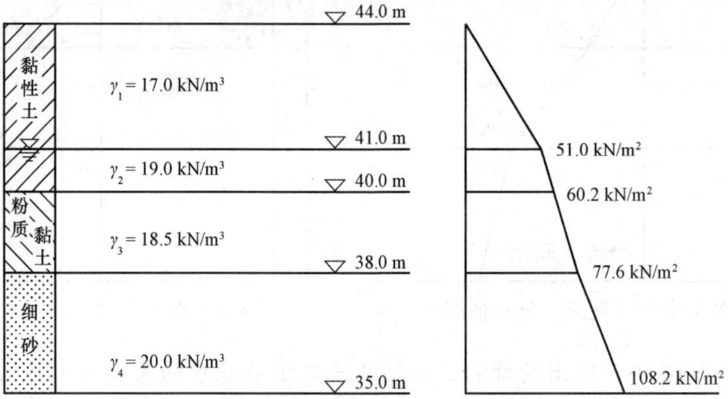


图 9–6　竖向自重应力分布图

## ▶工作任务 9.2　土中附加应力的计算

视频+课件

◎ **学习目标与要求：** 掌握基础底面压力的分布与计算；掌握几种荷载情况下土中附加应力的计算。

◎ **重点：** 基础底面压力的分布与计算；几种荷载情况下土中附加应力的计算。

◎ **难点：** 几种荷载情况下土中附加应力的计算。

### ➤ 1. 基础底面压力的分布与计算

计算地基中的附加应力时，必须先知道基础底面处单位面积土体所受到的压力，即基础底面压力，它是建筑物荷载通过基础传给地基的压力。

基础底面压力的分布图形主要取决于下列因素：地基与基础的相对刚度、基础埋置深度、荷载大小和分布情况及地基土的性质等。在实际求解时，要考虑上述各种因素是很困难的，下面主要介绍常用的刚性基础底面压力分布的概念和简化的计算公式。

1）刚性基础底面的压力分布

刚性基础是指基础本身刚度相对地基土来说很大，在受力后基础产生的挠曲变形很小（可以忽略不计）的基础。桥梁中很多圬工基础属于这一类型，如许多扩大基础和沉井基础等。

（1）对于刚性基础，当基础底面为对称形状（如矩形、圆形）时，在中心荷载的作用下，一般基础底面压力的分布呈马鞍形，如图 9–7(a)所示。

（2）当荷载较大、基础埋置深度较小或地基为砂土时，由于基础边缘土的挤出而使边缘压力减小，其基础底面的压力分布呈抛物线形，如图 9–7(b)所示。

（3）随着荷载的继续增大，基础底面的压力分布可发展成倒钟形，如图 9–7(c)所示。

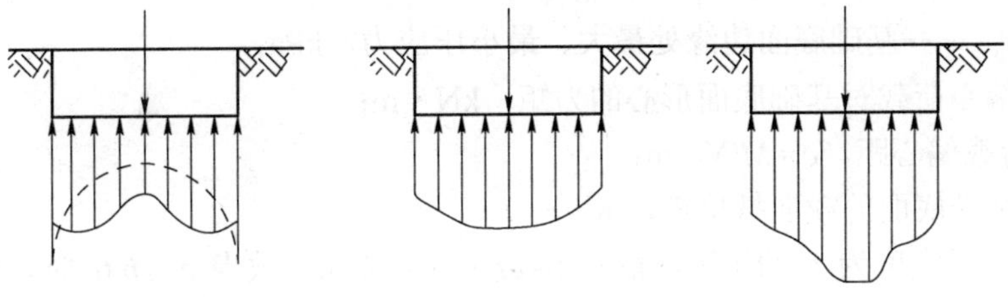


图 9–7　刚性基础底面的压力分布

理论和实验均已证明：在荷载合力大小和作用点不变的前提下，基底底面压力分布形状对土中附加应力分布的影响，在超过一定深度后就不显著了。因此，在实际计算中，刚性基础底面的应力分布如图 9–8 所示，即基础底面压力呈直线分布。

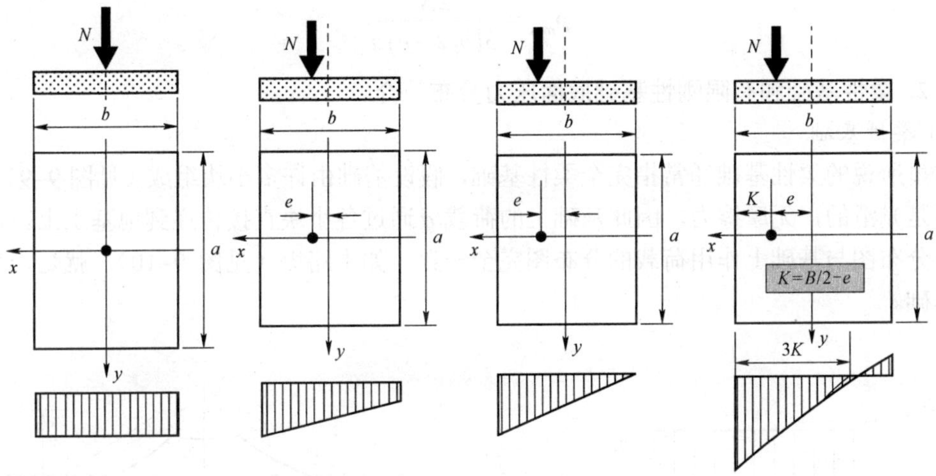


图 9–8　简化的基础底面压力分布

2）刚性基础底面压力的计算方法

当假定刚性基础底面的压力呈直线分布时，如图 9–8 所示，即可按材料力学公式计算。

（1）当受到中心荷载作用时，如图 9–8(a)所示，刚性基础底面压力的计算公式为

$$p=\frac{N}{A} \tag{9–5}$$

式中：$p$——刚性基础底面压力，kPa；

$N$——作用于基础底面中心上的竖向荷载合力，kN；

$A$——基础底面面积，$m^2$。

（2）当受到轴向偏心荷载作用，且合力作用点不超过基础底面截面核心时（$e\leqslant b/6$），如图 9–8(b)、图 9–8(c)所示，基础底面压力的计算公式为

$$\left.\begin{matrix} p_{\max} \\ p_{\min} \end{matrix}\right\}=\frac{N}{A}\pm\frac{M}{W}=\frac{N}{A}\pm\frac{Ne}{W} \tag{9–6}$$

式中：$p_{max}$、$p_{min}$——基础底面边缘处最大、最小压应力，kPa；

$M$——偏心荷载对基础底面形心的力矩，kN·m；

$e$——荷载偏心距，$e=M/N$，m；

$W$——基础底面的载面抵抗矩，$m^3$。

对长度为 $a$、宽度为 $b$ 的矩形底面，$A=ab$，$W=ab^2/6$，故当 $e \leqslant b/6$ 时，基底边缘应力也可写成：

$$\left.\begin{matrix} p_{max} \\ p_{min} \end{matrix}\right\} = \frac{N}{ab}\left(1 \pm \frac{6e}{b}\right) \qquad (9-7)$$

（3）当受到轴向偏心荷载作用，且合力作用点超过基础底面截面核心时，如图 9–8(d)所示，对于矩形截面，当荷载偏心距 $e > b/6$ 时，按材料力学偏心受压的公式计算，截面上将出现拉应力，但基础与地基之间不可能出现拉应力，于是基础底面应力将会重新分布：

$$p_{max} = \frac{2N}{3(b/2-e)a} \qquad (9-8)$$

### ➤ 2. 柔性基础和有限刚性基础底面压力分布简介

1）柔性基础

这里所说的柔性基础通常指完全柔性基础，假设基础由许多小块组成（见图 9–9）。各小块侧面是光滑的，无摩擦力，因此基础上的荷载 $q$ 通过各小块直接传递到地基土上。基础底面压力分布图与基础上作用荷载的分布图完全一致。如土路堤（见图 9–10），就是一个完全柔性基础。

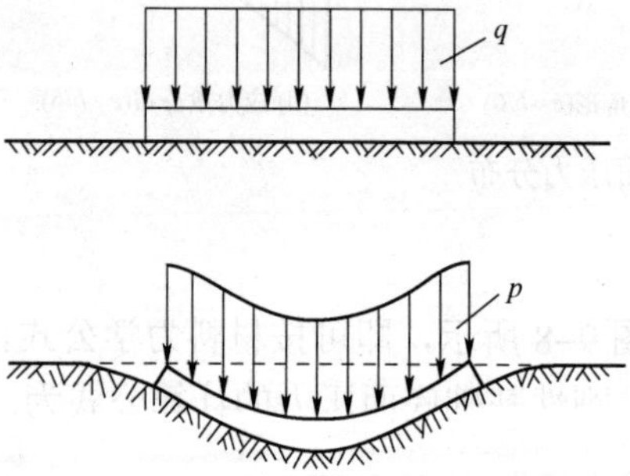


图 9–9　均布荷载作用下的基础底面压力

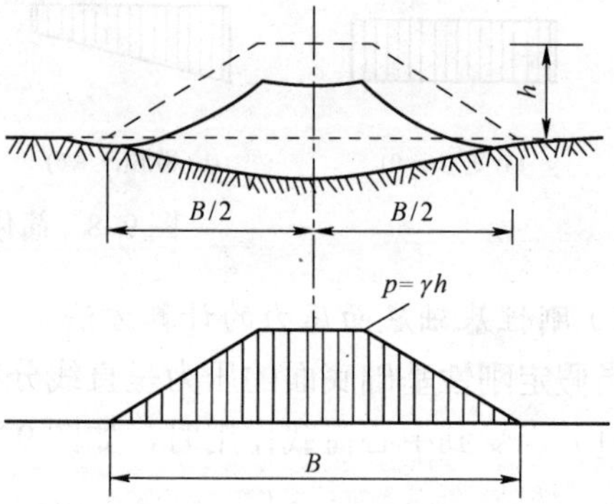


图 9–10　土路堤底面压力分布

2）有限刚性基础

有限刚性基础的刚度较小，并具有较大的抗弯刚度。例如钢筋混凝土连续基础、弹性地基梁等，在外荷载作用下基础底面将发生挠曲变形，这时基础底面压力的分布将不同于刚性基础和柔性基础，应考虑基础的实际刚度，一般按弹性地基梁理论进行分析研究。有限刚性基础底面压力的分布图更为复杂，此处不做讨论。

### ➤ 3. 土中附加应力的计算

当地基上作用荷载不大，土中的塑性变形区很小时，荷载与变形之间近似地呈直线关系，直接用弹性理论成果可保证足够的准确性。因此，对土体有条件地假定它为“直线变形体”，可以运用弹性理论公式来计算土中附加应力。

1）集中荷载作用下土中附加应力的计算

1885年法国数学家布辛奈斯克（J. Boussinesq）用弹性理论推出了在半无限空间弹性体表面上作用有竖直集中应力 $P$ 时，可以求解在弹性体内任意点 $M$ 处引起的全部应力和全部位移（见图9–11）。其中与基础沉降计算直接有关的竖向附加应力 $\sigma_z$ 为

$$\sigma_z = \frac{3P}{2\pi}\frac{z^3}{R^5} \tag{9–9}$$

式中：$P$——集中荷载，kN；

$z$——$M$ 点距弹性体表面的深度，m；

$R$——$M$ 点到力的作用点的距离，m。

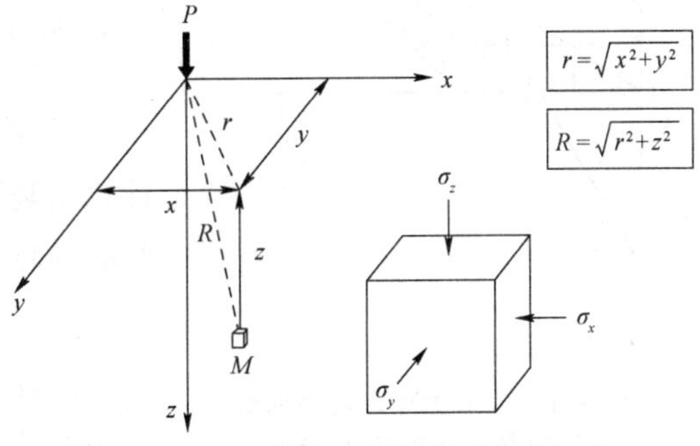


图9–11　土中一点的应力情况

集中荷载作用下土中附加应力的分布规律如下所述。

（1）在竖直集中应力 $P$ 作用线上 $\sigma_z$ 的分布。

当 $z\to\infty$ 时，$\sigma_z=0$。

在 $P$ 作用线上 $\sigma_z$ 的分布是：随着深度的增加而递减，如图9–12 所示。

（2）在 $r>0$ 的竖直线上 $\sigma_z$ 分布。

在 $r>0$ 的竖直线上，$\sigma_z$ 的分布是：随着 $z$ 的增加，$\sigma_z$ 从零开始逐渐增大，至一定深度后达到最大值；再随着 $z$ 的增加而逐渐变小，如图9–12 所示。

（3）在 $z$ 为常数的水平面上 $\sigma_z$ 的分布。

$\sigma_z$ 值在集中力作用线上最大，并随着 $r$ 的增加而逐渐减小。随着深度 $z$ 的增加，集中力作用线上的 $\sigma_z$ 减小，而水平面上应力的分布趋于均匀，如图9–12 所示。

集中荷载作用下土中附加应力 $\sigma_z$ 的等值线如图9–13 所示。

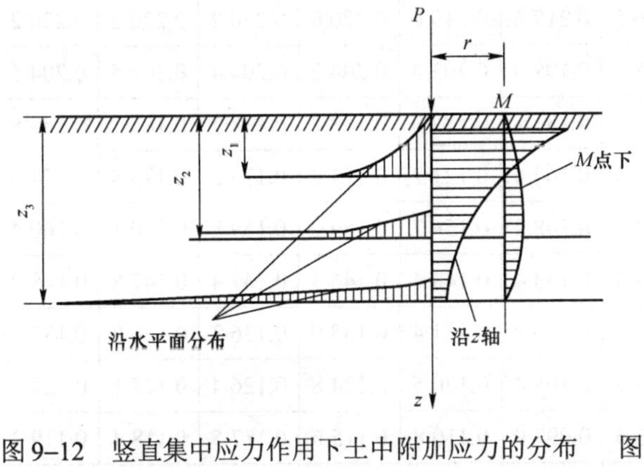


图9–12　竖直集中应力作用下土中附加应力的分布

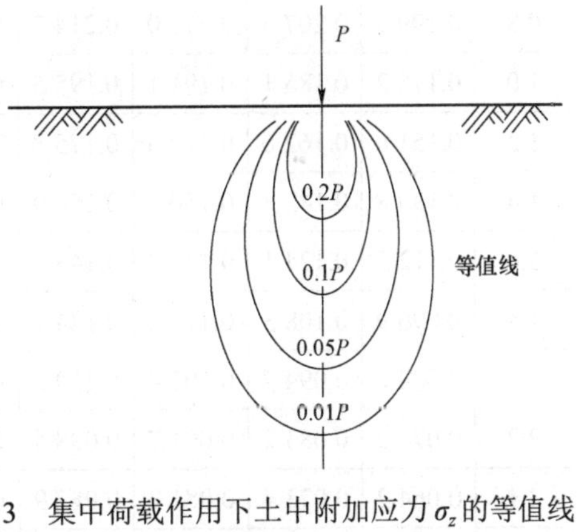


图9–13　集中荷载作用下土中附加应力 $\sigma_z$ 的等值线

2）局部面积上各种分布荷载作用下土中附加应力的计算

（1）矩形受竖直均布荷载作用。

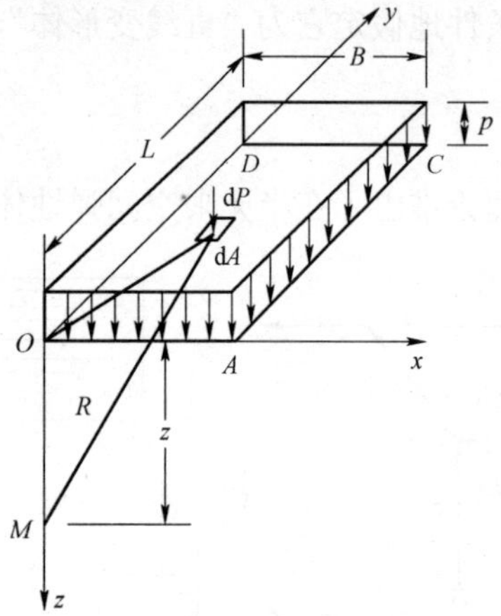


图 9–14 矩形受竖直均布荷载作用时角点下的附加应力

地基表面有一矩形面积，宽度为 $B$，长度为 $L$，其上作用着竖直均布荷载，荷载强度为 $p$，如图 9–14 所示。求地基内各点的附加应力 $\sigma_z$。这类问题的求解方法是：先求出角点下的附加应力，再利用角点法求出任意点下的附加应力。

角点下的附加应力是指图 9–14 中 $O$、$A$、$C$、$D$ 四个角点下任意深度 $z$ 处的附加应力。通过应力叠加原理，可计算出竖直均布荷载作用在角点 $O$ 以下深度 $z$ 处 $M$ 点所引起的竖直向附加应力，有

$$\sigma_z = \alpha_c \cdot p \tag{9–10}$$

式中：$\alpha_c$ 为矩形受竖直均布荷载作用时角点下的附加应力分布系数，它是 $m=L/B$ 和 $n=z/B$ 的函数，$B$ 为短边长度。$\alpha_c$ 可由式（9–11）计算得出，也可从表 9-1 中查得。

$$\alpha_c = \frac{1}{2\pi}\left[\arctan\frac{m}{n\sqrt{1+m^2+n^2}} + \frac{m \cdot n}{\sqrt{1+m^2+n^2}}\left(\frac{1}{m^2+n^2}+\frac{1}{1+n^2}\right)\right] \tag{9–11}$$

**表 9–1 矩形受竖直均布荷载作用时角点下的附加应力分布系数 $\alpha_c$**

| $n=z/B$ | $m=L/B$ | | | | | | | | | | |
|---|---|---|---|---|---|---|---|---|---|---|---|
| | 1.0 | 1.2 | 1.4 | 1.6 | 1.8 | 2.0 | 3.0 | 4.0 | 5.0 | 6.0 | 10.0（条形） |
| 0.0 | 0.250 0 | 0.250 0 | 0.250 0 | 0.250 0 | 0.250 0 | 0.250 0 | 0.250 0 | 0.250 0 | 0.250 0 | 0.250 0 | 0.250 0 |
| 0.2 | 0.248 6 | 0.248 9 | 0.249 0 | 0.249 1 | 0.249 1 | 0.249 1 | 0.249 2 | 0.249 2 | 0.249 2 | 0.249 2 | 0.249 2 |
| 0.4 | 0.240 1 | 0.242 0 | 0.242 9 | 0.243 4 | 0.243 7 | 0.243 9 | 0.244 2 | 0.244 3 | 0.244 3 | 0.244 3 | 0.244 3 |
| 0.6 | 0.222 9 | 0.227 5 | 0.230 0 | 0.235 1 | 0.232 4 | 0.232 9 | 0.233 9 | 0.234 1 | 0.234 2 | 0.234 2 | 0.234 2 |
| 0.8 | 0.199 9 | 0.207 5 | 0.212 0 | 0.214 7 | 0.216 5 | 0.217 6 | 0.219 6 | 0.220 0 | 0.220 2 | 0.220 2 | 0.220 2 |
| 1.0 | 0.175 2 | 0.185 1 | 0.191 1 | 0.195 5 | 0.198 1 | 0.199 9 | 0.203 4 | 0.204 2 | 0.204 4 | 0.204 5 | 0.204 6 |
| 1.2 | 0.151 6 | 0.162 6 | 0.170 5 | 0.175 8 | 0.179 3 | 0.181 8 | 0.187 0 | 0.188 2 | 0.188 5 | 0.188 7 | 0.188 8 |
| 1.4 | 0.130 8 | 0.142 3 | 0.150 8 | 0.156 9 | 0.161 3 | 0.164 4 | 0.171 2 | 0.173 0 | 0.173 5 | 0.173 8 | 0.174 0 |
| 1.6 | 0.112 3 | 0.124 1 | 0.132 9 | 0.143 6 | 0.144 5 | 0.148 2 | 0.156 7 | 0.159 0 | 0.159 8 | 0.160 1 | 0.160 4 |
| 1.8 | 0.096 9 | 0.108 3 | 0.117 2 | 0.124 1 | 0.129 4 | 0.133 4 | 0.143 4 | 0.146 3 | 0.147 4 | 0.147 8 | 0.148 2 |
| 2.0 | 0.084 0 | 0.094 7 | 0.103 4 | 0.110 3 | 0.115 8 | 0.120 2 | 0.131 4 | 0.135 0 | 0.136 3 | 0.136 8 | 0.137 4 |
| 2.2 | 0.073 2 | 0.083 2 | 0.091 7 | 0.098 4 | 0.103 9 | 0.108 4 | 0.120 5 | 0.124 8 | 0.126 4 | 0.127 1 | 0.127 7 |
| 2.4 | 0.064 2 | 0.073 4 | 0.081 2 | 0.087 9 | 0.093 4 | 0.097 9 | 0.110 8 | 0.115 6 | 0.117 5 | 0.118 4 | 0.119 2 |
| 2.6 | 0.056 6 | 0.065 1 | 0.072 5 | 0.078 8 | 0.084 2 | 0.088 7 | 0.102 0 | 0.107 3 | 0.109 5 | 0.110 6 | 0.111 6 |
| 2.8 | 0.050 2 | 0.058 0 | 0.064 9 | 0.070 9 | 0.076 1 | 0.080 5 | 0.094 2 | 0.099 9 | 0.102 4 | 0.103 6 | 0.104 8 |

续表

| $n=z/B$ | $m=L/B$ | | | | | | | | | | |
|---|---|---|---|---|---|---|---|---|---|---|---|
| | 1.0 | 1.2 | 1.4 | 1.6 | 1.8 | 2.0 | 3.0 | 4.0 | 5.0 | 6.0 | 10.0（条形） |
| 3.0 | 0.044 7 | 0.051 9 | 0.058 3 | 0.064 0 | 0.069 0 | 0.073 2 | 0.087 0 | 0.093 1 | 0.095 9 | 0.097 3 | 0.098 7 |
| 3.2 | 0.040 1 | 0.046 7 | 0.052 6 | 0.058 0 | 0.062 7 | 0.066 8 | 0.080 6 | 0.087 0 | 0.090 0 | 0.091 6 | 0.093 3 |
| 3.4 | 0.036 1 | 0.042 1 | 0.047 7 | 0.052 7 | 0.057 1 | 0.061 1 | 0.074 7 | 0.081 4 | 0.084 7 | 0.086 4 | 0.088 2 |
| 3.6 | 0.032 6 | 0.038 2 | 0.043 3 | 0.048 0 | 0.052 3 | 0.056 1 | 0.069 4 | 0.076 3 | 0.079 9 | 0.081 6 | 0.083 7 |
| 3.8 | 0.029 6 | 0.034 8 | 0.039 5 | 0.043 9 | 0.047 9 | 0.051 6 | 0.064 5 | 0.071 7 | 0.075 3 | 0.077 3 | 0.079 6 |
| 4.0 | 0.027 0 | 0.031 8 | 0.036 2 | 0.040 3 | 0.044 1 | 0.047 4 | 0.060 3 | 0.067 4 | 0.071 2 | 0.073 3 | 0.075 8 |
| 4.2 | 0.024 7 | 0.029 1 | 0.033 3 | 0.037 1 | 0.040 7 | 0.043 9 | 0.056 3 | 0.063 4 | 0.067 4 | 0.069 6 | 0.072 4 |
| 4.4 | 0.022 7 | 0.026 8 | 0.030 6 | 0.034 3 | 0.037 6 | 0.040 7 | 0.052 7 | 0.059 7 | 0.063 9 | 0.066 2 | 0.069 6 |
| 4.6 | 0.020 9 | 0.024 7 | 0.028 3 | 0.031 7 | 0.034 8 | 0.037 8 | 0.049 3 | 0.056 4 | 0.060 6 | 0.063 0 | 0.066 3 |
| 4.8 | 0.019 3 | 0.022 9 | 0.026 2 | 0.029 4 | 0.032 4 | 0.035 2 | 0.046 3 | 0.053 3 | 0.057 6 | 0.060 1 | 0.063 5 |
| 5.0 | 0.017 9 | 0.021 2 | 0.024 3 | 0.027 4 | 0.030 2 | 0.032 8 | 0.043 5 | 0.050 4 | 0.054 7 | 0.057 3 | 0.061 0 |
| 6.0 | 0.012 7 | 0.015 1 | 0.017 4 | 0.019 6 | 0.021 8 | 0.023 3 | 0.032 5 | 0.038 8 | 0.043 1 | 0.046 0 | 0.050 6 |
| 7.0 | 0.009 4 | 0.011 2 | 0.013 0 | 0.014 7 | 0.016 4 | 0.018 0 | 0.025 1 | 0.030 6 | 0.034 6 | 0.037 6 | 0.042 8 |

利用矩形受竖直均布荷载作用时角点下的附加应力计算公式和应力叠加原理，推导地基中任意点的附加应力的方法称为角点法。角点法的应用可以分下列两种情况。

① 第一种情况：计算矩形面积内任一点 $M'$ 下深度为 $z$ 的附加应力[见图 9–15(a)]。过 $M'$ 点将矩形 $abcd$ 分成 4 个小矩形，$M'$ 点为 4 个小矩形的公共角点，则 $M'$ 点下任意 $z$ 深度处的附加应力为

$$\sigma_{zM'}=\left(\alpha_{c\,\text{I}}+\alpha_{c\,\text{II}}+\alpha_{c\,\text{III}}+\alpha_{c\,\text{IV}}\right)p \qquad (9\text{–}12a)$$

② 第二种情况：计算矩形面积外任意点 $M'$ 下深度为 $z$ 的附加应力，思路仍然是设法使 $M'$ 点成为几个小矩形面积的公共角点，如图 9–15(b)所示，然后将其应力进行代数叠加。

$$\sigma_{zM'}=\left(\alpha_{c\,\text{I}}+\alpha_{c\,\text{II}}-\alpha_{c\,\text{III}}-\alpha_{c\,\text{IV}}\right)p \qquad (9\text{–}12b)$$

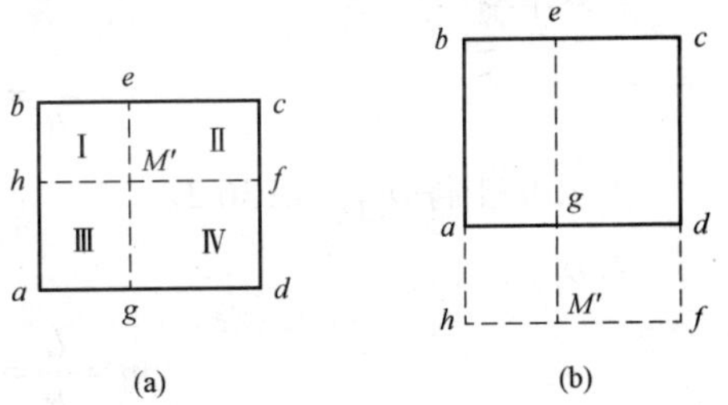


图 9–15　用角点法计算 $M'$ 点以下的附加应力

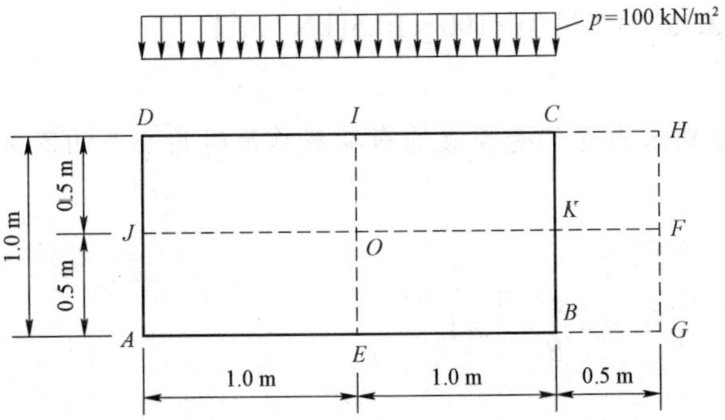


图 9–16　计算点分布图

**[例 9–2]** 今有均布荷载 $p=100\ \text{kN/m}^2$，荷载面积为 2 m×1 m，如图 9–16 所示，求荷载面积上角点 $A$、边点 $E$、中心点 $O$ 及荷载面积外 $F$ 点、$G$ 点下 $z=1$ m 深度处的附加应力，并利用计算结果说明附加应力的扩散规律。

**解：**（1）$A$ 点下的附加应力。

$A$ 点是矩形 $ABCD$ 的角点，且 $m=L/B=2/1=2$；$n=z/B=1$，查表 9–1 得

$\alpha_c=0.1999$，故

$$\sigma_{zA}=\alpha_c \cdot p=0.1999\times100\approx20(\mathrm{kN/m^2})$$

（2）$E$ 点下的附加应力。

通过 $E$ 点将矩形 $ABCD$ 划分为两个面积相等的矩形 $EADI$ 和 $EBCI$，求矩形 $EADI$ 受竖直均布荷载作用时角点下的应力分布系数 $\alpha_c$：

$$m=\frac{L}{B}=\frac{1}{1}=1;\ n=\frac{z}{B}=\frac{1}{1}=1$$

查表9–1得 $\alpha_c=0.1752$，故

$$\sigma_{zE}=2\alpha_c \cdot p=2\times0.1752\times100\approx35(\mathrm{kN/m^2})$$

（3）$O$ 点下的附加应力。

通过 $O$ 点将矩形 $ABCD$ 分为4个面积相等的矩形 $OEAJ$，$OJDI$，$OICK$ 和 $OKBE$。求矩形 $OEAJ$ 受竖直均布荷载作用时角点下的附加应力系数 $\alpha_c$：

$$m=\frac{L}{B}=\frac{1}{0.5}=2;\ n=\frac{z}{B}=\frac{1}{0.5}=2$$

查表9–1得 $\alpha_c=0.1202$，故

$$\sigma_{zO}=4\alpha_c \cdot p=4\times0.1202\times100\approx48.1(\mathrm{kN/m^2})$$

（4）$F$ 点下的附加应力。

过 $F$ 点作矩形 $FGAJ$，$FJDH$，$FGBK$ 和 $FKCH$。假设 $\alpha_{cI}$ 为矩形 $FGAJ$ 和 $FJDH$ 受竖直均布荷载作用时角点下的附加应力系数；$\alpha_{cII}$ 为矩形 $FGBK$ 和 $FKCH$ 受竖直均布荷载作用时角点下的附加应力系数。

求 $\alpha_{cI}$：

$$m=\frac{L}{B}=\frac{2.5}{0.5}=5;\ n=\frac{z}{B}=\frac{1}{0.5}=2$$

查表9–1得 $\alpha_{cI}=0.1363$。

求 $\alpha_{cII}$：

$$m=\frac{L}{B}=\frac{0.5}{0.5}=1;\ n=\frac{z}{B}=\frac{1}{0.5}=2$$

查表9–1得 $\alpha_{cII}=0.0840$。故

$$\sigma_{zF}=2(a_{cI}-a_{cII})p=2\times(0.1363-0.0840)\times100\approx10.5(\mathrm{kN/m^2})$$

（5）$G$ 点下的附加应力。

通过 $G$ 点作矩形 $GADH$ 和 $GBCH$，分别求出它们受竖直均布荷载作用时角点下的附加应力系数 $\alpha_{cI}$ 和 $\alpha_{cII}$。

求 $\alpha_{cI}$：

$$m=\frac{L}{B}=\frac{2.5}{1}=2.5;\ n=\frac{z}{B}=\frac{1}{1}=1$$

查表9–1得 $\alpha_{cI}=0.2016$。

求 $\alpha_{cII}$：

$$m=\frac{L}{B}=\frac{1}{0.5}=2;\ n=\frac{z}{B}=\frac{1}{0.5}=2$$

查表 9–1 得 $\alpha_{c\,\mathrm{II}}=0.120\,2$。故

$$\sigma_{zG}=\left(\alpha_{c\,\mathrm{I}}-\alpha_{c\,\mathrm{II}}\right)P=\left(0.201\,6-0.120\,2\right)\times 100\approx 8.1\left(\mathrm{kN/m^2}\right)$$

将计算结果绘成图 9–17(a)，可以看出，在矩形受竖直均布荷载作用时，不仅在受荷面积垂直下方的范围内产生附加应力，而且在荷载面积以外的地基土中（F、G 点下方）也会产生附加应力。另外，在地基中同一深度处（如 z=1 m），离受荷面积中线越远的点，其附加应力值越小，矩形面积中点处附加应力最大。

如果求出中点 O 和 F 点下不同深度的附加应力并绘成曲线，将得到图 9–17(b)，从中可看出地基中附加应力的扩散规律。

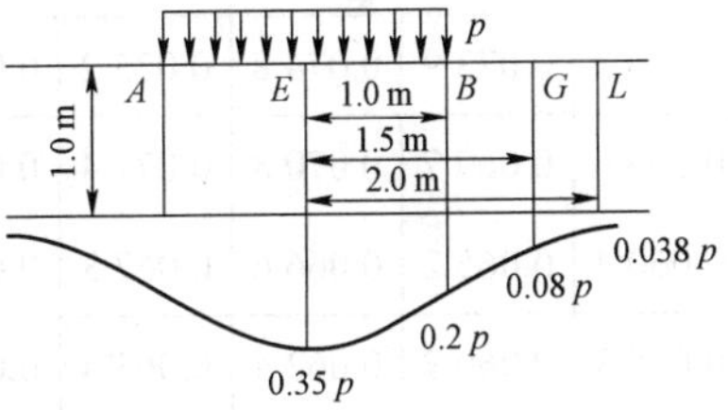


(a) 同一深度处附加应力分布图

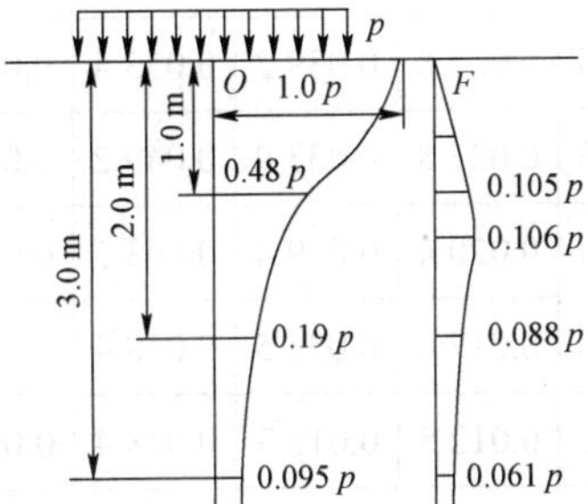


(b) O点、F点下不同深度处附加应力分布图

图 9–17 地基中附加应力的扩散规律

（2）矩形受竖直三角形分布荷载作用。

设竖直荷载在矩形上沿着 x 轴方向呈三角形分布，而沿 y 轴方向均匀分布，荷载的最大值为 $p_t$，取荷载零值边的角点 1 为坐标原点（见图 9–18）。可求得角点 1 下深度 z 处的 $M_1$ 点的附加应力 $\sigma_z$：

$$\sigma_z=\alpha_{c1}\cdot p_t \tag{9–13}$$

式中：$\alpha_{c1}$ 是三角形分布荷载作用时零角点下的附加应力分布系数，它是 $m=L/B$ 和 $n=z/B$ 的函数，即

$$\alpha_{c1}=\frac{n\cdot m}{2\pi}\left[\frac{1}{\sqrt{n^2+m^2}}-\frac{m^2}{\left(1+m^2\right)\sqrt{1+n^2+m^2}}\right]$$

其值可由表 9–2 查得。

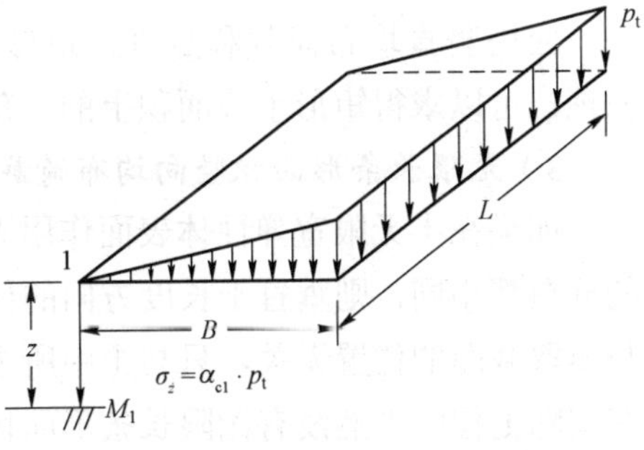


图 9–18 矩形受竖直三角形分布荷载作用时角点下的附加应力

**表 9–2 矩形受竖直三角形分布荷载作用时角点下的附加应力分布系数 $\alpha_{c1}$**

| $n=z/B$ | $m=L/B$ | | | | | | | | | | |
|---|---|---|---|---|---|---|---|---|---|---|---|
| | 0.2 | 0.4 | 0.6 | 1.0 | 1.4 | 2.0 | 3.0 | 4.0 | 6.0 | 8.0 | 10.0 |
| 0.0 | 0.000 0 | 0.000 0 | 0.000 0 | 0.000 0 | 0.000 0 | 0.000 0 | 0.000 0 | 0.000 0 | 0.000 0 | 0.000 0 | 0.000 0 |

续表

| $n=z/B$ | $m=L/B$ | | | | | | | | | | |
|---|---|---|---|---|---|---|---|---|---|---|---|
| | 0.2 | 0.4 | 0.6 | 1.0 | 1.4 | 2.0 | 3.0 | 4.0 | 6.0 | 8.0 | 10.0 |
| 0.2 | 0.022 3 | 0.028 0 | 0.029 6 | 0.030 4 | 0.030 5 | 0.030 6 | 0.030 6 | 0.030 6 | 0.030 6 | 0.030 6 | 0.030 6 |
| 0.4 | 0.026 9 | 0.042 0 | 0.048 7 | 0.053 1 | 0.054 3 | 0.054 7 | 0.054 8 | 0.054 9 | 0.054 9 | 0.054 9 | 0.054 9 |
| 0.6 | 0.025 9 | 0.044 8 | 0.056 0 | 0.065 4 | 0.068 4 | 0.069 6 | 0.070 1 | 0.070 2 | 0.070 2 | 0.070 2 | 0.070 2 |
| 0.8 | 0.023 2 | 0.042 1 | 0.055 3 | 0.068 8 | 0.073 9 | 0.076 4 | 0.077 3 | 0.077 6 | 0.077 6 | 0.077 6 | 0.077 6 |
| 1.0 | 0.020 1 | 0.037 5 | 0.050 8 | 0.066 6 | 0.073 5 | 0.077 4 | 0.079 0 | 0.079 4 | 0.079 5 | 0.079 6 | 0.079 6 |
| 1.2 | 0.017 1 | 0.032 4 | 0.045 0 | 0.061 5 | 0.069 8 | 0.074 9 | 0.077 4 | 0.077 9 | 0.078 2 | 0.078 3 | 0.078 3 |
| 1.4 | 0.014 5 | 0.027 8 | 0.039 2 | 0.055 4 | 0.064 4 | 0.070 7 | 0.073 9 | 0.074 8 | 0.075 2 | 0.075 2 | 0.075 3 |
| 1.6 | 0.012 3 | 0.023 8 | 0.033 9 | 0.049 2 | 0.058 6 | 0.065 6 | 0.069 7 | 0.070 8 | 0.071 4 | 0.071 5 | 0.071 5 |
| 1.8 | 0.010 5 | 0.020 4 | 0.029 4 | 0.043 5 | 0.052 8 | 0.060 4 | 0.065 2 | 0.066 6 | 0.067 3 | 0.067 5 | 0.067 5 |
| 2.0 | 0.009 0 | 0.017 6 | 0.025 5 | 0.038 4 | 0.047 4 | 0.055 3 | 0.060 7 | 0.062 4 | 0.063 4 | 0.063 6 | 0.063 6 |
| 2.5 | 0.006 3 | 0.012 5 | 0.018 3 | 0.028 4 | 0.036 2 | 0.044 0 | 0.050 4 | 0.052 9 | 0.054 3 | 0.054 7 | 0.054 8 |
| 3.0 | 0.004 6 | 0.009 2 | 0.013 5 | 0.021 4 | 0.028 0 | 0.035 2 | 0.041 9 | 0.044 9 | 0.046 9 | 0.047 4 | 0.047 6 |
| 5.0 | 0.001 8 | 0.003 6 | 0.005 4 | 0.008 8 | 0.012 0 | 0.016 1 | 0.021 4 | 0.024 8 | 0.025 3 | 0.029 6 | 0.030 1 |
| 7.0 | 0.000 9 | 0.001 9 | 0.002 8 | 0.004 7 | 0.006 4 | 0.008 9 | 0.012 4 | 0.015 2 | 0.018 6 | 0.020 4 | 0.021 2 |
| 10.0 | 0.000 5 | 0.000 9 | 0.001 4 | 0.002 3 | 0.003 3 | 0.004 6 | 0.006 6 | 0.008 4 | 0.011 1 | 0.012 3 | 0.013 9 |

应用竖直均布荷载和竖直三角形分布荷载作用时角点下的附加应力的计算公式及叠加原理，可以求得矩形承载面积上的三角形和梯形荷载作用下地基内任意一点的附加应力。

3）无限长条形面积竖向均布荷载作用下土中附加应力的计算

如果在半无限宽弹性体表面作用无限长条形面积竖向均布荷载，而且荷载在各个截面上的分布都相同，则垂直于长度方向的任一截面内附加应力的大小及分布规律都是相同的，即与所取截面的位置无关，只与土中所求应力点的平面位置有关，故又称该问题为平面问题。在实际工程中当然没有无限长条形面积分布荷载，但在实际应用中，一般当荷载的延伸长度与其宽度之比较大时，即 $L/B \geqslant 10$ 时，可认为是条形基础。像墙基、路基、挡土墙和堤坝等，均可按平面问题计算地基中的附加应力，其计算结果与实际相差很少。

无限长条形面积竖向均布荷载作用时，以一侧边缘为原点建立坐标系（见图 9–19），则在土中 $M$ 点引起的竖向附加应力为

$$\sigma_z = \alpha_u p \tag{9–14}$$

式中：$\alpha_u$ 为无限长条形面积竖直均布荷载作用时的附加应力系数，可查表 9–3。

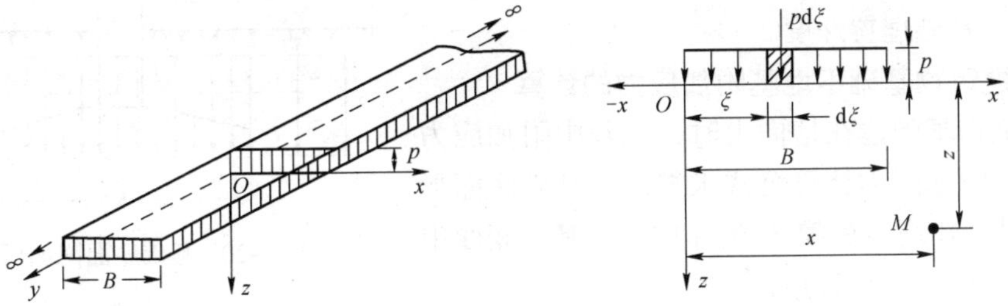


图 9–19　无限长条形面积竖直均布荷载作用时土中附加应力

**表 9–3　无限长条形面积竖直均布荷载作用时的附加应力系数 $\alpha_u$**

| $m=x/b$ | $n=z/b$ | | | | | | | | | |
|---|---|---|---|---|---|---|---|---|---|---|
| | 0.01 | 0.1 | 0.2 | 0.4 | 0.6 | 0.8 | 1.0 | 1.2 | 1.4 | 2.0 |
| 0 | 0.500 | 0.499 | 0.498 | 0.489 | 0.468 | 0.440 | 0.409 | 0.375 | 0.348 | 0.275 |
| 0.50 | 0.999 | 0.997 | 0.978 | 0.881 | 0.756 | 0.642 | 0.546 | 0.478 | 0.420 | 0.306 |
| 1.00 | 0.500 | 0.499 | 0.498 | 0.489 | 0.468 | 0.440 | 0.409 | 0.375 | 0.348 | 0.275 |
| 1.25 | 0.000 | 0.011 | 0.091 | 0.174 | 0.243 | 0.276 | 0.288 | 0.287 | 0.279 | 0.242 |
| −0.25 | 0.000 | 0.011 | 0.091 | 0.174 | 0.243 | 0.276 | 0.288 | 0.287 | 0.279 | 0.242 |
| −0.50 | 0.001 | 0.002 | 0.011 | 0.056 | 0.111 | 0.155 | 0.183 | 0.202 | 0.210 | 0.205 |

## ▶工作任务 9.3　建筑物基础下地基附加应力的计算

视频+课件　思 政 课 堂

◎ **学习目标与要求**：掌握建筑物基础底面附加压力的计算；掌握建筑物基础下地基附加应力的计算。

◎ **重点**：建筑物基础底面附加压力的计算；建筑物基础下地基附加应力的计算。

◎ **难点**：建筑物基础底面附加压力的计算。

### ➤ 1. 建筑物基础底面附加压力的计算

1）基础位于地面上

当建筑物基础建在地面上时，基础底面附加压力就是基础底面接触压力：

$$P_0 = P \tag{9–15}$$

2）基础位于地面下（见图 9–20）

基础底面附加压力变为

$$P_0 = P - \gamma h \tag{9–16}$$

式中：$P_0$——基础底面附加压力，kPa；

$P$——基础底面接触压力，kPa；

$\gamma$——基础底面以上地基土的天然重度，$kN/m^3$；

$h$——基础埋置深度。

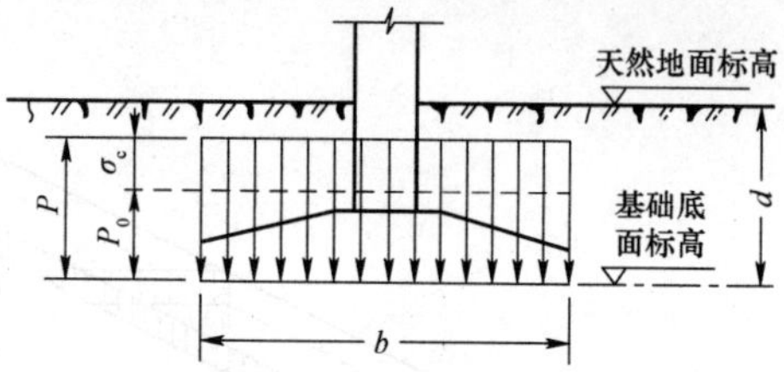


图 9–20 基础底面附加压力情况

### ➤ 2. 建筑物基础下地基附加应力的计算

当建筑物基础建在地面上时，地基中附加应力即可用土中附加应力计算公式求得。当基础底面形状为矩形时，在均布荷载 $P$ 的作用下，基础底面中点下深度 $z$ 处的附加应力为

$$\sigma_z = 4\alpha_c p_0 = 4\alpha_c (p - \gamma h) \tag{9–17}$$

式中：$\alpha_c$ 为矩形受竖直均布荷载作用时角点下的附加应力分布系数，可查表得到，但需注意，查表时，深度 $z$ 应从基底算起，而不是从地面算起，角点为此矩形的中点。

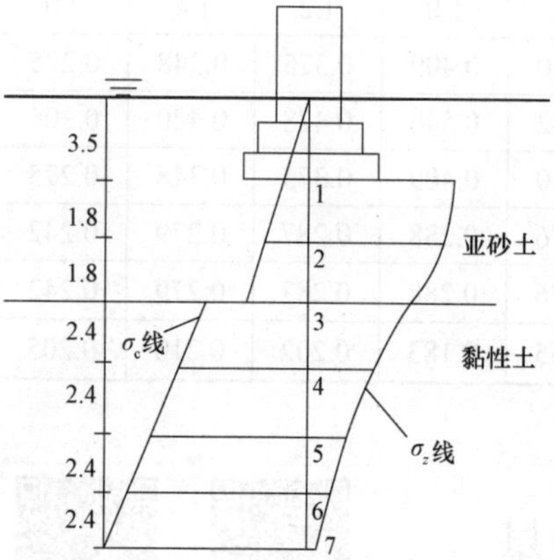


图 9–21 计算简图

［例 9–3］某水中基础如图 9–21 所示，基础底面尺寸为 6 m×12 m，作用于基础底面的中心荷载 $N$=17 490 kN（只考虑恒载作用，其中包括基础重力及水的浮力），基础埋置深度 $h$=3.5 m，地基上层为透水的亚砂土，其 $\gamma'$=9.31 kN/m³，下层为硬塑黏土（不透水），其天然重度为 18.6 kN/m³，求其基础中心下各点的竖向自重应力和附加应力，并画出应力分布图。

**解：**基础底面面积 $A=6\times12=72$（$m^2$）

基础底面总应力 $\sigma=P=N/A=17\,490/72=242.9$（kPa）

基础底面自重应力 $\gamma h=9.31\times3.5=32.6$（kPa）

基础底面附加应力 $P_0=P-\gamma h=210.3$ kPa

各点竖向自重应力计算结果见表 9–4。

**表 9–4 各点竖向自重应力**

| 计算点 | 1 | 2 | $3_上$ | $3_下$ | 4 | 5 | 6 | 7 |
|---|---|---|---|---|---|---|---|---|
| $\sigma_c$ /kPa | 32.6 | 49.3 | 66.0 | 137.1 | 181.7 | 226.4 | 271.0 | 315.7 |

各点附加应力计算结果见表 9–5。

**表 9–5 各点附加应力**

| 计算点 | $L/B$ | $z$/m | $z/B$ | $\alpha_c$ | $\sigma_z=4\alpha_c P_0$ | 计算点 | $L/B$ | $z$/m | $z/B$ | $\alpha_c$ | $\sigma_z=4\alpha_c P_0$ |
|---|---|---|---|---|---|---|---|---|---|---|---|
| 1 | 2 | 0 | 0 | 0.25 | 210.0 | 5 | 2 | 8.4 | 2.8 | 0.080 | 67.7 |
| 2 | 2 | 1.0 | 0.6 | 0.232 | 195.0 | 6 | 2 | 10.8 | 3.6 | 0.056 | 47.1 |
| 3 | 2 | 3.6 | 1.2 | 0.181 | 153.0 | 7 | 2 | 13.2 | 4.4 | 0.041 | 34.5 |
| 4 | 2 | 6.0 | 2.0 | 0.120 | 100.8 | | | | | | |

根据各点 $\sigma_c$ 和 $\sigma_z$ 的计算结果，绘制出应力分布图，如图 9–21 所示。

# 思考与练习

1. 何谓土中应力？它有哪些分类和用途？

2. 怎样简化土中应力计算模型？

3. 基础底面压力分布的影响因素有哪些？

4. 如何计算基础底面压力 $p$ 和基础底面附加压力 $p_0$？两者概念有何不同？

5. 土中附加应力的产生原因有哪些？在工程实用中应如何考虑？

6. 简述土中应力分布规律。

7. 某建筑场地的地层分布均匀，第一层杂填土厚 1.5 m，$\gamma=17\ \mathrm{kN/m^3}$；第二层粉质黏土厚 4 m，$\gamma=19\ \mathrm{kN/m^3}$，地下水位在地面下 2 m 深处；第三层淤泥质黏土厚 8 m，$\gamma=18.2\ \mathrm{kN/m^3}$，为透水性土层；第四层粉土厚 3 m，$\gamma=19.2\ \mathrm{kN/m^3}$；第五层砂岩未钻穿。试计算各层交界处的竖向自重应力 $\sigma_c$，并绘出 $\sigma_c$ 沿深度分布图。

8. 某构筑物基础如图 9–22 所示，在设计地面标高处作用有偏心荷载 680 kN，偏心距 1.31 m，基础埋置深度为 2 m，底面尺寸为 4 m × 2 m。试求基础底面平均压力 $p$ 和边缘最大压力 $p_{max}$，并绘出沿偏心方向的基础底面压力分布图。

9. 某矩形基础的底面尺寸为 4 m × 2.4 m，设计地面下深埋为 1.2 m（高于天然地面 0.2 m），设计地面以上的荷载为 1 200 kN，基础底面标高处原有土的加权平均重度为 18 kN/m³。试求基础底面水平面 1 点及 2 点下各 3.6 m 深度 $M_1$ 点及 $M_2$ 点处的地基附加应力 $\sigma_z$ 值（见图 9–23）。

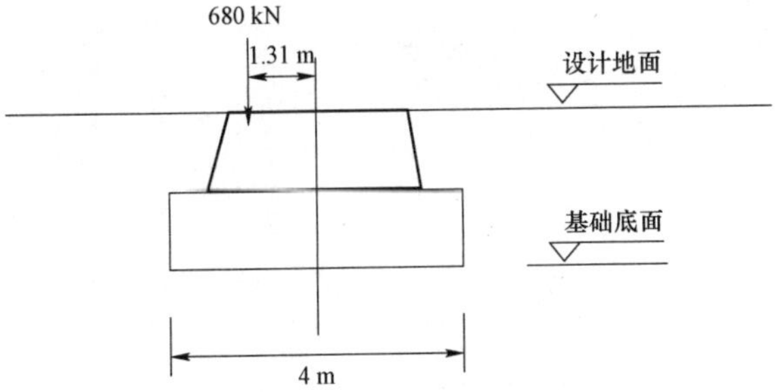


图 9–22　第 8 题图

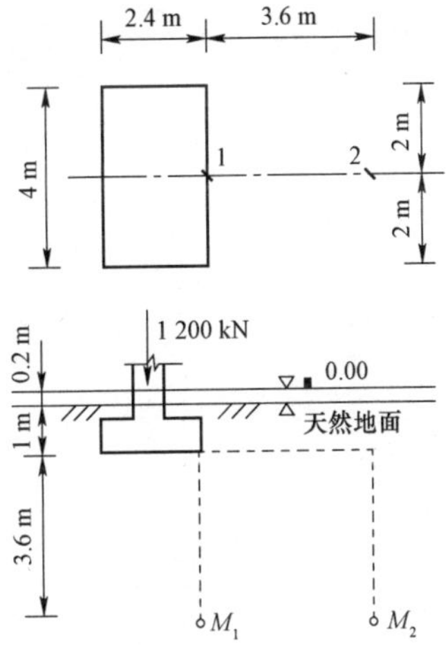


图 9–23　第 9 题图

10. 某外墙下条形基础底面宽度 $b=1.5$ m，基础底面标高为 −1.50 m，室内地面标高为 ±0.000，室外地面标高为 −0.60 m，墙体作用在基础底面的竖直均布荷载 $F=230$ kN/m，试求基础底面压力 $P$。

11. 某场地地表 0.5 m 为新填土，$\gamma=16\ \mathrm{kN/m^3}$，填土下为黏土，$\gamma=18.5\ \mathrm{kN/m^3}$，地下水

位在地表下 1 m。现设计一柱下独立基础，已知基础底面面积 $A$=5 m$^2$，埋深 $d$=1.2 m，上部结构传给基础的轴心荷载 $F$=1 000 kN。试计算基础底面附加压力 $P_0$。

12. 已知条形均布荷载 $P_0$=200 kPa，荷载面宽度 $b$=2 m，试按均布矩形荷载下的附加应力计算公式计算条形荷载面中心点下 2 m 深处的竖向附加应力 $\sigma_z$。

13. 已知一条形基础底面尺寸为 60 m×4 m，设基础底面压力均匀分布，基础底面中心点下 2 m 深度处的竖向附加应力 $\sigma_z$ 为 200 kPa，问基础底面角点下 4 m 深度处竖向附加应力为多少？

# 学习情境 10　土的压缩性和沉降计算

## ▶工作任务 10.1　土的压缩性

视频+课件　思 政 课 堂

◎ **学习目标与要求：** 掌握土的压缩性、压缩概念、压缩曲线及土的压缩性指标。

◎ **重点：** 土的压缩性；压缩曲线及土的压缩性指标。

◎ **难点：** 压缩曲线及压缩系数。

### ➤ 1. 基本概念

1）土的压缩性

土的压缩性是指在外荷载作用下，土体体积变小的性质，它反映的是土中应力与其变形之间的变化关系，是土的一种基本力学性质之一。

土作为三相体，是由土粒及土粒间孔隙中的水和气体组成的，因此土体被压实后，其压缩变形一般包括：① 水和气体所占孔隙体积的减小；② 孔隙中水被压缩；③ 土粒本身被压缩。

在一般情况下，土中的水及土粒本身被压缩得极其微小，可忽略不计。故在研究土的压缩性时，假定孔隙水和土粒都是不可压缩的，即不考虑它们的变形，只考虑其孔隙体积的变化。这样，孔隙体积的变化就可以用孔隙比的变化来反映，即土的压缩变形过程表现为土的孔隙比随着作用在其上的压应力增加而逐渐减小的关系。

地基土产生压缩的原因分外因和内因两大类。

（1）外因。

① 建筑物荷载作用，这是普遍存在的因素；

② 地下水位大幅度下降，相当于施加大面积荷载；

③ 施工影响，基槽持力层土的结构扰动；

④ 振动影响，产生振沉；

⑤ 温度变化影响，如冬季冰冻、春季融化；

⑥ 浸水下沉，如黄土湿陷、填土下沉。

（2）内因。

① 固相矿物本身压缩极小，这在物理学上有意义，但对建筑工程来说没有意义；

② 土中液相水的压缩，在一般工程荷载（100～600 kPa）作用下水的压缩很小，可不计；

③ 土中孔隙的压缩，土中水与气体受压后从孔隙中被挤出，使土的孔隙减小。

在上述诸多因素中，建筑物荷载作用是外因的主要因素，通过土中孔隙的压缩这一内因发生实际效果。

2）地基沉降

建筑物作为外荷载作用于地基上，使地基中产生附加应力，而附加应力的产生致使地基土出现压缩变形，通常将建筑物基础随之产生的竖向变位称为沉降。

为了计算地基的沉降变形，需要研究地基土的压缩性。在实际工程问题中，很多现象都要用土的压缩性和地基沉降的知识来解释。比如，为什么比萨斜塔建成了那么多年还在继续倾斜？为什么有的房屋建筑中使用中墙壁会逐渐开裂？为什么建于软土地基上的高速公路常常会出现桥头跳车现象？这些问题都与地基沉降有关。研究地基的沉降变形，主要解决总沉降量大小的问题，即最终沉降量。

计算地基沉降时，必须取得土的压缩性指标。土的压缩性指标可以通过室内固结实验或现场荷载实验获得，用这些指标可以描述土的压缩性，再结合工程实践中广泛采用的实用计算方法，就可计算出地基的最终沉降量。

**➤ 2. 土的压缩性指标及其确定方法**

土的压缩性指标主要有：压缩系数 $a$、压缩模量 $E_s$ 和变形模量 $E$。压缩系数 $a$、压缩模量 $E_s$，可通过室内固结实验获得，变形模量 $E$ 可由现场荷载实验取得。室内固结实验由于较容易，为常用方法；而现场荷载实验较复杂，只在重要工程中使用。

1）室内固结实验

（1）室内固结实验方法。

室内固结实验中使用的主要仪器为固结仪（见图10–1）或压缩仪，其主要部分为圆筒形的刚性容器。先用环刀切取原状土，连同环刀放入容器，土样上下两面均有透水石。使土样受压缩时，孔隙水可从上、下两面排出。实验时另配有加压设备（见图10–2），通过传压拉杆给土样施加压力，土样的变形用测微表（百分表）测量。在无侧向膨胀的条件下，对土样分级施加竖向压力，根据各级压力 $p_i$ 下的稳定压缩量 $\Delta h_i$，计算出相应的稳定孔隙比 $e_i$，有：

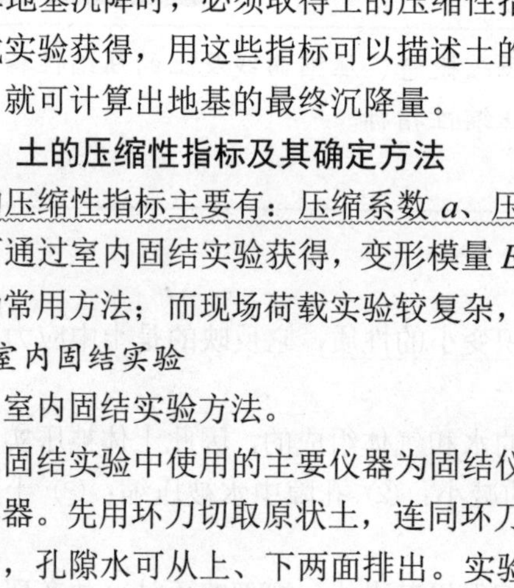


图10–1 固结仪示意图

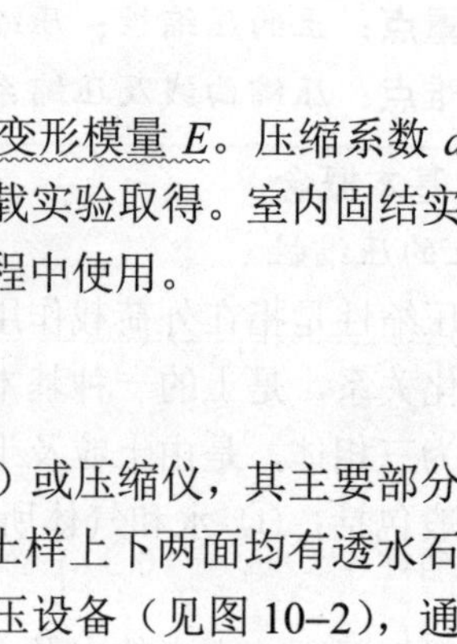


图10–2 加压设备示意图

$$e_i = e_0 - \frac{\Delta h_i}{h_0}(1+e_0) \tag{10–1}$$

式中：$e_0$——土样的原始孔隙比；

$h_0$——土样的原始高度。

这样，可根据实验成果绘制孔隙比与压力的关系曲线，称压缩曲线。

（2）土的压缩性指标。

① 压缩系数 $a$。

在压缩曲线（见图 10–3）上，当压力的变化范围不大时，可将压缩曲线上相应一小段 $M_1M_2$ 近似地用直线来代替。若 $M_1$ 点的压力为 $p_1$，相应孔隙比为 $e_1$，$M_2$ 点的压力为 $p_2$，相应孔隙比为 $e_2$，则 $M_1M_2$ 段的斜率可表示为

$$a = \tan\alpha = \frac{\Delta e}{\Delta p} = \frac{e_1 - e_2}{p_2 - p_1} \tag{10–2}$$

式（10–2）是土的力学性质的基本定律之一，称压缩定律。它表明：在压力变化范围不大时，孔隙比的变化值（减小值）与压力的变化值（增加值）成正比。其比例系数称为压缩系数，用符号 $a$ 表示，单位为 $\text{MPa}^{-1}$。压缩系数值越大，土的压缩性越高。

从图 10–3 中可以看出，压缩系数随所取压力变化范围的不同而改变。通常规定，以 $p_1 = 0.1\,\text{MPa}$，$p_2 = 0.2\,\text{MPa}$ 时相应的压缩系数 $a_{1-2}$ 作为判断土的压缩性的标准。

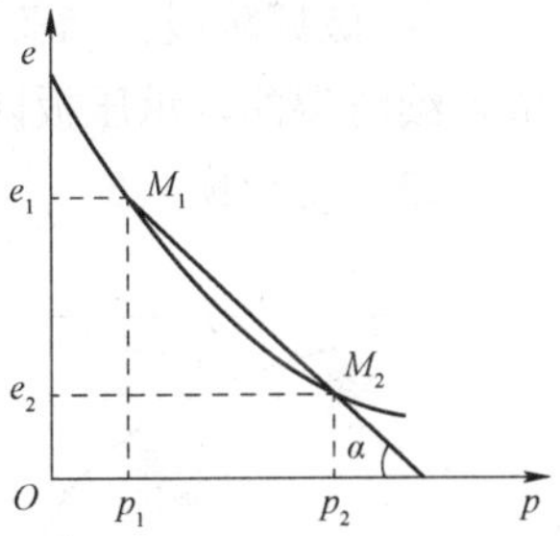


图 10–3　压缩曲线

低压缩性土：$a_{1-2} < 0.1\,\text{MPa}^{-1}$；

中等压缩性土：$0.1\,\text{MPa}^{-1} \leqslant a_{1-2} < 0.5\,\text{MPa}^{-1}$；

高压缩性土：$a_{1-2} \geqslant 0.5\,\text{MPa}^{-1}$。

② 压缩模量 $E_s$。

压缩模量 $E_s$ 指土在侧限条件下受压时压应力 $\sigma_z$ 与相应的应变 $\varepsilon_z$ 之间的比值（单位为 MPa 或 kPa），即

$$E_s = \frac{\sigma_z}{\varepsilon_z} \tag{10–3}$$

因为

$$\sigma_z = p_2 - p_1 \qquad \varepsilon_z = \frac{\Delta h_1}{h_0} = \frac{e_1 - e_2}{1 + e_1} \tag{10–4}$$

故压缩模量 $E_s$ 与压缩系数 $a$ 之间的关系为

$$E_s = \frac{p_2 - p_1}{e_1 - e_2}(1 + e_1) = \frac{1 + e_1}{a} \tag{10–5}$$

式中：$a$ 为压力从 $p_1$ 增加至 $p_2$ 时的压缩系数，$e_1$ 为压力 $p_1$ 对应的孔隙比。

2）现场荷载实验

（1）现场荷载实验方法。

现场荷载实验示意图如图 10–4 所示。在准备修建基础的地点开挖基坑，并使其深度等于基础的埋置深度，然后在坑底安置刚性承压板、加载设备和测量地基变形的仪器，进行逐级加载。根据实验结果可绘出现场载荷实验沉降曲线（$p$–$s$ 曲线），如图 10–5 所示。土体的变形（沉降）可以依次分为三个阶段。

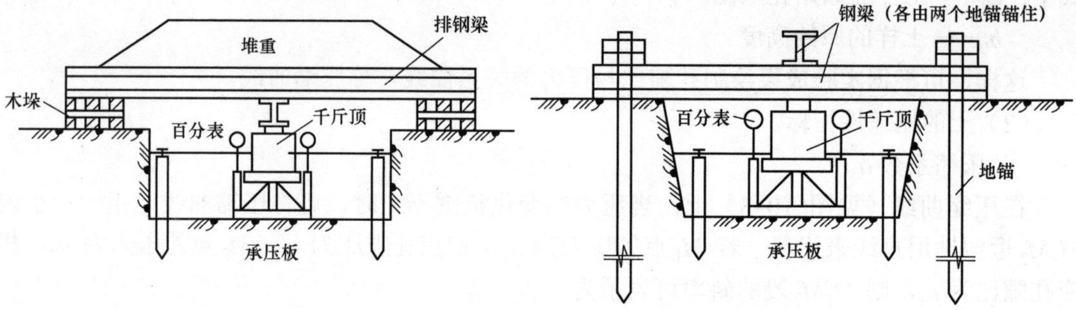


图 10–4 现场荷载实验示意图

① 压密阶段。土由于受荷载作用而被压实，相当于图 10–5 中的 $O$ 至 $a$ 阶段。在这个阶段中，荷载 $p$ 与沉降 $s$ 近似呈线性关系。

② 局部剪切阶段。荷载 $p$ 和沉降 $s$ 之间不再保持线性关系，承压板底下的土在发生压实的同时，开始发生侧向位移，土中出现局部剪切破坏。即图 10–5 中的 $a$ 至 $b$ 阶段。

③ 破坏阶段。当荷载超过极限荷载 $p_u$ 时，承压板沉降急剧增大，承压板底下土体中形成连续滑裂面，承压板四周因土体向外上方滑动而出现隆起的土堆。

（2）变形模量$E$。

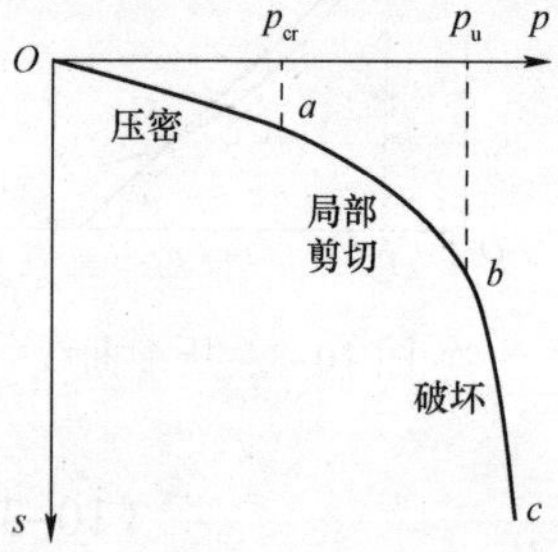


图 10–5 现场荷载实验沉降曲线

土在压密阶段，由于荷载 $p$ 与沉降 $s$ 近似呈线性关系，可将承压板底下的土体视为均质的各向同性直线变形体，从而利用弹性理论求得土体变形模量 $E$ 与沉降量 $s$ 的关系：

$$E = \frac{\omega pB(1-\mu)}{s} \tag{10–6}$$

式中：$\omega$——与承压板（或基础）的刚度和形状有关的系数；

$B$——承压板的短边长或直径；

$\mu$——土的泊松比；

$p, s$——压密阶段曲线上某点的荷载和与其对应的沉降。

## ▶工作任务 10.2　土的沉降计算

视频+课件

◎ **学习目标与要求**：了解采用分层总和法计算地基总沉降的假定，掌握采用分层总和法计算地基总沉降的步骤。

◎ **重点**：采用分层总和法计算地基总沉降。

◎ **难点**：采用分层总和法计算地基总沉降。

### ➤ 1. 计算假定

（1）地基中划分的各薄层均在无侧向膨胀情况下产生竖向压缩变形。

（2）基础沉降量按基础底面中心垂线上的附加应力进行计算。

（3）对于每一薄层来说，从顶层到底层的应力是变化的，计算时均近似地取层顶和层底应力的平均值。土层划分得越薄，由这种简化所产生的误差越小。

（4）只计算“压缩层”范围内的变形。所谓“压缩层”是指基础底面以下地基中有显著变形的那部分土层。

图 10–6 为采用分层总和法计算地基总沉降的示意图。

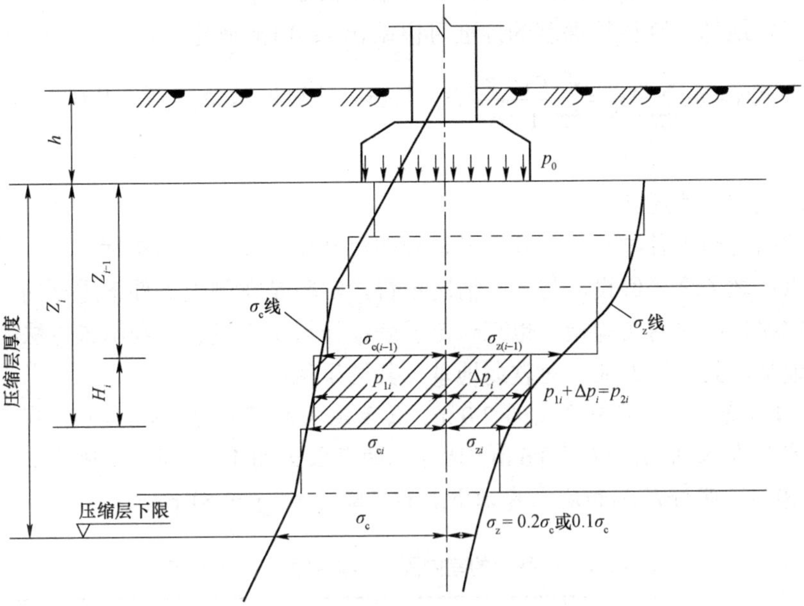


图 10–6　采用分层总和法计算地基总沉降的示意图

### ➤ 2. 计算步骤

（1）计算基础底面的自重应力 $\gamma h$ 及基础底面处附加应力 $p_0 = p - \gamma h$。其中 $h$ 是基础埋置深度，从地面或河底算起。

（2）首先划分薄层，再计算基础底面中心垂线上各薄层上下面处的自重应力和附加应力，最后绘出应力分布线。薄层厚度 $H_i$ 通常取 0.4$B$（$B$ 为基础宽度），但必须将不同土层的界面或潜水位面划分为薄层的分界面。

（3）计算各薄层顶面和底面自重应力，取顶、底面自重应力的平均值 $\frac{\sigma_{c(i-1)}+\sigma_{ci}}{2}$ 作为薄层的初始应力 $p_{1i}=\frac{\sigma_{c(i-1)}+\sigma_{ci}}{2}$，取顶、底面附加应力的平均值 $\Delta p_i=\frac{\sigma_{z(i-1)}+\sigma_{zi}}{2}$ 与 $p_{1i}$ 之和作为薄层的总应力 $p_{2i}=p_{1i}+\Delta p_i$，并根据相应土的固结实验结果获得 $e_{1i}$ 和 $e_{2i}$ 或 $E_{si}$ 的值。

（4）用公式 $\Delta s_i=\frac{e_{1i}-e_{2i}}{1+e_{1i}}H_i$ 或公式 $\Delta s_i=\frac{\sigma_{zi}}{E_{si}H_i}$ 求出第 $i$ 分层的压缩量 $\Delta s_i=\frac{e_{1i}-e_{2i}}{1+e_{1i}}H_i$。

（5）最后加和，即得各薄层压缩量的总和：$s_n=\sum_{i=1}^{n}\Delta s_i=\sum_{i=1}^{n}\frac{e_{1i}-e_{2i}}{1+e_{1i}}H_i$ 。

（6）确定压缩层的计算深度 $Z_n$。此时应符合下式要求：

$$\Delta s_n' \leqslant 0.025 s_n$$

式中：$\Delta s_n'$——在计算深度 $Z_n$ 处，向上取 1 m 厚的薄层压缩量，cm；

$s_n$——在计算深度 $Z_n$ 范围内，各薄层压缩量的总和，cm。

通常，确定地基沉降计算深度的标准可根据 $\sigma_z \leqslant 0.1\sigma_c$ 确定。

（7）用公式 $s=m_s\sum_{i=1}^{n}\Delta s_i=\sum_{i=1}^{n}\frac{e_{1i}-e_{2i}}{1+e_{1i}}H_i$（cm）计算地基总沉降。其中，$m_s$ 为沉降计算经验系数。

此法优缺点如下所述。

（1）优点：适用于各种成层土和各种荷载的沉降量计算；压缩指标 $a$，$E_s$ 等易确定。

（2）缺点：做了许多假设，与实际情况不符，实验是在侧限条件下进行的；基础底面压力计算有一定误差；室内实验指标也有一定误差；计算工作量大。利用该方法所得的计算结果，对坚实地基，其结果偏大，对软弱地基，其结果偏小。

**［例 10－1］** 墙下条形基础宽度为 2.0 m，传至地面的荷载为 100 kN/m，基础理置深度为 1.2 m，地下水位在基础底面以下 0.6 m，地基土的参数如图 10–7 所示，地基土的室内固结实验数据见表 10–1，用分层总和法求基础中点的沉降量。（$g$=9.81 m/s$^2$）

**表 10–1　地基土的室内固结实验数据（孔隙比值）**

| 土层 | $p$=0 | $p$=50 kPa | $p$=100 kPa | $p$=200 kPa | $p$=300 kPa |
|---|---|---|---|---|---|
| 黏土① | 0.651 | 0.625 | 0.608 | 0.587 | 0.570 |
| 粉质黏土② | 0.978 | 0.889 | 0.855 | 0.809 | 0.773 |

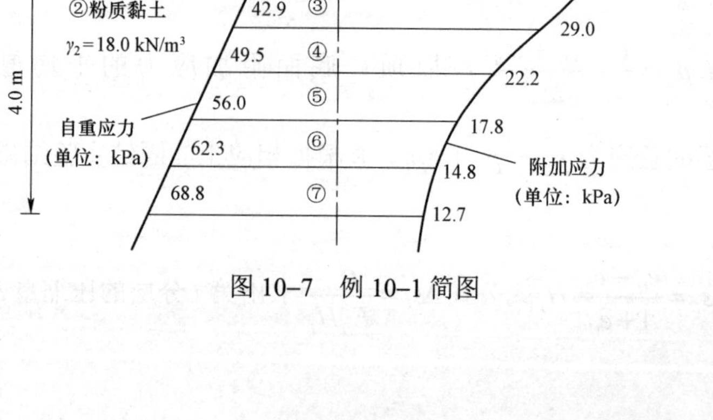


图 10–7　例 10–1 简图

**解：**（1）地基分层。

考虑分层厚度不超过 $0.4B=0.8$ m 及地下水位，将基础底面以下厚 1.2 m 的黏土层分成两层，层厚均为 0.6 m，其下粉质黏土层分层厚度均取 0.8 m。

（2）计算自重应力。

计算分层处的自重应力，地下水位以下取有效重度进行计算。计算各分层上下界面处自重应力的平均值，作为该分层受压前所受侧限竖向应力 $p_{1i}$，各分层点的自重应力及各分层的自重应力平均值见图 10–7 及表 10–2。

**表 10–2　例 10–1 计算结果**

| 分层点 | 深度 $z_i$/m | 自重应力 $\sigma_c$/kPa | 附加应力 $\sigma_z$/kPa | 层号 | 层厚 $H_i$/m | 自重应力平均值 $p_{1i}$/kPa | 附加应力平均值 $p_i$/kPa | 总应力平均值 $p_{2i}$/kPa | 受压前孔隙比 $e_{1i}$ | 受压后孔隙比 $e_{2i}$ | 分层压缩量 $\Delta s_i$/mm |
|---|---|---|---|---|---|---|---|---|---|---|---|
| 0 | 0 | 21.1 | 52.9 | — | — | — | — | — | — | — | — |
| 1 | 0.6 | 31.7 | 49.5 | ① | 0.6 | 26.4 | 51.2 | 77.6 | 0.637 | 0.616 | 7.7 |
| 2 | 1.2 | 36.4 | 40.0 | ② | 0.6 | 34.1 | 44.8 | 78.9 | 0.633 | 0.615 | 6.6 |
| 3 | 2.0 | 42.9 | 29.0 | ③ | 0.8 | 39.7 | 34.5 | 74.2 | 0.901 | 0.873 | 14.3 |
| 4 | 2.8 | 49.5 | 22.2 | ④ | 0.8 | 46.2 | 25.6 | 71.8 | 0.896 | 0.874 | 9.7 |
| 5 | 3.6 | 56.0 | 17.8 | ⑤ | 0.8 | 52.8 | 20.0 | 72.8 | 0.887 | 0.874 | 5.5 |
| 6 | 4.4 | 62.3 | 14.8 | ⑥ | 0.8 | 59.3 | 16.3 | 75.6 | 0.883 | 0.872 | 4.7 |
| 7 | 5.2 | 68.8 | 12.7 | ⑦ | 0.8 | 65.7 | 13.8 | 79.5 | 0.878 | 0.869 | 3.8 |

（3）计算竖向附加应力。

基础底面平均附加应力为：$p_0=p-\gamma h=\dfrac{100+20\times1.0\times1.2\times2.0}{2.0\times1.0}-1.2\times17.6=52.9(\text{kPa})$

查表 9–3，可得应力系数 $\alpha_u$ 及用式（9–13）计算各分层点的竖向附加应力，并计算各分层上下界面处附加应力的平均值，见图 10–7 及表 10–2。

（4）将各分层自重应力平均值和附加应力平均值之和作为该分层受压后的总应力平均值 $p_{2i}$。

（5）确定压缩层深度。

按 $\sigma_z/\sigma_c=0.2$ 来确定压缩层深度，在 $z=4.4$ m 处，$\sigma_z/\sigma_c=14.8/62.5=0.237>0.2$，在 $z=5.2$ m 处，$\sigma_z/\sigma_c=12.7/69.0=0.184<0.2$，所以压缩层深度可取为基底以下 5.2 m。

（6）计算各分层的压缩量。

如第③层

$$\Delta s_3=\frac{e_{1i}-e_{2i}}{1+e_{1i}}H_i=\frac{0.901-0.873}{1+0.901}\times800=11.8\,(\text{mm})$$

将各分层的压缩量列于表 10–2 中。

（7）计算基础总沉降量。

$$s=\sum_{i=1}^{7}\Delta s_i=7.7+6.6+14.3+9.7+5.5+4.7+3.8=52.3\,(\text{mm})$$

## 思考与练习

1. 当按分层总和法计算地基总沉降量时，基本假定有哪些？

2. 简述采用分层总和法计算地基总沉降的计算步骤。

3. 从一黏土层中取样做室内固结实验，实验结果列于表 10–3 中。试求：

（1）该黏土的压缩系数 $\alpha_{1-2}$ 及相应的压缩模量 $E_{s1-2}$，并评价其压缩性；

（2）设黏土层厚度为 2 m，平均自重应力 $\sigma_c=50$ kPa，试计算在大面积堆载 $p_0=100$ kPa 的作用下，黏土层的固结压缩量。

**表 10–3　黏土层室内固结实验资料**

| $p$/kPa | 0 | 50 | 100 | 200 | 400 |
|---|---|---|---|---|---|
| $e$ | 0.850 | 0.760 | 0.710 | 0.650 | 0.640 |

4. 基础底面尺寸为 5 m×5 m，埋置深度 1.5 m，上部结构传给基础的轴心荷载 $F$=3 700 kN。从地表起至基础底面下 2.5 m 为黏土层，$\gamma=19$ kN/m$^3$，黏土层下为卵石层（可视为不可压缩层），黏土层的固结压缩实验资料见表 10–3，试计算地基总沉降量。

# 学习情境 11　土的抗剪强度与地基承载力

## ▶工作任务 11.1　土的抗剪强度理论

视频+课件

> ◎ **学习目标与要求**：掌握土的抗剪强度概念、库仑定律；掌握莫尔–库仑破坏准则；掌握抗剪强度指标的确定。
>
> ◎ **重点**：库仑定律；莫尔–库仑破坏准则；抗剪强度指标的确定。
>
> ◎ **难点**：库仑定律；莫尔–库仑破坏准则。

**➤ 1. 基本概念**

（1）土的抗剪强度（$\tau_f$）：指土体抵抗剪切破坏的极限能力，其数值等于剪切破坏时剪切面上的剪应力。其物理意义：可以认为是由颗粒间的摩阻力及由胶结物和束缚水膜的分子引力所造成的黏聚力所组成。

（2）剪切面：土体剪切破坏是指土体沿某一面发生与剪切方向一致的相对位移，这个面通常称为剪切面。

（3）与土的抗剪强度有关的问题：① 土坡稳定问题；② 土压力问题；③ 地基承载力问题。

无黏性土一般无联结，其抗剪强度主要是由颗粒间的摩阻力组成，这与粒度、密实度和含水情况有关。

黏性土颗粒间的联结比较复杂，联结强度起主要作用，即黏性土的抗剪强度主要与联结有关。

决定土的抗剪强度的因素有很多，主要为土体本身的性质，土的组成、状态和结构，而这些性质又与土体的形成环境、应力历史等因素有关，此外还决定于它当前所受的应力状态。

土的抗剪强度主要通过室内固结实验和现场荷载实验确定，实验中，仪器的种类、实验方法及模拟土剪切破坏时的应力和工作条件好坏，对确定强度值有很大的影响。

**➤ 2. 莫尔–库仑破坏准则**

1）库仑定律（剪切定律）

地基土受荷以后将产生应力，如果地基内部所产生的应力超过了土的强度所允许的范围，那么土体就要发生破坏，并可能引起整个地基产生滑动而失去稳定。土中 $M$ 点应力状态如图 11–1 所示。

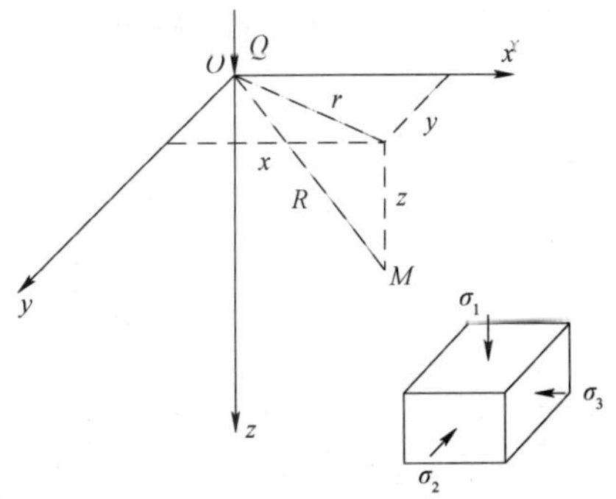


图 11–1　土中 $M$ 点应力状态

土中 $M$ 点对应的单元土体在该应力状态下发生破坏［见图 11–2(a)］，其破坏面与大主应力面呈一定夹角，其破坏面上作用有一对法向应力 $\sigma$ 和剪应力 $\tau$ ［见图 11–2(b)］，此时剪应力 $\tau \geq \tau_f$。

(a) 土体破坏形式

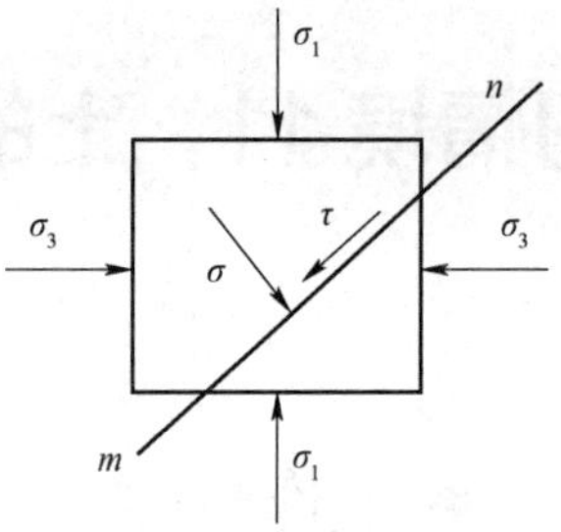


(b) 应力示意图

图 11–2 土体破坏形式及应力示意图

在法向应力变化范围不大时，抗剪强度与法向应力的关系近似为一条直线，这就是抗剪强度的库仑定律。

无黏性土：$\tau_f = \sigma \cdot \tan\varphi$ （11–1）

黏性土：$\tau_f = \sigma \cdot \tan\varphi + c$ （11–2）

式中：$\tau_f$——土的抗剪强度，kPa；

$\sigma$——剪切面上的法向应力，kPa；

$\tan\varphi$——土的内摩擦系数；

$\varphi$——土的内摩擦角，（°）；

$c$——土的黏聚力，kPa；

$\sigma\tan\varphi$——土的内摩擦力，kPa。

有关库仑定律有如以几点说明。

（1）土的抗剪强度由土的内摩擦力 $\sigma\tan\varphi$ 和黏聚力 $c$ 两部分组成。

（2）内摩擦力与剪切面上的法向应力成正比，其比值为土的内摩擦系数 $\tan\varphi$。

（3）表征抗剪强度指标：土的内摩擦角 $\varphi$ 和黏聚力 $c$。

对于无黏性土，$c$=0，内摩擦角（$\varphi$）主要取决于土粒表面的粗糙程度和土粒交错排列的情况［见图 11–3(a)］。土粒表面越粗糙，棱角越多，密实度越大，则土的内摩擦系数越大。对于黏性土，黏聚力 $c$ 取决于土粒间的联结程度［见图 11–3(b)］，内摩擦力（$\sigma\tan\varphi$）较小。

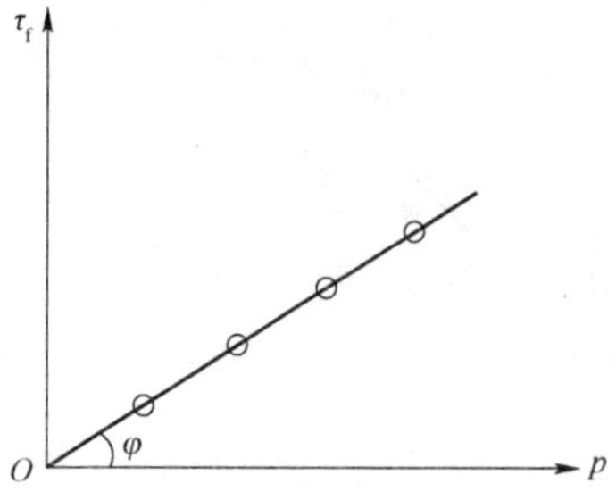


(a) 无黏性土

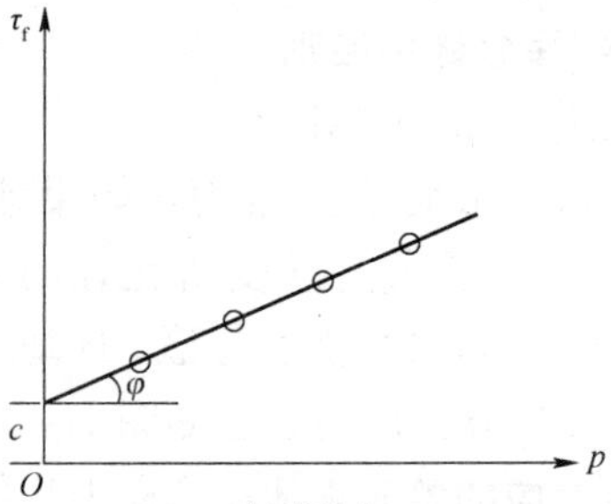


(b) 黏性土

图 11–3 库仑定律

当用库仑定律来确定土的抗剪强度指标时，如果剪切面上的法向应力取的是总应力，这种方法被称作总应力法。

2）莫尔–库仑破坏准则（极限平衡条件）

抗剪强度包线与莫尔圆之间的可能关系有以下三种（见图 11–4）。

（1）整个莫尔圆位于抗剪强度包线的下方$(\tau<\tau_f)$，土处于弹性平衡状态。

（2）莫尔圆与抗剪强度包线相切$(\tau=\tau_f)$，土处于极限平衡状态。

（3）莫尔圆与抗剪强度包线相割$(\tau>\tau_f)$，土单元已经发生破坏。

（4）莫尔–库仑破坏准则把$\tau=\tau_f$的极限平衡状态作为土的破坏准则。按照这一准则，由莫尔圆与抗剪强度的相互关系图（见图 11–5）可以导出土的极限平衡条件为

$$\sigma_1=\sigma_3\tan^2\left(45°+\frac{\varphi}{2}\right)+2c\tan\left(45°+\frac{\varphi}{2}\right) \tag{11–3}$$

$$\sigma_3=\sigma_1\tan^2\left(45°-\frac{\varphi}{2}\right)-2c\tan\left(45°-\frac{\varphi}{2}\right) \tag{11–4}$$

剪切破裂面与最大主应力$\sigma_1$作用平面的夹角为$\alpha=45°+\varphi/2$。

式（11–3）、式（11–4）是讨论土体是处于稳定状态、极限平衡状态，还是处于破坏状态的基本公式，它除了可以用于判别土所处的状态以外，在土压力和地基承载力等课题中都会用到。

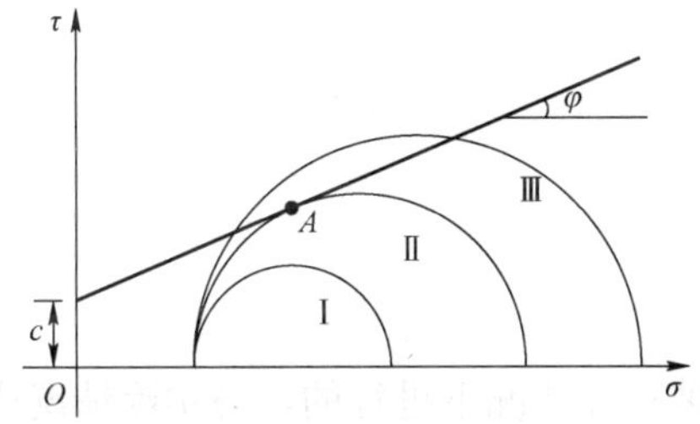


图 11–4　抗剪强度包线与莫尔圆之间的关系

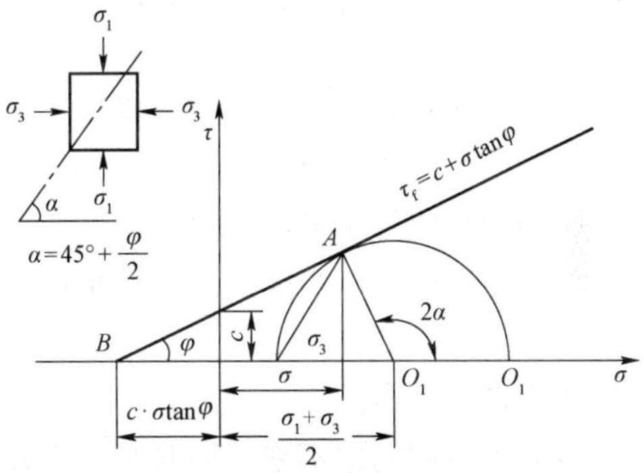


图 11–5　极限平衡条件时应力圆

［例 11–1］设砂土地基中某点的大主应力$\sigma_1$=400 kPa，小主应力$\sigma_3$=200 kPa，砂土的内摩擦角$\varphi$=25°，黏聚力$c$=0，试判断该点是否发生破坏。

**解法 1：**假定土样处于极限平衡状态，则其大主应力应为

$$\sigma_1=\sigma_3\tan^2\left(45°+\frac{\varphi}{2}\right)=200\times\tan^2\left(45°+\frac{25°}{2}\right)=492.8\ (\text{kPa})$$

由于计算值$\sigma_1$大于已知值 400 kPa，故该点未发生剪切破坏。

**解法 2：**假定土样处于极限平衡状态，则其小主应力应为

$$\sigma_3=\sigma_1\tan^2\left(45°-\frac{\varphi}{2}\right)=400\times\tan^2\left(45°-\frac{25°}{2}\right)=162.3\ (\text{kPa})$$

由于计算值$\sigma_3$小于已知值 200 kPa，故该点未发生剪切破坏。

# ▶工作任务 11.2 抗剪强度指标的确定

◎ 学习目标与要求：掌握直接剪切实验方法。

◎ 重点：直接剪切实验方法。

◎ 难点：直接剪切实验方法。

土的抗剪强度指标包括内摩擦角 $\varphi$ 和黏聚力 $c$ 两项，其值是地基与基础设计的重要参数，该指标需要通过专门的实验仪器测定。

## ➤ 1. 抗剪强度测定实验分类

1）按实验仪器分

（1）直接剪切实验。

优点：仪器构造简单，操作方便。

缺点：① 剪切面不一定是试样抗剪能力最弱的面；

② 剪切面上的应力分布不均匀，而且剪切面面积越来越小；

③ 不能严格控制排水条件，测不出剪切过程中孔隙水压力的变化。

（2）三轴剪切实验。

优点：① 实验中能严格控制试样排水条件及测定孔隙水压力的变化；

② 剪切面不固定；

③ 应力状态比较明确；

④ 除抗剪强度外，尚能测定其他指标。

缺点：① 操作复杂；

② 所需试样较多；

③ 主应力方向固定不变，而且是在令 $\sigma_2 = \sigma_3'$ 的轴对称情况下进行的，与实际情况尚不能完全符合。

2）按控制方法分

按控制方法分为应变控制式和应力控制式两种。

3）按排水条件分

按排水条件分为快剪（不排水剪）、固结快剪（固结不排水剪）、慢剪（排水剪）。

（1）快剪（不排水剪）。

这种实验方法要求在剪切过程中土的含水率不变，因此，无论加垂直压力或水平剪力，都必须迅速进行，不让孔隙水排出。

适用范围：适用于工程的加荷速率快或土体排水条件差的情况，如斜坡的稳定性分析、厚度很大的饱和黏土地基的稳定性分析等。

（2）固结快剪（固结不排水剪）。

试样在垂直压力下排水固结稳定后，迅速施加水平剪力，以保持土样的含水率在剪切前后基本不变。

适用范围：一般建筑物地基的稳定性分析，通常在施工过程中地基土有一定的固结。

（3）慢剪（排水剪）。

土样的上、下两面均为透水石，以利排水，土样在垂直压力作用下，待充分排水固结达稳定后，再缓慢施加水平剪力，使土体在受剪力作用的同时也充分排水固结，直至土样破坏。

适用范围：加荷速率慢、排水条件好、施工期长的工程，如在透水性较好的低塑性土及在软弱饱和土层上进行分层填筑的高填方等。

### ➤ 2. 直接剪切实验

1）仪器设备

（1）应变控制式直剪仪（见图 11–6）：由剪切传动机构、垂直加压设备、测力计、位移量测系统组成。

（2）环刀：内径 61.8 mm，高度 20 mm。

（3）位移量测设备：量程为 10 mm、分度值为 0.01 mm 的百分表；或准确度为全量程 0.2% 的传感器。

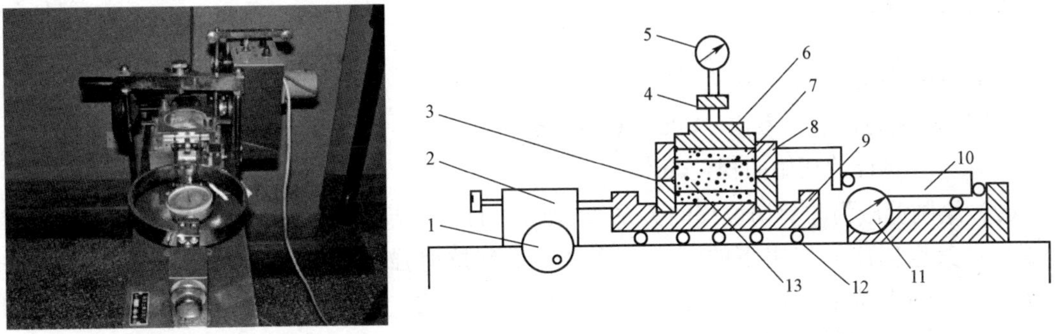


1—剪切传动机构；2—推动器；3—下盒；4—垂直加压框架；5—垂直位移计；6—传压板；7—透水板；8—上盒；9—储水盒；10—测力计；11—水平位移计；12—滚珠；13—试样。

图 11–6　应变控制式直剪仪构造

2）实验步骤

（1）按要求制备原状土试样或扰动土试样，每组试样不得少于 4 个，并测定试样密度及含水率。当试样需要饱和时，应按规定的饱和方法进行。

（2）对准上、下盒，插入固定销钉，在下盒内放洁净透水板和滤纸（注意透水板和滤纸的湿度应接近试样湿度），将一带有试样的环刀刃口向上，对准剪切盒口，在试样上放滤纸和透水板，将试样小心地推入盒内。

（3）移动传动装置，使上盒前端滚珠刚好与测力计接触，顺次加上传压板、垂直加压框架，安装垂直位移和水平位移量测装置，并将百分表归零或测记初读数。

（4）根据工程实际和土的软硬程度施加各级垂直压力，最大加载压力应大于现场预期的最大压力，相邻压力差值大致相等。各级垂直压力可一次轻轻施加，若土质松软，也可分次施加，以防土挤出。加压后，向盒内注水，当试样为非饱和试样时，应在传压板周围包以湿棉纱。

（5）施加垂直压力后，每隔 1 h 测定垂直变形一次，试样固结稳定时的垂直变形值不大于 0.005 mm。

（6）拔去固定销钉，以小于 0.02 mm/min 的剪切速度进行剪切，试样每产生剪切位移 0.2～0.4 mm 测记测力计和位移量测设备读数，直至测力计读数出现峰值，继续剪切至剪切位移为 4 mm 时停机，记下破坏值。当剪切过程中测力计读数无峰值时，应剪切至剪切位移为 6 mm 时停机。

（7）剪切结束后，吸去盒内积水，退去剪切力和垂直压力，移开垂直加压框架，取出试样，测定试样含水率。

3）数据处理

（1）计算。

剪切位移计算公式：

$$\Delta l = 20n - R \tag{11-5}$$

式中：$\Delta l$——剪切位移，0.01 mm；

$n$——手轮转动圈数；

$R$——百分表读数。

剪应力计算公式：

$$\tau=\frac{CR}{A_0}\times 10 \tag{11-6}$$

式中：$\tau$——试样所受的剪应力，kPa；

$C$——测力计校正系数，kPa/（0.01 mm）；

$A_0$——试样的初始面积，$cm^2$。

（2）绘制剪应力与剪切位移的关系曲线如图 11–7 所示，根据关系曲线，可分别找到每个试样在其竖向压力作用下的剪应力峰值。绘制抗剪强度与垂直压力的关系曲线（见图 11–8）。该曲线与纵坐标轴交点的纵坐标 $c$ 为土的黏聚力，单位为 kPa；该曲线与横坐标轴的夹角 $\varphi$ 为土的内摩擦角，单位为（°）。

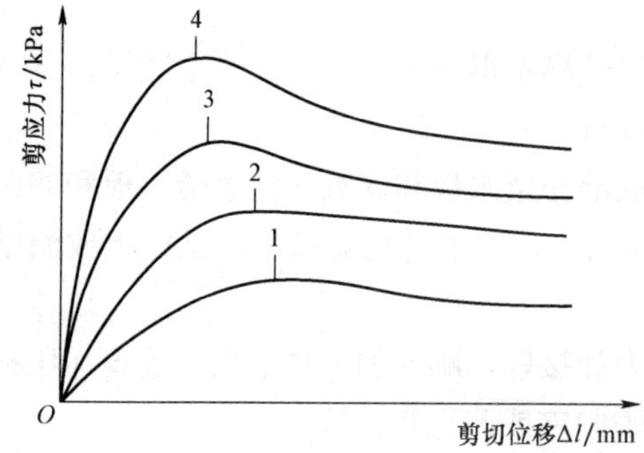


图 11–7　剪应力与剪切位移的关系曲线

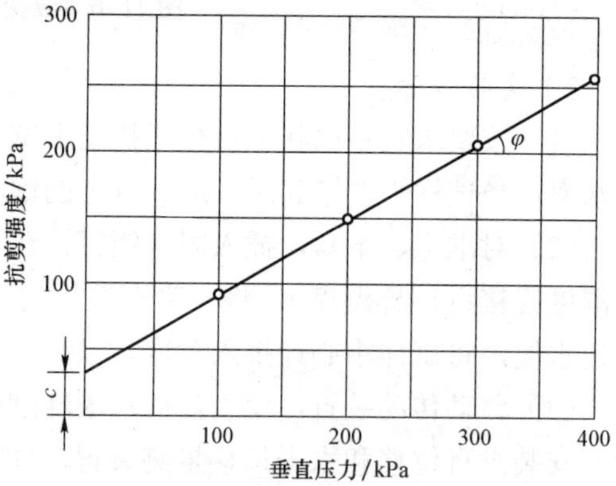


图 11–8　抗剪强度与垂直压力的关系曲线

# ▶工作任务 11.3　地基承载力特征值的确定

视频+课件

◎ **学习目标与要求：**掌握地基承载力的基本概念；掌握如何使用规范公式法确定地基承载力特征值。

◎ **重点：**地基承载力的基本概念；使用规范公式法确定地基承载力特征值。

◎ **难点：**使用规范公式法确定地基承载力特征值。

## ➤ 1. 地基承载力的基本概念

地基承载力：地基承受荷载的能力。

地基极限承载力：地基破坏时所对应的基础底面压力。

地基承载力特征值（地基容许承载力）：指地基土在外荷载的作用下，不产生剪切破坏且基础的沉降量不超过允许值时，单位面积上所能承受的最大荷载。

地基承载力特征值的确定方法主要有以下几种。

（1）原位实验法：一种通过现场直接实验确定承载力的方法，包括（静）荷载实验、静力触探实验、标准贯入实验、旁压实验等，其中以（静）荷载实验法为最可靠的基本原位测试法。

（2）理论公式法：根据土的抗剪强度指标通过理论公式确定地基承载力的方法。

（3）规范公式法：根据室内实验指标、现场测试指标或野外鉴别指标，通过查找规范中所列表格得到地基承载力的方法。

本节主要介绍规范公式法。

## ➤ 2. 使用规范公式法确定地基承载力特征值

在《公路桥涵地基与基础设计规范》（JTG 3363—2019）中，根据大量的地基荷载实验资料和已建成桥梁的使用经验，经过统计分析，列出了各类土的地基承载力特征值表及修正计算公式。由于按规范确定地基承载力特征值比较简便和准确，所以该方法被广泛应用于一般的公路桥涵基础设计。但应指出，由于我国地域广阔，土质情况比较复杂，制定规范时所收集资料的代表性有很大局限性。因此，有些地区较特殊土类和性质比较复杂的土类，在规范中均未列入，此时就应按规范要求，采用多种方法综合分析确定地基承载力特征值。按规范确定地基承载力特征值的方法就是先根据地基土的类别和物理性质，从规范相应的表格中查找出其相应的地基承载力特征值，然后再按修正计算公式算出修正后的地基承载力特征值。

《公路桥涵地基与基础设计规范》（JTG 3363—2019）中列出的修正后的地基承载力特征值的计算公式为

$$f_a = f_{a0} + k_1\gamma_1(b-2) + k_2\gamma_2(h-3) \tag{11-7}$$

式中：$f_a$——修正后的地基承载力特征值，kPa；

$f_{a0}$——地基承载力特征值，即当基础宽度 $b \leqslant 2$，基础埋置深度 $h \leqslant 3$ m 时地基的容许承载力，可根据土的类别和有关物理力学指标查表 11-1 至表 11-3 得到，kPa；

$b$——基础宽度（或直径），当大于 10 m 时，按 10 m 计算；当小于 2 m 时，按 2 m 计算，m；

$h$——基础埋置深度，对于一般受水流冲刷的基础，由一般冲刷线算起，不受水流冲刷者，由天然地面算起；当位于挖方内时，由开挖后的地面算起；当 $h<3$ m 时，取 $h=3$ m 计算，m；

$\gamma_1$——基础底面以下持力层土的天然重度，如在水下，且为透水土，采用浮容重，$kN/m^3$；

$\gamma_2$——基础底面以上土的天然重度，如基础底面以上为多层土，则取重度的加权平均值；如基础在水面以下，基础底面持力层为透水层，采用有效容重；如基础底面持力层为不透水层，采用饱和重度，$kN/m^3$；

$k_1, k_2$——宽度、深度修正系数，按持力层土的类型查表确定（见表 11–4）。

式（11–7）适用于深度与宽度比 $h/b \leqslant 4$ 的情况。

当基础位于水中，且持力层为不透水地层时，$f_a$ 应按每米水深提高 10 kPa 来计算，水深按平均常水位至一般冲刷线的深度取值。

**表 11–1　一般黏性土的地基承载力特征值 $f_{a0}$**

| $e$ | $I_L$ | | | | | | | | | | | | |
|---|---|---|---|---|---|---|---|---|---|---|---|---|---|
| | 0 | 0.1 | 0.2 | 0.3 | 0.4 | 0.5 | 0.6 | 0.7 | 0.8 | 0.9 | 1.0 | 1.1 | 1.2 |
| 0.5 | 450 | 440 | 430 | 420 | 400 | 380 | 350 | 310 | 270 | 240 | 220 | — | — |
| 0.6 | 420 | 410 | 400 | 380 | 360 | 340 | 310 | 280 | 250 | 220 | 200 | 180 | — |
| 0.7 | 400 | 370 | 350 | 330 | 310 | 290 | 270 | 240 | 220 | 190 | 170 | 160 | 150 |
| 0.8 | 380 | 330 | 300 | 280 | 260 | 240 | 230 | 210 | 180 | 160 | 150 | 140 | 130 |
| 0.9 | 320 | 280 | 260 | 240 | 220 | 210 | 190 | 180 | 160 | 140 | 130 | 120 | 100 |
| 1.0 | 250 | 230 | 220 | 210 | 190 | 170 | 160 | 150 | 140 | 120 | 110 | — | — |
| 1.1 | — | — | 160 | 150 | 140 | 130 | 120 | 110 | 100 | 90 | — | — | — |

**表 11–2　新近沉积黏性土的地基承载力特征值 $f_{a0}$**

| $e$ | $I_L$ | | |
|---|---|---|---|
| | ≤0.25 | 0.75 | 1.25 |
| ≤0.8 | 140 | 120 | 100 |
| 0.9 | 130 | 110 | 90 |
| 1.0 | 120 | 100 | 80 |
| 1.1 | 110 | 90 | — |

表 11–3　砂土的地基承载力特征值 $f_{a0}$

| 土名 | 湿度 | 密实度 | | |
|---|---|---|---|---|
| | | 密实 | 中实 | 松散 |
| 砾砂、粗砂 | 与湿度无关 | 550 | 400 | 200 |
| 中砂 | 与湿度无关 | 450 | 350 | 150 |
| 细砂 | 水上 | 350 | 250 | 100 |
| | 水下 | 300 | 200 | — |
| 粉砂 | 水上 | 300 | 200 | — |
| | 水下 | 200 | 100 | — |

表 11–4　宽度、深度修正系数 $k_1$，$k_2$

| 修正系数 | 黏性土 | | | | 粉土 | 砂土 | | | | | | | | 碎石土 | | | |
|---|---|---|---|---|---|---|---|---|---|---|---|---|---|---|---|---|---|
| | 老黏土 | 一般黏性土 | | 新近黏土 | — | 粉砂 | | 细砂 | | 中砂 | | 砾砂、粗砂 | | 碎石、圆砾、角砾 | | 卵石 | |
| | | $I_L \geqslant 0.5$ | $I_L < 0.5$ | | — | 中密 | 密实 | 中密 | 密实 | 中密 | 密实 | 中密 | 密实 | 中密 | 密实 | 中密 | 密实 |
| $k_1$ | 0 | 0 | 0 | 0 | 0 | 1.0 | 1.2 | 1.5 | 2.0 | 2.0 | 3.0 | 3.0 | 4.0 | 3.0 | 4.0 | 3.0 | 4.0 |
| $k_2$ | 2.5 | 1.5 | 2.5 | 1.0 | 1.5 | 2.0 | 2.5 | 3.0 | 4.0 | 4.0 | 5.5 | 5.0 | 6.0 | 5.0 | 6.0 | 6.0 | 10.0 |

**[例 11–2]** 某地基表层为 4 m 厚的细砂，其下为饱和黏土，地下水面就是地表面，如图 11–9 所示。细砂的 $\gamma_s$=26.5 kN/m³，$e$=0.7，而黏土的 $w_L$=38%，$w_P$=20%，$w$=30%，$\gamma_s'$=27 kN/m³，现拟建一基础，平面尺寸为 6 m×8 m，置放在黏土层上层面（假定该黏土层不透水），试按《公路桥涵地基与基础设计规范》（JTG 3363—2019）中列出的公式计算该地基承载力特征值 $f_a$。

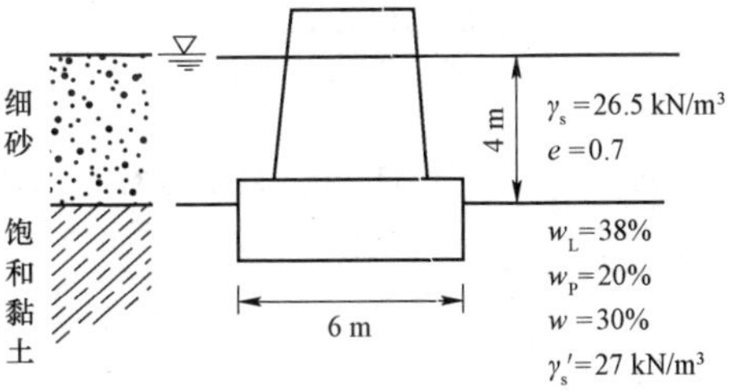


图 11–9　例 11–2 简图

**解：** 细砂：$\gamma=\gamma_{sat}=\dfrac{\gamma_s+e\gamma_w}{1+e}$

$$=\frac{26.5+0.7\times10}{1+0.7}=19.7\ (\mathrm{kN/m^3})$$

黏土：$I_P=w_L-w_P=38\%-20\%=18\%$，$I_L=\dfrac{w-w_P}{I_P}=\dfrac{30\%-20\%}{18\%}=0.556$

$$e=\frac{wG_s}{S_r}=\frac{w\gamma_s'}{\gamma_w S_r}=\frac{0.3\times27}{10\times1}=0.81$$

查表 11–1 并内插得：$f_{a0}=237-\dfrac{237-226}{0.6-0.5}\times(0.556-0.5)=230.8\,(\mathrm{kPa})$

查表 11–4，因为持力层为黏土，且有 $I_L>0.5$，故有：$k_1=0$，$k_2=1.5$。

因为持力层不透水，所以$\gamma_2$用饱和重度，得：

$$f_a = f_{a0} + k_1\gamma_1(b-2) + k_2\gamma_2(h-3) = 230.8 + 0 + 1.5\times19.7\times(4-3) = 260.35\,(\text{kPa})$$

## 思考与练习

1. 什么是抗剪强度？在实际工程中，与土的抗剪强度有关的问题有哪些？

2. 什么是莫尔–库仑破坏准则？

3. 某地基的内摩擦角$\varphi$=20°，黏聚力$c$=25 kPa，某点的大主应力为 250 kPa，小主应力为 100 kPa，试判别该点的应力状态。

4. 已知某砂土的内摩擦角$\varphi$=30°，该砂土地基中某点应力单元的受力状态如图 11–10 所示，*mn* 面为剪切面。当该点处于极限平衡状态时，大、小主应力的比值$\sigma_1/\sigma_3$为多少？

5. 某桥墩基础如图 11–11 所示。已知基础底面$b$=4 m，长度$L$=10 m，埋置深度$h$=3.5 m，作用在基础底面中心的竖直荷载$N$=12 000 kN，地基土的性质如图 11–11 所示。试按《公路桥涵地基与基础设计规范》(JTG 3363—2019) 确定地基容许承载力是否满足强度要求。

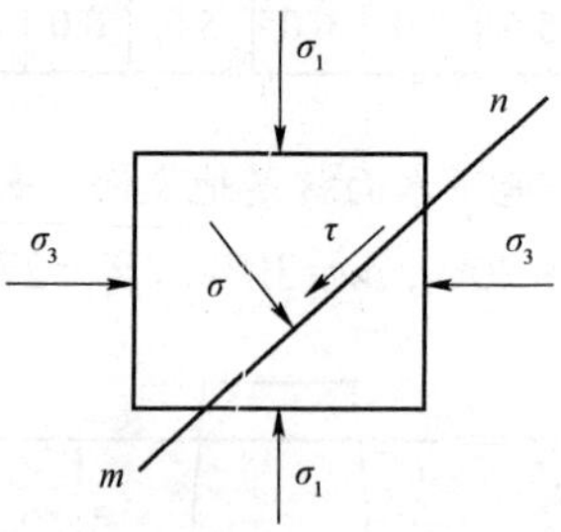


图 11–10　第 4 题图

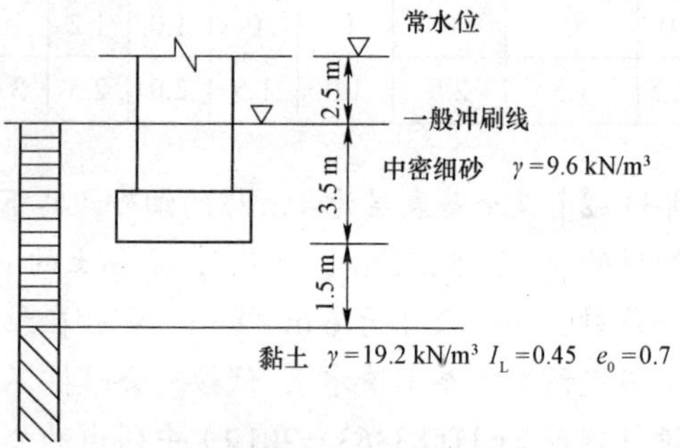


图 11–11　第 5 题图

# 学习情境 12　土压力与土坡稳定

## ▶工作任务 12.1　静止土压力

视频+课件

◎ **学习目标与要求**：掌握土压力的概念及类型；掌握静止土压力的计算。
◎ **重点**：静止土压力的计算。
◎ **难点**：静止土压力的计算。

### ➤ 1. 基本概念

在土建工程中，挡土结构是一种常用的结构物，如桥梁工程中衔接路堤的桥台、道路工程中穿越边坡而修筑的挡土墙、基坑工程中的支挡结构、隧道工程中的衬砌（见图 12–1）。土体作用在挡土结构上的侧向压力称为土压力。这里主要讨论土压力性质及土压力计算，包括土压力的大小、方向、分布和合力作用点，而土压力的大小及分布规律主要与土的性质及结构物位移的方向、大小等有关，也和结构物的刚度、高度及形状等有关。

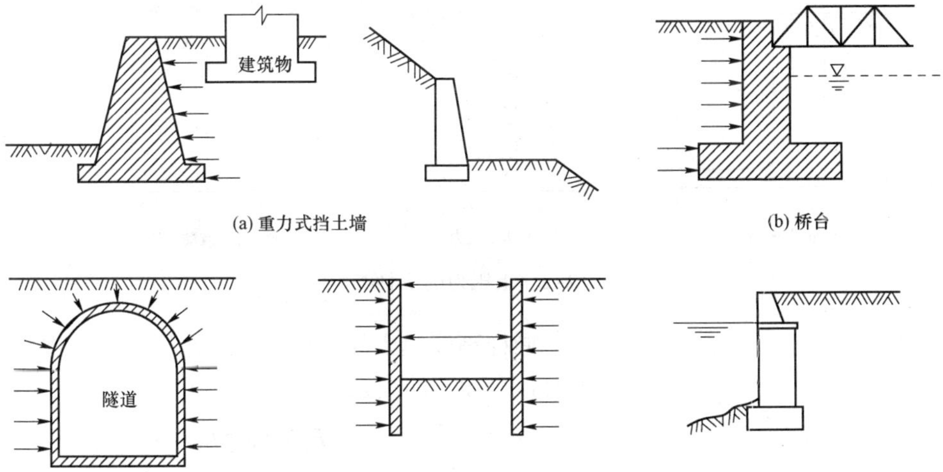


(a) 重力式挡土墙　(b) 桥台
(c) 隧道衬砌　(d) 基坑支挡结构　(e) 路肩式挡土墙

图 12–1　各种形式的挡土结构

1）挡土结构类型对土压力分布的影响

挡土结构是一种常见的岩土工程建筑物，它是为了防止边坡坍塌失稳而借助人工修建的构筑物。常用的支挡结构有重力式、悬臂式、扶臂式、锚杆式和加筋土式等类型。挡土墙按其刚度和位移方式分为刚性挡土墙、柔性挡土墙和临时支撑三类。

（1）刚性挡土墙。

指用砖、石或混凝土所筑成的断面较大的挡土墙。由于刚度大，墙体在侧向土压力作用下，墙身仅发生整体平移或转动，故墙身产生的挠曲变形可忽略不计。墙背受到的土压力呈三角形分布，最大压力强度发生在底部，类似于静水压力分布。

（2）柔性挡土墙。

柔性挡土墙在受到土压力作用时会发生挠曲变形，通常为钢筋混凝土挡土墙。

（3）临时支撑。

临时支撑为在基坑开挖过程中，边施工边支撑的临时性挡土结构物。

2）土压力类型

墙体位移是影响土压力诸多因素中最主要的一个。墙体位移的方向和位移量决定着所产生的土压力性质和土压力大小。

（1）静止土压力（$E_0$）。

墙受侧向土压力后，墙身变形或位移很小，可认为墙不发生转动或位移［见图 12–2(a)］。墙后土体没有发生破坏，处于弹性平衡状态，墙上承受的土压力称为静止土压力 $E_0$（kN/m）。

（2）主动土压力（$E_a$）。

挡土墙在填土压力作用下，向着背离填土方向移动或沿墙跟转动［见图 12–2(b)］，直至土体达到主动平衡状态，形成滑动面，此时的土压力称为主动土压力 $E_a$（kN/m）。

（3）被动土压力（$E_p$）。

挡土墙在外力作用下向着土体的方向移动或转动［见图 12–2(c)］，土压力逐渐增大，直至土体达到被动极限平衡状态，形成滑动面。此时的土压力称为被动土压力 $E_p$（kN/m）。

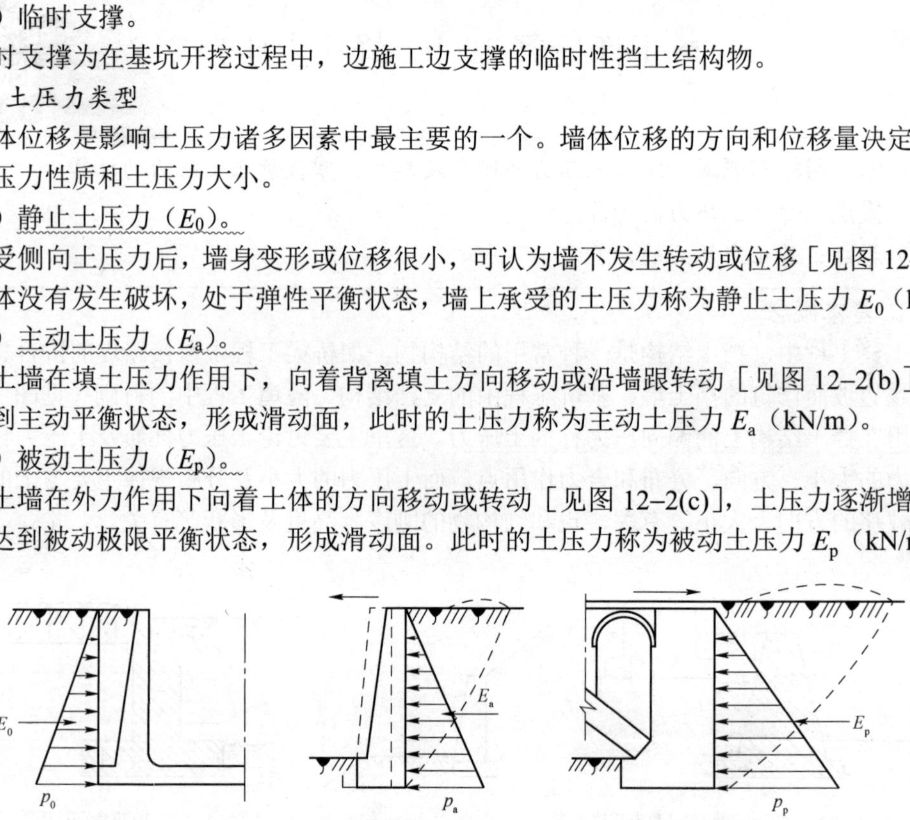


图 12–2　土压力的三种类型

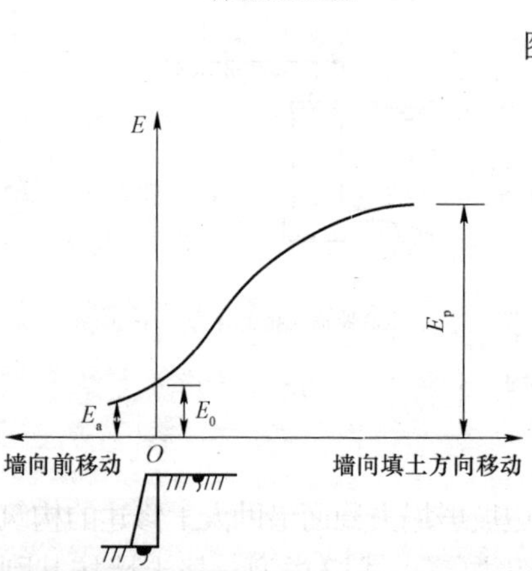


图 12–3　三种土压力之间的关系

同样高度填土的挡土墙，当作用有不同性质的土压力时，有如下的关系（见图 12–3）：

$$E_p > E_0 > E_a$$

3）研究土压力的目的

研究土压力的主要目的有以下 3 点。

（1）设计挡土结构，如挡土墙、地下室侧墙、桥台和贮仓等；

（2）地下构筑物和基础的施工、地基处理方面；

（3）地基承载力的计算，以及岩石力学和埋管工程等领域。

### ➤ 2. 静止土压力的计算

1）静止土压力计算公式

计算静止土压力时，墙后填土处于弹性平衡状态。由于墙静止不动，土体无侧向位移，可假定墙后填土内的应力状态为半无限弹性体的应力状态。在填土表面以下任意深度 $z$ 处取一微小单元体，如图 12－4 所示，这时，土体表面下任意深度 $z$ 处的静止土压力强度 $p_0$ 为

$$p_0=\sigma_x=k_0\cdot p_z=k_0\cdot\gamma z \tag{12–1}$$

墙后填土的静止土压力就等于墙背由土体自重引起的水平应力的总和。由式（12–1）可知，静止土压力沿墙高呈三角形分布，如图 12–4 所示。如果取单位墙长计算，则作用在墙背上的总静止土压力为

$$E_0=\frac{1}{2}k_0\cdot\gamma\cdot H^2 \tag{12–2}$$

式中：$p_0$——静止土压力强度，kPa；

$\gamma$——填土的重度，kN/m$^3$；

$z$——计算点距离填土表面的深度，m；

$H$——墙的高度，m；

$k_0$——静止土压力系数，可参考表 12–1 所列经验值选取，也可利用半经验公式 $k_0=1-\sin\varphi'$ 计算，其中 $\varphi'$ 为土的有效内摩擦角。

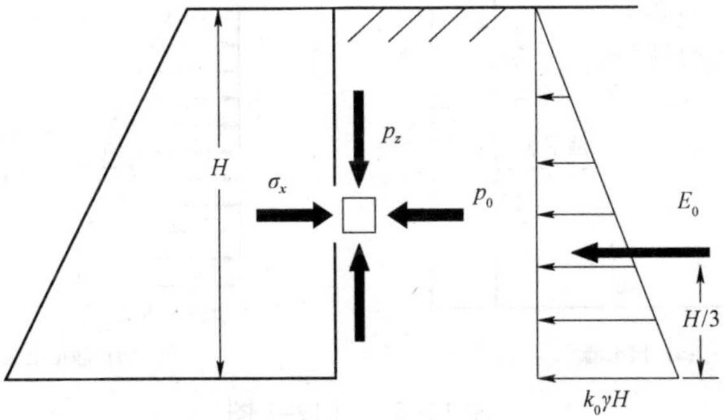


图 12–4　静止土压力的计算图

$E_0$ 的方向垂直指向墙背作用线并通过三角形分布图的形心，位于距离墙底 $\dfrac{H}{3}$ 处，如图 12–4 所示。

**表 12–1　压实土的静止土压力系数**

| 压实土名称 | 砾石、卵石 | 砂土 | 亚砂土 | 亚黏土 | 黏性土 |
|---|---|---|---|---|---|
| $k_0$ | 0.20 | 0.25 | 0.35 | 0.45 | 0.55 |

2）静止土压力计算公式的应用

（1）当墙后填土表面作用有均布荷载 $q$ 时。

此时墙背后在深度 $z$ 处的静止土压力强度为

$$p_0 = k_0(q + \gamma z) \tag{12-3}$$

绘出 $p_0$ 沿墙高 $H$ 的分布图（此时分布图为梯形），再求出分布图的面积，就是作用在每延米挡墙上的静止土压力 $E_0$，其值为

$$E_0 = \frac{1}{2}\left[k_0 q + k_0\left(q + \gamma H\right)\right]H = \frac{1}{2}(2q + \gamma H)k_0 H \tag{12-4}$$

$E_0$ 作用在水平方向上，其作用线通过梯形分布图的形心。

（2）当墙后填土中有地下水时。

此时水下应考虑水的浮力，即式（12-3）中的 $\gamma$ 应采用有效重度，并同时计算作用在墙上的静水压力 $E_w$，分别绘出 $p_0$ 和 $E_w$ 沿墙高 $H$ 的分布图，再求出分布图形的总面积，即为作用在每延米墙上的静止土压力 $E_0$。$E_0$ 的方向水平，作用线通过分布图形的形心。

**［例 12-1］**计算作用在如图 12-5(a)所示的挡土墙上的静止土压力分布值及其合力 $E_0$，其中 $q$ 为无限分布均布荷载。

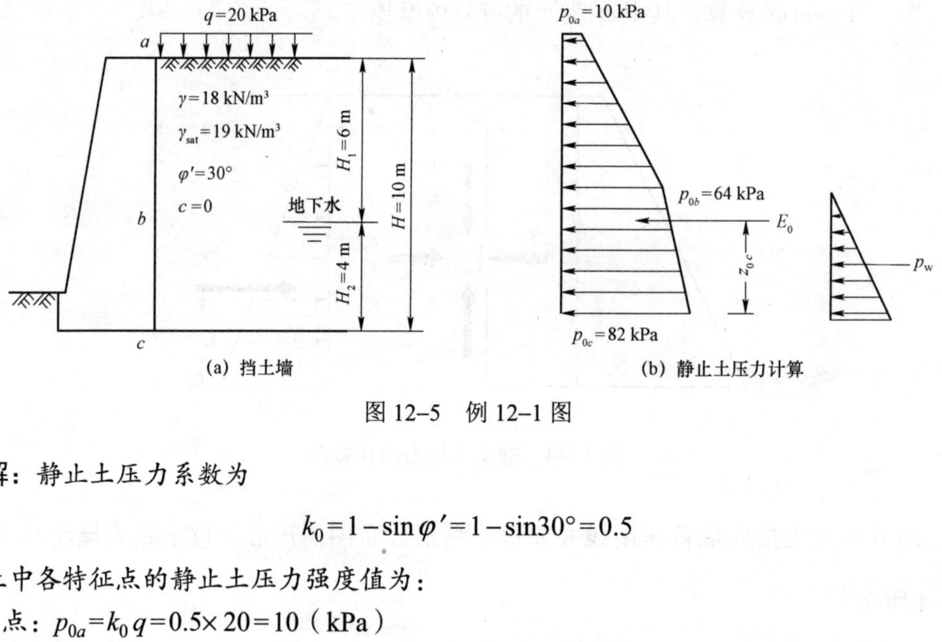


图 12-5　例 12-1 图

**解：**静止土压力系数为

$$k_0 = 1 - \sin\varphi' = 1 - \sin 30° = 0.5$$

土中各特征点的静止土压力强度值为：

$a$ 点：$p_{0a} = k_0 q = 0.5 \times 20 = 10$（kPa）

$b$ 点：$p_{0b} = k_0(q + \gamma H_1) = 0.5 \times (20 + 18 \times 6) = 64$（kPa）

$c$ 点：$p_{0c} = k_0[q + \gamma H_1 + (\gamma_{sat} - r_w)H_2] = 0.5 \times [20 + 18 \times 6 + (19 - 10) \times 4] = 82$（kPa）

静止土压力的合力 $E_0$ 为

$$E_0 = \frac{1}{2}(p_{0a} + p_{0b})H_1 + \frac{1}{2}(p_{0b} + p_{0c})H_2$$

$$=\frac{1}{2}\times(10+64)\times6+\frac{1}{2}\times(64+82)\times4=514\ (\text{kN/m})$$

作用在墙上的静水压力

$$E_w=\frac{1}{2}\gamma_w H_2^2=\frac{1}{2}\times10\times4^2=80\ (\text{kN/m})$$

静止土压力 $E_0$ 的作用点离墙底的距离

$$z_{0c}=\frac{1}{E_0}\left[p_{0a}H_1\left(\frac{H_1}{2}+H_2\right)+\frac{1}{2}(p_{0b}-p_{0a})H_1\left(H_2+\frac{H_1}{3}\right)+p_{0b}\cdot\frac{H_2^2}{2}+\frac{1}{2}(p_{0c}-p_{0b})\frac{H_2^2}{3}\right]$$

$$=\frac{1}{514}\times\left[6\times10\times7+\frac{1}{2}\times54\times6\times\left(4+\frac{6}{3}\right)+64\times\frac{4^2}{2}+\frac{1}{2}\times(82-64)\times\frac{4^2}{3}\right]=3.8\ (\text{m})$$

静水压力 $E_w$ 的作用点离墙底的距离

$$z_{0w}=\frac{1}{3}H_w=\frac{1}{3}\times4=1.33\ (\text{m})$$

静止土压力及水压力的分布如图 12–5(b)所示。

视频+课件

## ▶工作任务 12.2　兰金土压力理论

◎ **学习目标与要求：** 掌握兰金土压力的概念及假定；掌握兰金土压力的计算。

◎ **重点：** 兰金土压力的概念及假定；兰金土压力的计算。

◎ **难点：** 兰金土压力的计算。

1857 年英国学者兰金（Rankine）研究了土体在自重作用下发生平面应变时达到极限平衡的应力状态，建立了计算土压力的理论。其由于概念明确，方法简便，至今仍被广泛应用。

### ➤ 1. 基本概念

兰金理论是从研究弹性半空间体内的应力状态出发，根据土的极限平衡理论，得出计算土压力的方法，又称为极限应力法。兰金理论的基本假设：

（1）墙本身是刚性的，不考虑墙身的变形；

（2）墙后填土延伸到无限远处，填土表面水平，且与墙顶平齐；

（3）墙背竖直光滑，墙后土体达到极限平衡状态时所产生的两组破裂面不受墙身的影响。

图 12–6(a)为一表面水平的均质弹性半无限土体，即其垂直向下和沿水平方向都为无限伸展。由于土体内每一竖直面都是对称面，因此地面以下 $z$ 深度处 $M$ 点在自重作用下垂直截面和水平截面上的剪应力为零。该点处于弹性平衡状态，其应力状态为

$$\sigma_z=\gamma z,\quad \sigma_x=k_0\gamma z \tag{12–5}$$

$\sigma_z$ 和 $\sigma_x$ 都是主应力，以 $\sigma_1=\sigma_z$ 和 $\sigma_3=\sigma_x$ 作莫尔应力圆，如图 12–6(d)中莫尔应力圆 I 所

示，莫尔应力圆Ⅰ与抗剪强度包线没有相切，该点处于弹性平衡状态。若有一光滑的垂直平面 $AB$ 通过 $M$ 点，则 $AB$ 面与土间既无摩擦力又无位移，因而它不影响土中原有的应力状态。

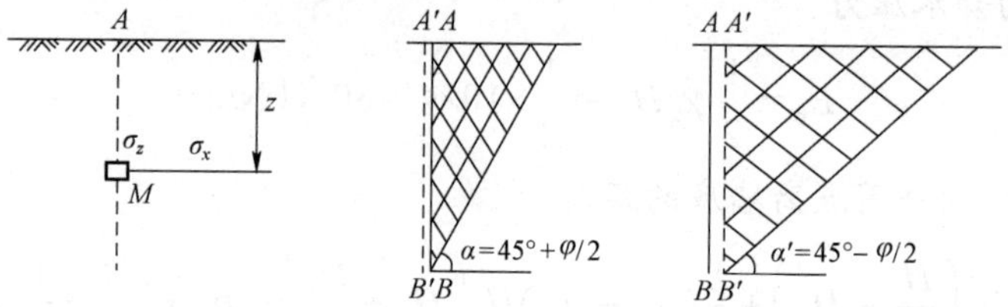


(a) 半空间体中一点的应力　(b) 主动兰金应力状态　(c) 被动兰金应力状态

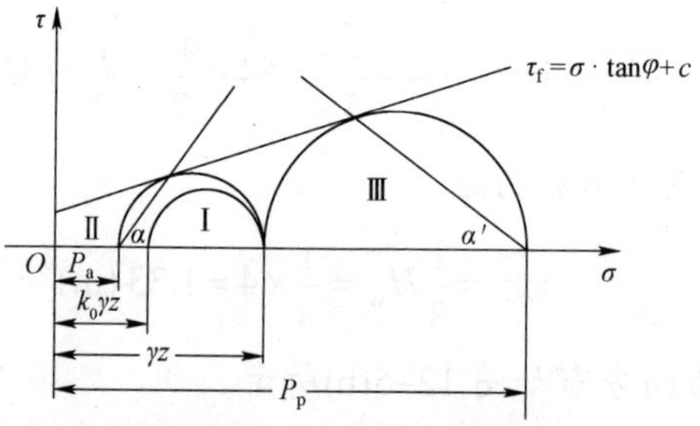


(d) 莫尔应力圆与兰金应力状态之间的关系

图 12–6　半空间体的极限平衡状态

### ➤ 2. 主动土压力计算

根据土的极限平衡理论，当土内某点达到主动极限平衡状态时，该点的主动土压力强度 $P_a$ 的表达式如下。

对于无黏性土：$$P_a = \gamma z \tan^2\left(45° - \frac{\varphi}{2}\right) \text{或} P_a = \gamma z m^2 \tag{12–6}$$

对于黏性土：$$P_a = \gamma \cdot z \cdot \tan^2\left(45° - \frac{\varphi}{2}\right) - 2 \cdot c \cdot \tan\left(45° - \frac{\varphi}{2}\right) \text{或} P_a = \gamma z m^2 - 2cm \tag{12–7}$$

式中：$P_a$——沿深度方向的主动土压力强度，kPa；

$m$——兰金主动土压力系数，$m = \tan\left(45° - \frac{\varphi}{2}\right)$；

$\gamma$——填土的重度，kN/m$^3$；

$z$——计算点离填土表面的距离，m；

$c$——填土的黏聚力，kPa；

$\varphi$——内摩擦角，(°)。

对于无黏性土，主动土压力强度与深度 $z$ 成正比，土压力强度分布呈三角形［(见图 12–7(b)］。据此可以求出墙单位长度总主动土压力为

$$E_a = \frac{1}{2}\gamma H^2 \tan^2\left(45° - \frac{\varphi}{2}\right) \text{或} E_a = \frac{1}{2}\gamma H^2 m^2 \tag{12–8}$$

$E_a$ 的作用点位于墙高的 $\frac{1}{3}H$ 处。

黏性土的土压力由两部分组成：一部分为由土的自重引起的土压力 $\gamma zm^2$，随深度 $z$ 呈三角形分布；另一部分为由黏聚力 $c$ 引起的土压力 $2cm$，为一常量，不随深度变化，但这部分侧压力为负值。这两部分叠加的结果如图 12–7(c)所示，图中 $ade$ 部分为负侧压力。由于墙面光滑，土对墙面产生的拉力会使土脱离墙，出现深度为 $z_0$ 的裂隙。因此，略去这部分土压力后，实际土压力分布为 $abc$ 部分。

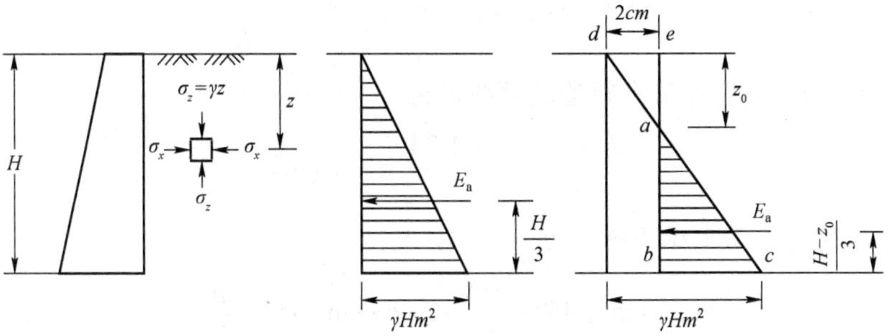


(a) 主动土压力计算　(b) 无黏性土　(c) 黏性土

图 12–7　主动土压力分布图

$a$ 点至填土表面的高度 $z_0$ 称为临界深度，可由 $P_a=0$ 得

$$P_{\mathrm{a}} = \gamma zm^2 - 2cm = 0$$

故临界深度

$$z_0 = \frac{2c}{\gamma m} \tag{12–9}$$

则总主动土压力为

$$E_{\mathrm{a}} = \frac{1}{2}(H - z_0)(\gamma Hm^2 - 2cm)$$

$$= \frac{1}{2}\gamma H^2 m^2 - 2cHm + \frac{2c^2}{\gamma} \tag{12–10}$$

作用点位于墙底往上 $\dfrac{H - z_0}{3}$ 处。

［**例 12–2**］如图 12–8 所示，有一高 7 m 的挡土墙，墙背直立光滑，填土表面水平。填土的物理力学性质指标为：$c=12$ kPa，$\varphi=15°$，$\gamma=18$ kN/m³。试求主动土压力及作用点位置，并绘出主动土压力分布图。

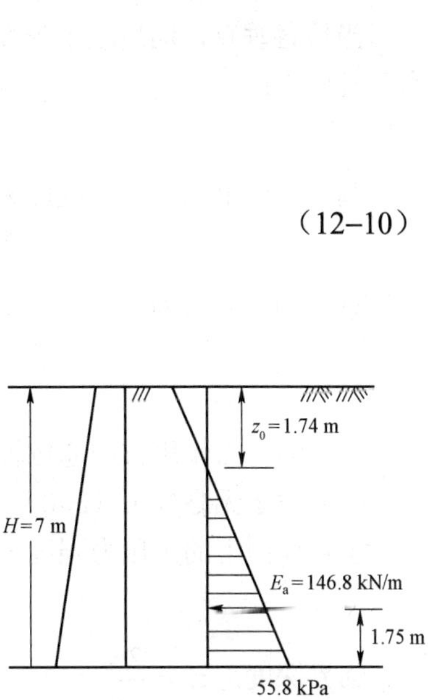


图 12–8　例 12–2 图

**解：**（1）总主动土压力为

$$E_{\mathrm{a}} = \frac{1}{2}\gamma H^2 m^2 - 2cHm + \frac{2c^2}{\gamma}$$

$$=\frac{1}{2}\times18\times7^2\times\tan^2(45°-\frac{15°}{2})-2\times12\times7\times\tan(45°-\frac{15°}{2})+\frac{2\times12^2}{18}$$

$$=146.8(\text{kN/m})$$

（2）临界深度 $z_0$ 为

$$z_0=\frac{2c}{\gamma m}=\frac{2\times12}{18\times\tan\left(45°-\frac{15°}{2}\right)}=1.74(\text{m})$$

（3）总主动土压力 $E_a$ 作用点距墙底的距离为

$$\frac{H-z_0}{3}=\frac{7-1.74}{3}=1.75(\text{m})$$

（4）在墙底处的主动土压力强度为

$$P_a=\gamma\cdot z\cdot\tan^2\left(45°-\frac{\varphi}{2}\right)-2\cdot c\cdot\tan\left(45°-\frac{\varphi}{2}\right)$$

$$=18\times7\times\tan^2\left(45°-\frac{15°}{2}\right)-2\times12\times\tan\left(45°-\frac{15°}{2}\right)$$

$$=55.8(\text{kPa})$$

（5）主动土压力分布如图 12–8 所示。

### ➤ 3. 兰金土压力公式的应用

1）墙后填土表面上有荷载作用时的土压力计算

(1) 对于无黏性土（$c$=0）。

当墙背垂直，墙后填土表面水平并有均布荷载 $q$ 作用时，深度 $z$ 处微分体的水平面上受有垂直应力：

$$\sigma_z=\gamma z+q \tag{12–11}$$

垂直墙面上的土压力强度为

$$P_a=(\gamma z+q)m^2 \tag{12–12}$$

总主动土压力为

$$E_a=(\frac{1}{2}\gamma H^2+qH)m^2 \tag{12–13}$$

土压力合力作用方向通过梯形分布图的形心。

(2) 对于无黏性土（$c$≠0）。

垂直墙面上的土压力强度为

$$P_a=(\gamma z+q)m^2-2cm \tag{12–14}$$

临界深度：$z_0=\dfrac{2c}{\gamma m}$

为求总主动土压力 $E_a$，需要先绘制主动土压力分布图，再计算其应力面积。

2）填土成层和有地下水时的土压力计算

当填土有两层或两层以上时，需分层计算其土压力。当墙后填土中有地下水时，将地下水处看作是一个土层分层面，水位以下的土一般采用有效重度，土压力计算方法同上，只是应注意计算静水压力。

［例 12-3］某挡土墙的墙背垂直、光滑，墙高 7.0 m，墙后两层填土，性质如图 12-9 所示，地下水位在填土表面下 3.5 m 处与第二层填土面齐平，填土表面作用有 $q$=100 kPa 的连续均布荷载。试求作用在墙上的总主动土压力 $E_a$ 和静水压力 $E_w$ 的大小。

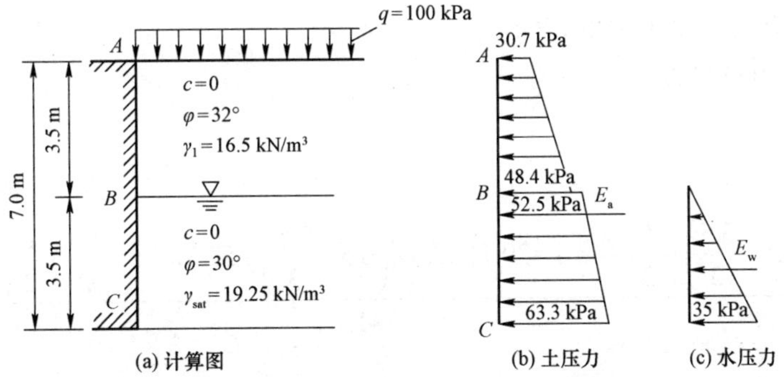


图 12-9　例 12-3 图

**解：**依本题所给条件，可按兰金土压力理论计算。

（1）分别求二层土的兰金主动土压力系数的平方值 $m_1^2$ 和 $m_2^2$。

$$m_1^2=\tan^2(45°-32°/2)=0.307$$

$$m_2^2=\tan^2(45°-30°/2)=0.333$$

（2）求墙背 $A$、$B$、$C$ 三点的主动土压力强度。

$A$ 点：$z=0$，$P_{aA}=qm_1^2=100\times0.307=30.7$（kPa）

$B$ 点：分界面以上，$h_1=3.5$ m，$\gamma_1=16.5\text{kN/m}^3$

$$P_{aB}=qm_1^2+\gamma_1 h_1 m_1^2=30.7+16.5\times3.5\times0.307$$
$$=48.4\ (\text{kPa})$$

分界面以下：

$$P_{aB}=(q+\gamma_1 h_1)m_2^2=(100+16.5\times3.5)\times0.333=52.5\ (\text{kPa})$$

$C$ 点：$h_2=3.5$ m，$\gamma_2'=\gamma_{sat}-\gamma_w=19.25-10=9.25$（kN/m³）

$$P_{aC}=(q+\gamma_1 h_1+\gamma_2' h_2)\ m_2^2$$
$$=(100+16.5\times3.5+9.25\times3.5)\times0.333=63.3\ (\text{kPa})$$

$A$、$B$、$C$ 三点主动土压力分布图如图 12-9(b)所示。

（3）求总主动土压力 $E_a$。

作用于挡土墙上的总主动土压力即为主动土压力分布面积之和，故

$$E_a=\frac{1}{2}\times(30.7+48.4)\times3.5+\frac{1}{2}\times(52.5+63.3)\times3.5=341.1\ (\text{kN/m})$$

（4）求静水压力 $E_w$。

$C$ 点的静水压力为

$$p_{wC}=\gamma_w h_2=10\times3.5=35\text{（kPa）}$$

静水压力合力为

$$E_w=\frac{1}{2}p_{wC}h_2=\frac{1}{2}\times35\times3.5=61.3\text{（kN/m）}$$

静水压力分布图如图 12–9(c)所示。

（5）求 $E_a$ 作用点位置。

$$Z_c=\frac{\sum E_{ai}Z_i}{\sum E_{ai}}$$

$$=\frac{30.7\times3.5\times\left(3.5+\frac{3.5}{2}\right)+\frac{1}{2}\times(48.4-30.7)\times3.5\times\left(3.5+\frac{3.5}{3}\right)+52.5\times3.5\times\frac{3.5}{2}+\frac{1}{2}\times(63.3-52.5)\times\frac{3.5}{3}}{341.1}$$

$$=3.04\,(\text{m})$$

视频+课件　思 政 课 堂

## ▶工作任务 12.3　库仑土压力理论

◎ **学习目标与要求**：掌握库仑土压力的概念及假定；掌握库仑土压力的计算。

◎ **重点**：库仑土压力的概念及假定；库仑土压力的计算。

◎ **难点**：库伦土压力的计算。

1776 年法国的库仑（C. A. Coulomb）根据极限平衡的概念，并假定滑动面为平面，分析了滑动楔体的力系平衡，从而求算出挡土墙上的土压力，成为著名的库仑土压力理论。该理论适用于各种填土面和不同的墙背条件，且方法简便，有足够的精度，至今也仍然是一种被广泛采用的土压力理论。

### ➤ 1. 基本原理

库仑研究了回填砂土挡土墙的主动土压力，把处于主动土压力状态下的挡土墙墙后土体的破坏，看成是一块楔形土体（土楔）沿墙背和土体中某一平面（滑动面）发生向下滑动。土楔夹在两个滑动面之间，一个面是墙背，另一个面在土中，如图 12–10 中的 $AB$ 和 $BC$ 面，土楔与墙背之间有摩擦力作用。因为填土为砂土，故不存在黏聚力。根据土楔的静平衡条件，可以求解出挡土墙对滑动土楔的支撑反力，从而可求解出作用于墙背的总土压力。按照受力条件的不同，它可以是总主动土压力，也可以是总被动土压力。这种计算方法又称为滑动土楔平衡法。应该指出，应用库仑土压力理论时，要试算不同的滑动面，只有最危险滑动面 $AB$ 对应的土压力才是土楔作用于墙背的 $P_a$ 或 $P_p$。

库仑土压力理论的基本假定为：

（1）墙后填土为均匀的无黏性土（$c$=0），填土表面倾斜（$\beta>0$）；

（2）挡土墙是刚性的，墙背倾斜，倾角为$\varepsilon$；

（3）墙面粗糙，墙背与土体之间存在摩擦力（$\delta>0$）；

（4）滑裂面为通过墙踵的平面。

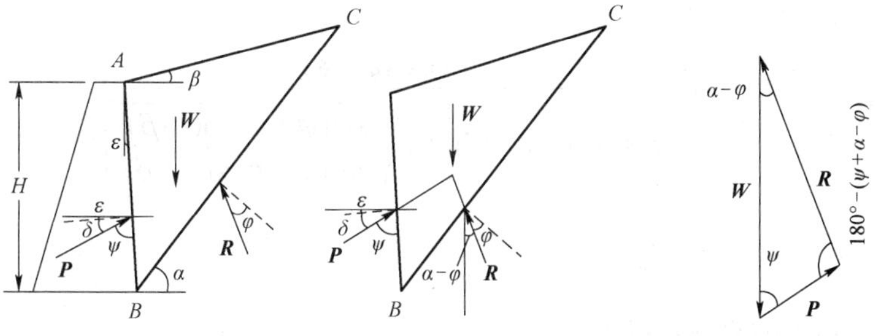


(a) 计算图　　(b) 滑动土楔受力分析　　(c) 力的矢量三角形

图 12–10　库仑土压力计算图示

### 2. 主动土压力计算

如图 12–10(a)所示，墙背与垂直线的夹角为$\varepsilon$，填土表面倾角为$\beta$，墙高为 $H$，填土与墙背之间的摩擦角为$\delta$，土的内摩擦角为$\varphi$，土的黏聚力 $c$=0，假定滑裂面 $BC$ 通过墙踵。滑裂面与水平面之间的夹角为$\alpha$，取滑动土楔 $ABC$ 作为隔离体进行受力分析［见图 12–10(b)］。

当滑动土楔 $ABC$ 向下滑动并处于极限平衡状态时，土楔上作用有以下 3 个力。

（1）土楔 $ABC$ 自重 $\boldsymbol{W}$，当滑裂面的倾角$\alpha$确定后，由几何关系可计算土楔自重。

（2）滑裂面 $BC$ 上的反力 $\boldsymbol{R}$。该力是由于楔体滑动时产生的土与土之间的摩擦力在 $BC$ 面上的合力，作用方向与 $BC$ 面的法线的夹角等于土的内摩擦角$\varphi$。楔体下滑时，$\boldsymbol{R}$ 的位置在法线的下侧。

（3）墙背 $AB$ 对土楔体的反力 $\boldsymbol{P}$。与该力大小相等、方向相反的楔体作用在墙背上的压力，就是主动土压力。力 $\boldsymbol{P}$ 的作用方向与墙面 $AB$ 的法线之间的夹角 $\delta$就是土与墙之间的摩擦角，称为外摩擦角。楔体下滑时，该力的位置在法线的下侧。

土楔体 $ABC$ 在以上 3 个力的作用下处于极限平衡状态，则由这 3 个力构成的力的矢量三角形必然闭合。已知 $\boldsymbol{W}$ 的大小和方向及 $\boldsymbol{R}$、$\boldsymbol{P}$ 的方向，可给出如图 12–10(c)所示的力的矢量三角形。按正弦定理：

$$\frac{P}{\sin(\alpha-\varphi)}=\frac{W}{\sin[180°-(\psi+\alpha-\varphi)]}$$

则

$$P=\frac{W\sin(\alpha-\varphi)}{\sin(\psi+\alpha-\varphi)} \tag{12–15}$$

式中，$\psi=90°-(\delta+\varepsilon)$。

由式（12–15）可知：$P$ 是$\alpha$的函数，不同的$\alpha$对应着不同的 $P$ 值。滑动面 $BC$ 是假设的，因此$\alpha$是任意的。当$\alpha$改变时，$P$ 值也随之变化。当$\alpha=90°+\varepsilon$时，$W$=0，则 $P$=0；而

当$\alpha=\varphi$时，**W** 和 **R** 重合，亦是 $P$=0。所以当$\alpha$在$\varphi$和 90°+$\varepsilon$之间变化为某一$\alpha_0$值时，$P$ 必有一最大值。对应于最大 $P$ 值的滑动面才是所求的主动土压力的滑动面，相应的与最大 $P$ 值大小相等、方向相反的作用于墙背上的土压力才是所求的总主动土压力 $E_a$。

根据上述概念，当取$\frac{dP}{d\alpha}=0$时，$P$ 有最大值。求得 $P$ 为最大值时对应的$\alpha_0$，从而可导出求总主动土压力的计算公式：

$$E_a=\frac{1}{2}\gamma H^2\frac{\cos^2(\varphi-\varepsilon)}{\cos^2\varepsilon\cos(\varepsilon+\delta)\left[1+\sqrt{\frac{\sin(\varphi+\varepsilon)\sin(\varphi-\beta)}{\cos(\varphi+\varepsilon)\cos(\varepsilon-\beta)}}\right]^2}$$

$$=\frac{1}{2}\gamma H^2K_a \qquad (12\text{–}16)$$

式中：$\gamma$——墙后填土的重度，kN/m³；

$H$——墙的高度，m；

$K_a$——库仑主动土压力系数，是$\varphi$，$\varepsilon$，$\beta$，$\delta$的函数，可查表 12–2 至表 12–7 获得；

$\varepsilon$——墙背倾角（墙背与垂直线的夹角），以垂直线为准，顺时针为负，称仰斜，逆时针为正，称俯斜，(°)；

$\delta$——墙背与填土之间的摩擦角，由实验确定，无实验资料时，一般取$\delta=\left(\frac{1}{3}\sim\frac{2}{3}\right)\varphi$，也可参考表 12–8 中的数值，(°)；

$\varphi$——墙后填土的内摩擦角，(°)；

$\beta$——填土表面的倾角，(°)。

当墙背直立（$\varepsilon=0$）、墙面光滑（$\delta=0$）、填土表面水平（$\beta=0$）时，库仑主动土压力系数$K_a=\tan^2\left(45°-\frac{\varphi}{2}\right)$与兰金主动土压力系数相同，此时式（12–16）可写为

$$E_a=\frac{1}{2}\gamma H^2K_a=\frac{1}{2}\gamma H^2\tan^2\left(45°-\frac{\varphi}{2}\right) \qquad (12\text{–}17)$$

该式为兰金主动土压力计算公式。由此可知，兰金主动土压力计算公式是库仑主动土压力计算公式的特殊情况。

对于库仑主动土压力强度$p_{az}$，可以通过对式（12–16）求导得出，即

$$p_{az}=\frac{dE_a}{dz}=\frac{d}{dz}\left(\frac{1}{2}K_a\gamma z^2\right)=K_a\gamma z \qquad (12\text{–}18)$$

由式（12–18）可知，库仑主动土压力强度$p_{az}$沿墙高呈三角形分布，库仑主动土压力沿墙高和墙背的分布图如图 12–11 所示。库仑主动土压力合力作用点在离墙底的 $H$/3 高度处，作用方向与墙面的法线成$\delta$角，与水平面成$\delta+\varepsilon$角。

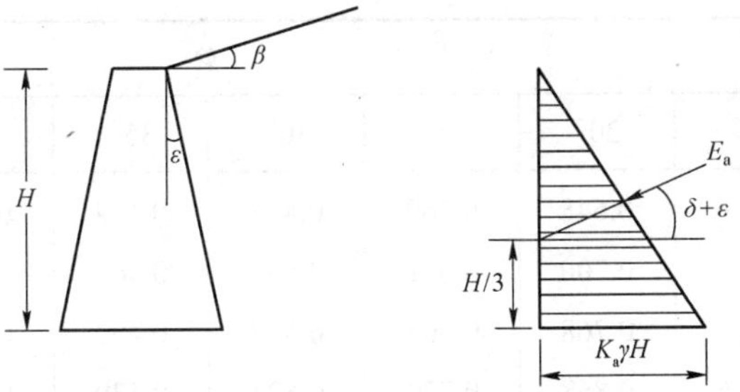


图 12–11　库仑主动土压力强度分布图

**表 12–2　库仑主动土压力系数 $K_a$ 值（$\delta = 0°$）**

| ε | β | φ | | | | | | | |
|---|---|---|---|---|---|---|---|---|---|
| | | 15° | 20° | 25° | 30° | 35° | 40° | 45° | 50° |
| 0° | 0° | 0.589 | 0.490 | 0.406 | 0.333 | 0.271 | 0.217 | 0.172 | 0.132 |
| | 5° | 0.635 | 0.524 | 0.431 | 0.352 | 0.284 | 0.227 | 0.178 | 0.137 |
| | 10° | 0.704 | 0.569 | 0.462 | 0.374 | 0.300 | 0.238 | 0.186 | 0.142 |
| | 15° | 0.933 | 0.639 | 0.505 | 0.402 | 0.319 | 0.251 | 0.194 | 0.147 |
| | 20° | | 0.883 | 0.573 | 0.441 | 0.344 | 0.267 | 0.204 | 0.154 |
| | 25° | | | 0.821 | 0.505 | 0.379 | 0.288 | 0.217 | 0.162 |
| | 30° | | | | 0.750 | 0.436 | 0.318 | 0.235 | 0.172 |
| | 35° | | | | | 0.671 | 0.369 | 0.260 | 0.186 |
| | 40° | | | | | | 0.587 | 0.303 | 0.206 |
| | 45° | | | | | | | 0.500 | 0.242 |
| | 50° | | | | | | | | 0.413 |
| 10° | 0° | 0.652 | 0.560 | 0.478 | 0.407 | 0.343 | 0.288 | 0.238 | 0.194 |
| | 5° | 0.705 | 0.601 | 0.510 | 0.431 | 0.362 | 0.302 | 0.249 | 0.202 |
| | 10° | 0.784 | 0.655 | 0.550 | 0.461 | 0.384 | 0.318 | 0.261 | 0.211 |
| | 15° | 1.039 | 0.737 | 0.603 | 0.498 | 0.411 | 0.337 | 0.274 | 0.221 |
| | 20° | | 1.015 | 0.685 | 0.548 | 0.444 | 0.360 | 0.291 | 0.231 |
| | 25° | | | 0.977 | 0.628 | 0.491 | 0.391 | 0.311 | 0.245 |
| | 30° | | | | 0.925 | 0.566 | 0.433 | 0.337 | 0.262 |
| | 35° | | | | | 0.860 | 0.502 | 0.374 | 0.284 |
| | 40° | | | | | | 0.785 | 0.437 | 0.316 |
| | 45° | | | | | | | 0.703 | 0.371 |
| | 50° | | | | | | | | 0.614 |

续表

| ε | β | φ | | | | | | | |
|---|---|---|---|---|---|---|---|---|---|
| | | 15° | 20° | 25° | 30° | 35° | 40° | 45° | 50° |
| 20° | 0° | 0.736 | 0.648 | 0.569 | 0.498 | 0.434 | 0.375 | 0.322 | 0.274 |
| | 5° | 0.801 | 0.700 | 0.611 | 0.532 | 0.461 | 0.397 | 0.340 | 0.288 |
| | 10° | 0.896 | 0.768 | 0.663 | 0.572 | 0.492 | 0.421 | 0.358 | 0.302 |
| | 15° | 1.196 | 0.868 | 0.730 | 0.621 | 0.529 | 0.450 | 0.380 | 0.318 |
| | 20° | | 1.205 | 0.834 | 0.688 | 0.576 | 0.484 | 0.405 | 0.337 |
| | 25° | | | 1.196 | 0.791 | 0.639 | 0.527 | 0.435 | 0.358 |
| | 30° | | | | 1.169 | 0.740 | 0.586 | 0.474 | 0.385 |
| | 35° | | | | | 1.124 | 0.683 | 0.529 | 0.420 |
| | 40° | | | | | | 1.064 | 0.620 | 0.469 |
| | 45° | | | | | | | 0.990 | 0.552 |
| | 50° | | | | | | | | 0.904 |
| −10° | 0° | 0.540 | 0.433 | 0.344 | 0.270 | 0.209 | 0.158 | 0.117 | 0.083 |
| | 5° | 0.581 | 0.461 | 0.364 | 0.284 | 0.218 | 0.164 | 0.120 | 0.085 |
| | 10° | 0.644 | 0.500 | 0.389 | 0.301 | 0.229 | 0.171 | 0.125 | 0.088 |
| | 15° | 0.860 | 0.562 | 0.425 | 0.322 | 0.243 | 0.180 | 0.130 | 0.090 |
| | 20° | | 0.785 | 0.482 | 0.353 | 0.261 | 0.190 | 0.136 | 0.094 |
| | 25° | | | 0.703 | 0.405 | 0.287 | 0.205 | 0.144 | 0.098 |
| | 30° | | | | 0.614 | 0.331 | 0.226 | 0.155 | 0.104 |
| | 35° | | | | | 0.523 | 0.263 | 0.171 | 0.111 |
| | 40° | | | | | | 0.433 | 0.200 | 0.123 |
| | 45° | | | | | | | 0.344 | 0.145 |
| | 50° | | | | | | | | 0.262 |
| −20° | 0° | 0.497 | 0.380 | 0.287 | 0.212 | 0.153 | 0.106 | 0.070 | 0.043 |
| | 5° | 0.535 | 0.405 | 0.302 | 0.222 | 0.159 | 0.110 | 0.072 | 0.044 |
| | 10° | 0.595 | 0.439 | 0.323 | 0.234 | 0.166 | 0.114 | 0.074 | 0.045 |
| | 15° | 0.809 | 0.494 | 0.352 | 0.250 | 0.175 | 0.119 | 0.076 | 0.046 |
| | 20° | | 0.707 | 0.401 | 0.274 | 0.188 | 0.125 | 0.080 | 0.047 |
| | 25° | | | 0.603 | 0.316 | 0.206 | 0.134 | 0.084 | 0.049 |
| | 30° | | | | 0.498 | 0.239 | 0.147 | 0.090 | 0.051 |
| | 35° | | | | | 0.396 | 0.172 | 0.099 | 0.055 |
| | 40° | | | | | | 0.301 | 0.116 | 0.060 |
| | 45° | | | | | | | 0.215 | 0.071 |
| | 50° | | | | | | | | 0.141 |

表 12–3　库仑主动土压力系数 $K_a$ 值（$\delta$ =5°）

| $\varepsilon$ | $\beta$ | $\varphi$ | | | | | | | |
|---|---|---|---|---|---|---|---|---|---|
| | | 15° | 20° | 25° | 30° | 35° | 40° | 45° | 50° |
| 0° | 0° | 0.556 | 0.465 | 0.387 | 0.319 | 0.260 | 0.210 | 0.166 | 0.129 |
| | 5° | 0.605 | 0.500 | 0.412 | 0.337 | 0.274 | 0.219 | 0.173 | 0.133 |
| | 10° | 0.680 | 0.547 | 0.444 | 0.360 | 0.289 | 0.230 | 0.180 | 0.138 |
| | 15° | 0.937 | 0.620 | 0.488 | 0.388 | 0.308 | 0.243 | 0.189 | 0.144 |
| | 20° | | 0.886 | 0.558 | 0.428 | 0.333 | 0.259 | 0.199 | 0.150 |
| | 25° | | | 0.825 | 0.493 | 0.369 | 0.280 | 0.212 | 0.158 |
| | 30° | | | | 0.753 | 0.428 | 0.311 | 0.229 | 0.168 |
| | 35° | | | | | 0.674 | 0.363 | 0.255 | 0.182 |
| | 40° | | | | | | 0.589 | 0.299 | 0.202 |
| | 45° | | | | | | | 0.502 | 0.388 |
| | 50° | | | | | | | | 0.415 |
| 10° | 0° | 0.622 | 0.536 | 0.460 | 0.393 | 0.333 | 0.280 | 0.233 | 0.191 |
| | 5° | 0.680 | 0.579 | 0.493 | 0.418 | 0.352 | 0.294 | 0.243 | 0.199 |
| | 10° | 0.767 | 0.636 | 0.534 | 0.448 | 0.374 | 0.311 | 0.255 | 0.207 |
| | 15° | 1.060 | 0.725 | 0.589 | 0.486 | 0.401 | 0.330 | 0.269 | 0.217 |
| | 20° | | 1.035 | 0.676 | 0.538 | 0.436 | 0.354 | 0.286 | 0.228 |
| | 25° | | | 0.996 | 0.622 | 0.484 | 0.385 | 0.306 | 0.242 |
| | 30° | | | | 0.943 | 0.563 | 0.428 | 0.333 | 0.259 |
| | 35° | | | | | 0.877 | 0.500 | 0.371 | 0.281 |
| | 40° | | | | | | 0.801 | 0.436 | 0.314 |
| | 45° | | | | | | | 0.716 | 0.371 |
| | 50° | | | | | | | | 0.626 |
| 20° | 0° | 0.709 | 0.627 | 0.553 | 0.485 | 0.424 | 0.368 | 0.318 | 0.271 |
| | 5° | 0.781 | 0.680 | 0.597 | 0.520 | 0.452 | 0.391 | 0.335 | 0.285 |
| | 10° | 0.887 | 0.755 | 0.650 | 0.562 | 0.484 | 0.416 | 0.355 | 0.300 |
| | 15° | 1.240 | 0.866 | 0.723 | 0.614 | 0.523 | 0.446 | 0.376 | 0.316 |
| | 20° | | 1.250 | 0.835 | 0.684 | 0.571 | 0.480 | 0.402 | 0.335 |
| | 25° | | | 1.240 | 0.794 | 0.639 | 0.525 | 0.434 | 0.357 |
| | 30° | | | | 1.212 | 0.746 | 0.587 | 0.474 | 0.385 |
| | 35° | | | | | 1.166 | 0.689 | 0.532 | 0.421 |
| | 40° | | | | | | 1.103 | 0.627 | 0.472 |
| | 45° | | | | | | | 1.026 | 0.559 |
| | 50° | | | | | | | | 0.937 |

续表

| $\varepsilon$ | $\beta$ | $\varphi$ | | | | | | | |
|---|---|---|---|---|---|---|---|---|---|
| | | 15° | 20° | 25° | 30° | 35° | 40° | 45° | 50° |
| −10° | 0° | 0.503 | 0.406 | 0.324 | 0.256 | 0.199 | 0.151 | 0.112 | 0.080 |
| | 5° | 0.546 | 0.434 | 0.344 | 0.269 | 0.208 | 0.157 | 0.116 | 0.082 |
| | 10° | 0.612 | 0.474 | 0.369 | 0.286 | 0.219 | 0.164 | 0.120 | 0.085 |
| | 15° | 0.850 | 0.537 | 0.405 | 0.308 | 0.232 | 0.172 | 0.125 | 0.087 |
| | 20° | | 0.776 | 0.463 | 0.339 | 0.250 | 0.183 | 0.131 | 0.091 |
| | 25° | | | 0.695 | 0.390 | 0.276 | 0.197 | 0.139 | 0.095 |
| | 30° | | | | 0.607 | 0.321 | 0.218 | 0.149 | 0.100 |
| | 35° | | | | | 0.518 | 0.255 | 0.166 | 0.108 |
| | 40° | | | | | | 0.428 | 0.195 | 0.120 |
| | 45° | | | | | | | 0.341 | 0.141 |
| | 50° | | | | | | | | 0.259 |
| −20° | 0° | 0.457 | 0.352 | 0.267 | 0.199 | 0.144 | 0.101 | 0.067 | 0.041 |
| | 5° | 0.496 | 0.376 | 0.282 | 0.208 | 0.150 | 0.104 | 0.068 | 0.042 |
| | 10° | 0.557 | 0.410 | 0.302 | 0.220 | 0.157 | 0.108 | 0.070 | 0.043 |
| | 15° | 0.787 | 0.466 | 0.331 | 0.236 | 0.165 | 0.112 | 0.073 | 0.044 |
| | 20° | | 0.688 | 0.380 | 0.259 | 0.178 | 0.119 | 0.076 | 0.045 |
| | 25° | | | 0.586 | 0.300 | 0.196 | 0.127 | 0.080 | 0.047 |
| | 30° | | | | 0.484 | 0.228 | 0.140 | 0.085 | 0.049 |
| | 35° | | | | | 0.386 | 0.165 | 0.094 | 0.052 |
| | 40° | | | | | | 0.293 | 0.111 | 0.058 |
| | 45° | | | | | | | 0.209 | 0.068 |
| | 50° | | | | | | | | 0.137 |

**表 12-4 库仑主动土压力系数 $K_a$ 值（$\delta$ =10°）**

| $\varepsilon$ | $\beta$ | $\varphi$ | | | | | | | |
|---|---|---|---|---|---|---|---|---|---|
| | | 15° | 20° | 25° | 30° | 35° | 40° | 45° | 50° |
| 0° | 0° | 0.533 | 0.447 | 0.373 | 0.309 | 0.253 | 0.204 | 0.163 | 0.127 |
| | 5° | 0.585 | 0.483 | 0.398 | 0.327 | 0.266 | 0.214 | 0.169 | 0.131 |
| | 10° | 0.664 | 0.531 | 0.431 | 0.350 | 0.282 | 0.225 | 0.177 | 0.136 |
| | 15° | 0.947 | 0.609 | 0.476 | 0.379 | 0.301 | 0.238 | 0.185 | 0.141 |
| | 20° | | 0.897 | 0.549 | 0.420 | 0.326 | 0.254 | 0.195 | 0.148 |
| | 25° | | | 0.834 | 0.487 | 0.363 | 0.275 | 0.209 | 0.156 |
| | 30° | | | | 0.762 | 0.423 | 0.306 | 0.226 | 0.166 |
| | 35° | | | | | 0.681 | 0.359 | 0.252 | 0.180 |
| | 40° | | | | | | 0.596 | 0.297 | 0.201 |
| | 45° | | | | | | | 0.508 | 0.238 |
| | 50° | | | | | | | | 0.420 |

续表

| $\varepsilon$ | $\beta$ | $\varphi$ | | | | | | | |
|---|---|---|---|---|---|---|---|---|---|
| | | 15° | 20° | 25° | 30° | 35° | 40° | 45° | 50° |
| 10° | 0° | 0.603 | 0.520 | 0.448 | 0.384 | 0.326 | 0.275 | 0.230 | 0.189 |
| | 5° | 0.665 | 0.566 | 0.482 | 0.409 | 0.346 | 0.290 | 0.240 | 0.197 |
| | 10° | 0.759 | 0.626 | 0.524 | 0.440 | 0.369 | 0.307 | 0.253 | 0.206 |
| | 15° | 1.089 | 0.721 | 0.582 | 0.480 | 0.396 | 0.326 | 0.267 | 0.216 |
| | 20° | | 1.064 | 0.674 | 0.534 | 0.432 | 0.351 | 0.284 | 0.227 |
| | 25° | | | 1.024 | 0.622 | 0.482 | 0.382 | 0.304 | 0.241 |
| | 30° | | | | 0.969 | 0.564 | 0.427 | 0.332 | 0.258 |
| | 35° | | | | | 0.901 | 0.503 | 0.371 | 0.281 |
| | 40° | | | | | | 0.823 | 0.438 | 0.315 |
| | 45° | | | | | | | 0.736 | 0.374 |
| | 50° | | | | | | | | 0.644 |
| 20° | 0° | 0.695 | 0.615 | 0.543 | 0.478 | 0.419 | 0.365 | 0.316 | 0.271 |
| | 5° | 0.773 | 0.674 | 0.589 | 0.515 | 0.448 | 0.388 | 0.334 | 0.285 |
| | 10° | 0.890 | 0.752 | 0.646 | 0.558 | 0.482 | 0.414 | 0.354 | 0.300 |
| | 15° | 1.298 | 0.872 | 0.723 | 0.613 | 0.522 | 0.444 | 0.377 | 0.317 |
| | 20° | | 1.308 | 0.844 | 0.687 | 0.573 | 0.481 | 0.403 | 0.337 |
| | 25° | | | 1.298 | 0.806 | 0.643 | 0.528 | 0.436 | 0.360 |
| | 30° | | | | 1.268 | 0.758 | 0.594 | 0.478 | 0.388 |
| | 35° | | | | | 1.220 | 0.702 | 0.539 | 0.426 |
| | 40° | | | | | | 1.155 | 0.640 | 0.480 |
| | 45° | | | | | | | 1.074 | 0.572 |
| | 50° | | | | | | | | 0.981 |
| -10° | 0° | 0.477 | 0.385 | 0.309 | 0.245 | 0.191 | 0.146 | 0.109 | 0.078 |
| | 5° | 0.521 | 0.414 | 0.329 | 0.258 | 0.200 | 0.152 | 0.112 | 0.080 |
| | 10° | 0.590 | 0.455 | 0.354 | 0.275 | 0.211 | 0.159 | 0.116 | 0.082 |
| | 15° | 0.847 | 0.520 | 0.390 | 0.297 | 0.224 | 0.167 | 0.121 | 0.085 |
| | 20° | | 0.773 | 0.450 | 0.328 | 0.242 | 0.177 | 0.127 | 0.088 |
| | 25° | | | 0.692 | 0.380 | 0.268 | 0.191 | 0.135 | 0.093 |
| | 30° | | | | 0.605 | 0.313 | 0.212 | 0.146 | 0.098 |
| | 35° | | | | | 0.516 | 0.249 | 0.162 | 0.106 |
| | 40° | | | | | | 0.426 | 0.191 | 0.117 |
| | 45° | | | | | | | 0.339 | 0.139 |
| | 50° | | | | | | | | 0.258 |

续表

| ε | β | φ | | | | | | | |
|---|---|---|---|---|---|---|---|---|---|
| | | 15° | 20° | 25° | 30° | 35° | 40° | 45° | 50° |
| -20° | 0° | 0.427 | 0.330 | 0.252 | 0.188 | 0.137 | 0.096 | 0.064 | 0.039 |
| | 5° | 0.466 | 0.354 | 0.267 | 0.197 | 0.143 | 0.099 | 0.066 | 0.040 |
| | 10° | 0.529 | 0.388 | 0.286 | 0.209 | 0.149 | 0.103 | 0.068 | 0.041 |
| | 15° | 0.772 | 0.445 | 0.315 | 0.225 | 0.158 | 0.108 | 0.070 | 0.042 |
| | 20° | | 0.675 | 0.364 | 0.248 | 0.170 | 0.114 | 0.073 | 0.044 |
| | 25° | | | 0.575 | 0.288 | 0.188 | 0.122 | 0.077 | 0.045 |
| | 30° | | | | 0.475 | 0.220 | 0.135 | 0.082 | 0.047 |
| | 35° | | | | | 0.378 | 0.159 | 0.091 | 0.051 |
| | 40° | | | | | | 0.288 | 0.108 | 0.056 |
| | 45° | | | | | | | 0.205 | 0.066 |
| | 50° | | | | | | | | 0.135 |

表 12–5 库仑主动土压力系数 $K_a$ 值（$\delta=15°$）

| ε | β | φ | | | | | | | |
|---|---|---|---|---|---|---|---|---|---|
| | | 15° | 20° | 25° | 30° | 35° | 40° | 45° | 50° |
| 0° | 0° | 0.518 | 0.434 | 0.363 | 0.301 | 0.248 | 0.201 | 0.160 | 0.125 |
| | 5° | 0.571 | 0.471 | 0.389 | 0.320 | 0.261 | 0.211 | 0.167 | 0.130 |
| | 10° | 0.656 | 0.522 | 0.423 | 0.343 | 0.277 | 0.222 | 0.174 | 0.135 |
| | 15° | 0.966 | 0.603 | 0.470 | 0.373 | 0.297 | 0.235 | 0.183 | 0.140 |
| | 20° | | 0.914 | 0.546 | 0.415 | 0.323 | 0.251 | 0.194 | 0.147 |
| | 25° | | | 0.850 | 0.485 | 0.360 | 0.273 | 0.207 | 0.155 |
| | 30° | | | | 0.777 | 0.422 | 0.305 | 0.225 | 0.165 |
| | 35° | | | | | 0.695 | 0.359 | 0.251 | 0.179 |
| | 40° | | | | | | 0.608 | 0.298 | 0.200 |
| | 45° | | | | | | | 0.518 | 0.238 |
| | 50° | | | | | | | | 0.428 |
| 10° | 0° | 0.592 | 0.511 | 0.441 | 0.378 | 0.323 | 0.273 | 0.228 | 0.189 |
| | 5° | 0.658 | 0.559 | 0.476 | 0.405 | 0.343 | 0.288 | 0.240 | 0.197 |
| | 10° | 0.760 | 0.623 | 0.520 | 0.437 | 0.366 | 0.305 | 0.252 | 0.206 |
| | 15° | 1.129 | 0.723 | 0.581 | 0.478 | 0.395 | 0.325 | 0.267 | 0.216 |
| | 20° | | 1.103 | 0.679 | 0.535 | 0.432 | 0.351 | 0.284 | 0.228 |
| | 25° | | | 1.062 | 0.628 | 0.484 | 0.383 | 0.305 | 0.242 |
| | 30° | | | | 1.005 | 0.571 | 0.430 | 0.334 | 0.260 |
| | 35° | | | | | 0.935 | 0.509 | 0.375 | 0.284 |
| | 40° | | | | | | 0.853 | 0.445 | 0.319 |
| | 45° | | | | | | | 0.763 | 0.380 |
| | 50° | | | | | | | | 0.668 |

续表

| ε | β | φ 15° | 20° | 25° | 30° | 35° | 40° | 45° | 50° |
|---|---|---|---|---|---|---|---|---|---|
| 20° | 0° | 0.690 | 0.611 | 0.540 | 0.476 | 0.419 | 0.366 | 0.317 | 0.273 |
| | 5° | 0.774 | 0.673 | 0.588 | 0.514 | 0.449 | 0.389 | 0.336 | 0.287 |
| | 10° | 0.904 | 0.757 | 0.649 | 0.560 | 0.484 | 0.416 | 0.357 | 0.303 |
| | 15° | 1.372 | 0.889 | 0.731 | 0.618 | 0.526 | 0.448 | 0.380 | 0.321 |
| | 20° | | 1.383 | 0.862 | 0.697 | 0.579 | 0.486 | 0.408 | 0.341 |
| | 25° | | | 1.372 | 0.825 | 0.655 | 0.536 | 0.442 | 0.365 |
| | 30° | | | | 1.341 | 0.778 | 0.606 | 0.487 | 0.395 |
| | 35° | | | | | 1.290 | 0.722 | 0.551 | 0.435 |
| | 40° | | | | | | 1.221 | 0.609 | 0.492 |
| | 45° | | | | | | | 1.136 | 0.590 |
| | 50° | | | | | | | | 1.037 |
| −10° | 0° | 0.458 | 0.371 | 0.298 | 0.237 | 0.186 | 0.142 | 0.106 | 0.076 |
| | 5° | 0.503 | 0.400 | 0.318 | 0.251 | 0.195 | 0.148 | 0.110 | 0.078 |
| | 10° | 0.576 | 0.442 | 0.344 | 0.267 | 0.205 | 0.155 | 0.114 | 0.081 |
| | 15° | 0.850 | 0.509 | 0.380 | 0.289 | 0.219 | 0.163 | 0.119 | 0.084 |
| | 20° | | 0.776 | 0.441 | 0.320 | 0.237 | 0.174 | 0.125 | 0.087 |
| | 25° | | | 0.695 | 0.374 | 0.263 | 0.188 | 0.133 | 0.091 |
| | 30° | | | | 0.607 | 0.308 | 0.209 | 0.143 | 0.097 |
| | 35° | | | | | 0.518 | 0.246 | 0.159 | 0.104 |
| | 40° | | | | | | 0.428 | 0.189 | 0.116 |
| | 45° | | | | | | | 0.341 | 0.137 |
| | 50° | | | | | | | | 0.259 |
| −20° | 0° | 0.405 | 0.314 | 0.240 | 0.180 | 0.132 | 0.093 | 0.062 | 0.038 |
| | 5° | 0.445 | 0.338 | 0.255 | 0.189 | 0.137 | 0.096 | 0.064 | 0.039 |
| | 10° | 0.509 | 0.372 | 0.275 | 0.201 | 0.144 | 0.100 | 0.066 | 0.040 |
| | 15° | 0.763 | 0.429 | 0.303 | 0.216 | 0.152 | 0.104 | 0.068 | 0.041 |
| | 20° | | 0.667 | 0.352 | 0.239 | 0.164 | 0.110 | 0.071 | 0.042 |
| | 25° | | | 0.568 | 0.280 | 0.182 | 0.119 | 0.075 | 0.044 |
| | 30° | | | | 0.470 | 0.214 | 0.131 | 0.080 | 0.046 |
| | 35° | | | | | 0.374 | 0.155 | 0.089 | 0.049 |
| | 40° | | | | | | 0.284 | 0.105 | 0.055 |
| | 45° | | | | | | | 0.203 | 0.065 |
| | 50° | | | | | | | | 0.133 |

表 12-6　库仑主动土压力系数 $K_a$ 值（$\delta$ =20°）

| $\varepsilon$ | $\beta$ | $\varphi$ | | | | | | | |
|---|---|---|---|---|---|---|---|---|---|
| | | 15° | 20° | 25° | 30° | 35° | 40° | 45° | 50° |
| 0° | 0° | | | 0.357 | 0.297 | 0.245 | 0.199 | 0.160 | 0.125 |
| | 5° | | | 0.384 | 0.317 | 0.259 | 0.209 | 0.166 | 0.130 |
| | 10° | | | 0.419 | 0.340 | 0.275 | 0.220 | 0.174 | 0.135 |
| | 15° | | | 0.467 | 0.371 | 0.295 | 0.234 | 0.183 | 0.140 |
| | 20° | | | 0.547 | 0.414 | 0.322 | 0.251 | 0.193 | 0.147 |
| | 25° | | | 0.874 | 0.487 | 0.360 | 0.273 | 0.207 | 0.155 |
| | 30° | | | | 0.798 | 0.425 | 0.306 | 0.225 | 0.166 |
| | 35° | | | | | 0.714 | 0.362 | 0.252 | 0.180 |
| | 40° | | | | | | 0.625 | 0.300 | 0.202 |
| | 45° | | | | | | | 0.532 | 0.241 |
| | 50° | | | | | | | | 0.440 |
| 10° | 0° | | | 0.438 | 0.377 | 0.322 | 0.273 | 0.229 | 0.190 |
| | 5° | | | 0.475 | 0.404 | 0.343 | 0.289 | 0.241 | 0.198 |
| | 10° | | | 0.521 | 0.438 | 0.367 | 0.306 | 0.254 | 0.208 |
| | 15° | | | 0.586 | 0.480 | 0.397 | 0.328 | 0.269 | 0.218 |
| | 20° | | | 0.690 | 0.540 | 0.436 | 0.354 | 0.286 | 0.230 |
| | 25° | | | 1.111 | 0.639 | 0.490 | 0.388 | 0.309 | 0.245 |
| | 30° | | | | 1.051 | 0.582 | 0.437 | 0.338 | 0.264 |
| | 35° | | | | | 0.978 | 0.520 | 0.381 | 0.288 |
| | 40° | | | | | | 0.893 | 0.456 | 0.325 |
| | 45° | | | | | | | 0.799 | 0.389 |
| | 50° | | | | | | | | 0.699 |
| 20° | 0° | | | 0.543 | 0.479 | 0.422 | 0.370 | 0.321 | 0.277 |
| | 5° | | | 0.594 | 0.520 | 0.454 | 0.395 | 0.341 | 0.292 |
| | 10° | | | 0.659 | 0.568 | 0.490 | 0.423 | 0.363 | 0.309 |
| | 15° | | | 0.747 | 0.629 | 0.535 | 0.456 | 0.387 | 0.327 |
| | 20° | | | 0.891 | 0.715 | 0.592 | 0.496 | 0.417 | 0.349 |
| | 25° | | | 1.467 | 0.854 | 0.673 | 0.549 | 0.453 | 0.374 |
| | 30° | | | | 1.434 | 0.807 | 0.624 | 0.501 | 0.406 |
| | 35° | | | | | 1.379 | 0.750 | 0.569 | 0.448 |
| | 40° | | | | | | 1.305 | 0.685 | 0.509 |
| | 45° | | | | | | | 1.214 | 0.615 |
| | 50° | | | | | | | | 1.109 |

续表

| ε | β | φ | | | | | | | |
|---|---|---|---|---|---|---|---|---|---|
| | | 15° | 20° | 25° | 30° | 35° | 40° | 45° | 50° |
| −10° | 0° | | | 0.291 | 0.232 | 0.182 | 0.140 | 0.105 | 0.076 |
| | 5° | | | 0.311 | 0.245 | 0.191 | 0.146 | 0.108 | 0.078 |
| | 10° | | | 0.337 | 0.262 | 0.202 | 0.153 | 0.113 | 0.080 |
| | 15° | | | 0.374 | 0.284 | 0.215 | 0.161 | 0.117 | 0.083 |
| | 20° | | | 0.437 | 0.316 | 0.233 | 0.171 | 0.124 | 0.086 |
| | 25° | | | 0.703 | 0.371 | 0.260 | 0.186 | 0.131 | 0.090 |
| | 30° | | | | 0.614 | 0.306 | 0.207 | 0.142 | 0.096 |
| | 35° | | | | | 0.524 | 0.245 | 0.158 | 0.103 |
| | 40° | | | | | | 0.433 | 0.188 | 0.115 |
| | 45° | | | | | | | 0.344 | 0.137 |
| | 50° | | | | | | | | 0.262 |
| −20° | 0° | | | 0.231 | 0.174 | 0.128 | 0.090 | 0.061 | 0.038 |
| | 5° | | | 0.246 | 0.183 | 0.133 | 0.094 | 0.062 | 0.038 |
| | 10° | | | 0.266 | 0.195 | 0.140 | 0.097 | 0.064 | 0.039 |
| | 15° | | | 0.294 | 0.210 | 0.148 | 0.102 | 0.067 | 0.040 |
| | 20° | | | 0.344 | 0.233 | 0.160 | 0.108 | 0.069 | 0.042 |
| | 25° | | | 0.566 | 0.274 | 0.178 | 0.116 | 0.073 | 0.043 |
| | 30° | | | | 0.468 | 0.210 | 0.129 | 0.079 | 0.045 |
| | 35° | | | | | 0.373 | 0.153 | 0.087 | 0.049 |
| | 40° | | | | | | 0.283 | 0.104 | 0.054 |
| | 45° | | | | | | | 0.202 | 0.064 |
| | 50° | | | | | | | | 0.133 |

表 12–7　库仑主动土压力系数 $K_a$ 值（$\delta=25°$）

| ε | β | φ | | | | | | | |
|---|---|---|---|---|---|---|---|---|---|
| | | 15° | 20° | 25° | 30° | 35° | 40° | 45° | 50° |
| 0° | 0° | | | | 0.296 | 0.245 | 0.199 | 0.160 | 0.126 |
| | 5° | | | | 0.316 | 0.259 | 0.209 | 0.167 | 0.130 |
| | 10° | | | | 0.340 | 0.275 | 0.221 | 0.175 | 0.136 |
| | 15° | | | | 0.372 | 0.296 | 0.235 | 0.184 | 0.141 |
| | 20° | | | | 0.417 | 0.324 | 0.252 | 0.195 | 0.148 |
| | 25° | | | | 0.494 | 0.363 | 0.275 | 0.209 | 0.157 |
| | 30° | | | | 0.828 | 0.432 | 0.309 | 0.228 | 0.168 |
| | 35° | | | | | 0.741 | 0.368 | 0.256 | 0.183 |
| | 40° | | | | | | 0.647 | 0.306 | 0.205 |
| | 45° | | | | | | | 0.552 | 0.246 |
| | 50° | | | | | | | | 0.456 |

续表

| $\varepsilon$ | $\beta$ | $\varphi$ | | | | | | | |
|---|---|---|---|---|---|---|---|---|---|
| | | 15° | 20° | 25° | 30° | 35° | 40° | 45° | 50° |
| | 0° | | | | 0.379 | 0.325 | 0.276 | 0.232 | 0.193 |
| | 5° | | | | 0.408 | 0.346 | 0.292 | 0.244 | 0.201 |
| | 10° | | | | 0.443 | 0.371 | 0.311 | 0.258 | 0.211 |
| | 15° | | | | 0.488 | 0.403 | 0.333 | 0.273 | 0.222 |
| | 20° | | | | 0.551 | 0.443 | 0.360 | 0.292 | 0.235 |
| 10° | 25° | | | | 0.658 | 0.502 | 0.396 | 0.315 | 0.250 |
| | 30° | | | | 1.112 | 0.600 | 0.448 | 0.346 | 0.270 |
| | 35° | | | | | 1.034 | 0.537 | 0.392 | 0.295 |
| | 40° | | | | | | 0.944 | 0.471 | 0.335 |
| | 45° | | | | | | | 0.845 | 0.403 |
| | 50° | | | | | | | | 0.739 |
| | 0° | | | | 0.488 | 0.430 | 0.377 | 0.329 | 0.284 |
| | 5° | | | | 0.530 | 0.463 | 0.403 | 0.349 | 0.300 |
| | 10° | | | | 0.582 | 0.502 | 0.433 | 0.372 | 0.318 |
| | 15° | | | | 0.648 | 0.550 | 0.469 | 0.399 | 0.337 |
| | 20° | | | | 0.740 | 0.612 | 0.512 | 0.430 | 0.360 |
| 20° | 25° | | | | 0.894 | 0.699 | 0.569 | 0.469 | 0.387 |
| | 30° | | | | 1.553 | 0.846 | 0.650 | 0.520 | 0.421 |
| | 35° | | | | | 1.494 | 0.788 | 0.594 | 0.466 |
| | 40° | | | | | | 1.414 | 0.721 | 0.532 |
| | 45° | | | | | | | 1.316 | 0.647 |
| | 50° | | | | | | | | 1.201 |
| | 0° | | | | 0.228 | 0.180 | 0.139 | 0.104 | 0.075 |
| | 5° | | | | 0.242 | 0.189 | 0.145 | 0.108 | 0.078 |
| | 10° | | | | 0.259 | 0.200 | 0.151 | 0.112 | 0.080 |
| | 15° | | | | 0.281 | 0.213 | 0.160 | 0.117 | 0.083 |
| | 20° | | | | 0.314 | 0.232 | 0.170 | 0.123 | 0.086 |
| −10° | 25° | | | | 0.371 | 0.259 | 0.185 | 0.131 | 0.090 |
| | 30° | | | | 0.620 | 0.307 | 0.207 | 0.142 | 0.096 |
| | 35° | | | | | 0.534 | 0.246 | 0.159 | 0.104 |
| | 40° | | | | | | 0.441 | 0.189 | 0.116 |
| | 45° | | | | | | | 0.351 | 0.138 |
| | 50° | | | | | | | | 0.267 |

续表

| ε | β | φ | | | | | | | |
|---|---|---|---|---|---|---|---|---|---|
| | | 15° | 20° | 25° | 30° | 35° | 40° | 45° | 50° |
| −20° | 0° | | | | 0.170 | 0.125 | 0.089 | 0.060 | 0.037 |
| | 5° | | | | 0.179 | 0.131 | 0.092 | 0.061 | 0.038 |
| | 10° | | | | 0.191 | 0.137 | 0.096 | 0.063 | 0.039 |
| | 15° | | | | 0.206 | 0.146 | 0.100 | 0.066 | 0.040 |
| | 20° | | | | 0.229 | 0.157 | 0.106 | 0.069 | 0.041 |
| | 25° | | | | 0.270 | 0.175 | 0.114 | 0.072 | 0.043 |
| | 30° | | | | 0.470 | 0.207 | 0.127 | 0.078 | 0.045 |
| | 35° | | | | | 0.374 | 0.151 | 0.086 | 0.048 |
| | 40° | | | | | | 0.284 | 0.103 | 0.053 |
| | 45° | | | | | | | 0.203 | 0.064 |
| | 50° | | | | | | | | 0.133 |

**表 12–8　墙背与填土之间的摩擦角 $\delta$**

| 挡土墙情况 | 摩擦角 $\delta$ |
|---|---|
| 墙背平滑、排水不良 | （0～0.33）$\varphi$ |
| 墙背粗糙、排水良好 | （0.33～0.5）$\varphi$ |
| 墙背很粗糙、排水良好 | （0.5～0.67）$\varphi$ |
| 墙背与填土间不可能滑动 | （0.67～1.0）$\varphi$ |

**［例 12–4］** 如图 12–12 所示，有一重力式挡土墙高 4.0 m，$\varepsilon=10°$，$\beta=5°$，墙后填砂土，$c=0$，$\varphi=30°$，$\gamma=18\ \text{kN/m}^3$。试分别求出当 $\delta=\varphi/2$ 和 $\delta=0°$ 时，作用于墙背上的总主动土压力 $E_a$ 的大小、方向及作用点。

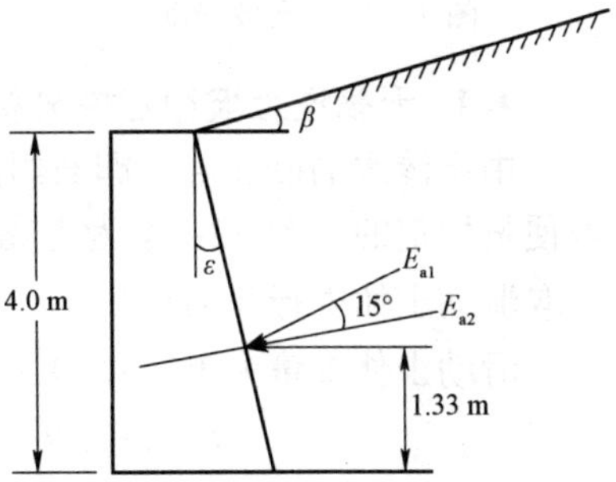


图 12–12　例 12–4 图

**解：**（1）求 $\delta=\dfrac{1}{2}\varphi$ 时的 $E_{a1}$。

根据 $\varepsilon=10°$，$\beta=5°$，$\delta=\dfrac{1}{2}\varphi=15°$ 和 $\varphi=30°$，查表 12–5，得 $K_{a1}=0.405$，则

$$E_{a1}=\frac{1}{2}\gamma H^2K_{a1}=\frac{1}{2}\times18\times4^2\times0.405$$
$$=58.3(\text{kN/m})$$

$E_{a1}$ 作用点位置在距墙底 $H/3$ 处，即 $z_c=4/3=1.33$（m）。$E_{a1}$ 作用方向与水平线之间的夹

角为$\varepsilon+\delta=25°$，如图 12–12 所示。

（2）求 $\delta=0°$ 时的 $E_{a2}$。

根据$\varepsilon=10°$，$\beta=5°$，$\delta=0°$ 和$\varphi=30°$查表 12–2，得 $K_{a2}=0.431$，则

$$E_{a2}=\frac{1}{2}\gamma H^2K_{a2}=\frac{1}{2}\times 18\times 4^2\times 0.431=62.06(\text{kN/m})$$

$E_{a2}$的作用点与 $E_{a1}$ 相同，作用方向与墙背垂直。

比较上述计算结果可知，当墙背与填土之间的摩擦角 $\delta$减小时，作用于墙背上的总主动土压力将增大。

视频+课件

## ▶工作任务 12.4　土坡稳定性分析

◎ **学习目标与要求：**掌握无黏性土坡稳定性分析方法；了解黏性土坡稳定性分析方法。

◎ **重点：**无黏性土坡稳定性分析方法。

◎ **难点：**黏性土坡稳定性分析方法。

在道路、桥梁等土建工程中经常会遇到路堑、路堤或基坑开挖时边坡的稳定性问题。土坡失稳常常是在外界不利因素影响下一触即发的，其根本原因在于土体内的剪应力在某时刻大于土的抗剪强度。土坡滑动失稳的原因一般有以下两种：一是土的抗剪强度由于受到外界各种因素的影响而降低，使土坡失稳破坏；二是土坡内原有的静力平衡状态由于受到外力的作用而发生破坏，使土坡发生失稳破坏（见图 12–13）。例如路堑或基坑开挖时，因为土自身的重力发生变化，改变了原有的静力平衡状态。

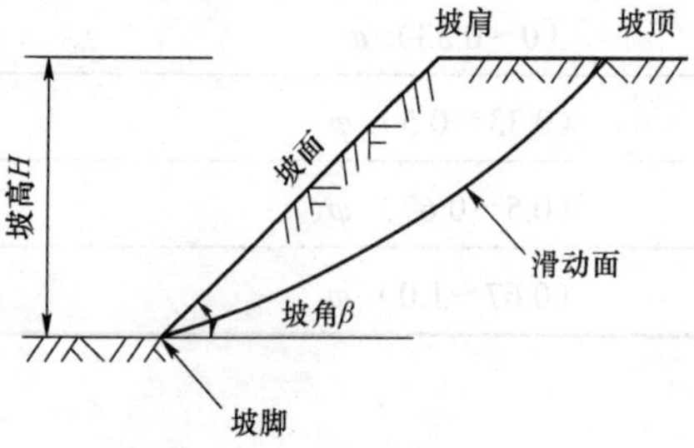


图 12–13　土坡滑动破坏

### ▶ 1. 无黏性土坡稳定性分析

由不渗水的砂、砾、卵石组成的无黏性土坡，只要坡面上颗粒能保持稳定，那么整个土坡便是稳定的。图 12–14 为无黏性土坡，坡角为$\beta$，自坡面上取滑动土体进行受力分析。

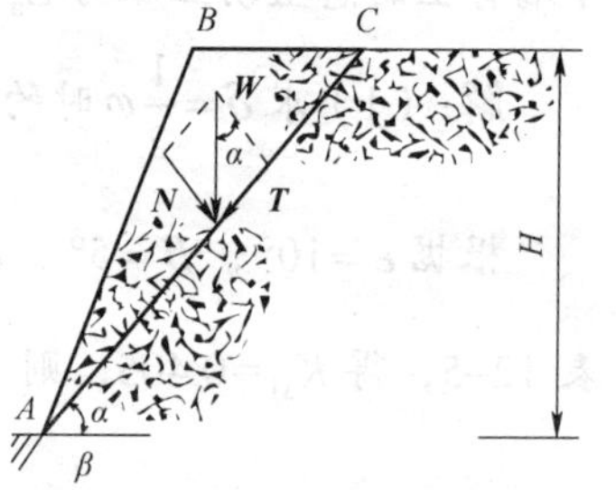


图 12–14　无黏性土坡稳定性计算

滑动土体重量为 $W$，由 $W$ 引起的顺坡向下的滑力

$$T=W\sin\beta \tag{12–19a}$$

滑动面提供的阻力

$$R=N\tan\varphi=W\cos\beta\tan\varphi \tag{12–19b}$$

式中：$\varphi$为无黏性土的内摩擦角。

因此，无黏性土坡的稳定安全系数为

$$K=\frac{R}{T}=\frac{W\cos\beta\tan\varphi}{W\sin\beta}=\frac{\tan\varphi}{\tan\beta} \tag{12–19c}$$

由此可得如下结论：当 $\beta=\varphi$ 时，$K=1$，土坡处于极限稳定状态，此时的坡角 $\beta$ 为自然休止角，无黏性土坡的稳定性与坡高无关，仅取决于 $\beta$ 角；当 $\beta<\varphi$ 时，$K>1$，土坡稳定。

一般要求 $K>1.25$。

### 2. 黏性土坡稳定性分析

黏性土坡的滑动面常常为曲面。土坡滑动前一般在坡顶先产生张力裂缝，继而沿某一曲面产生整体滑动。为便于理论分析，可以近似地假设滑动面为一圆弧面。

圆弧滑动面的形式一般有下述 3 种。

① 坡脚圆：圆弧滑动面通过坡脚 $B$ 点［见图 12–15(a)］；

② 坡面圆：圆弧滑动面通过坡面上 $E$ 点［见图 12–15(b)］；

③ 中点圆：圆弧滑动面通过坡脚以外的 $A$ 点［见图 12–15(c)］。

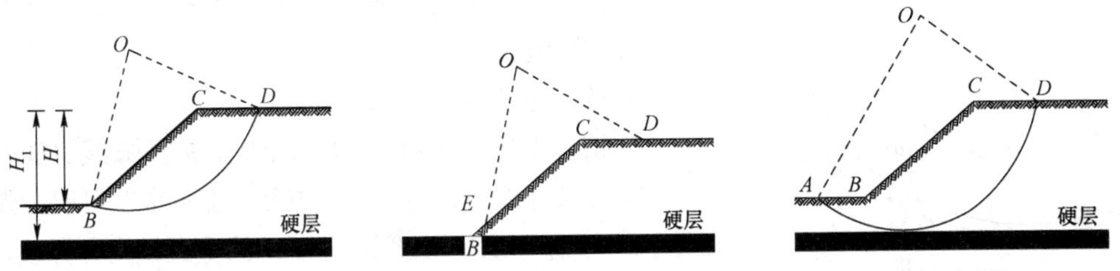


(a) 坡脚圆　(b) 坡面圆　(c) 中点圆

图 12–15　均质黏性土坡的三种圆弧滑动面

1）瑞典圆弧法

这个方法首先是由瑞典的彼得森提出的，故称瑞典圆弧法。

（1）基本假设。

如图 12–16 所示，当均质黏性土坡发生滑动时，其滑动面常近似为圆弧形状，假定滑动面以上的土体为刚性体，即设计中不考虑滑动土体内部的相互作用力，假定土坡稳定属于平面应变问题。

（2）基本公式。

取圆弧滑动面以上滑动土体为脱离体，滑动土体绕圆心 $O$ 下滑的滑动力矩为 $M_s=Wd$，阻止土体滑动的力是滑弧 $AC$ 上的抗滑力，其值等于土的抗剪强度 $\tau_f$ 与滑弧 $AC$ 长度 $L$ 的乘积，故其抗滑力矩为

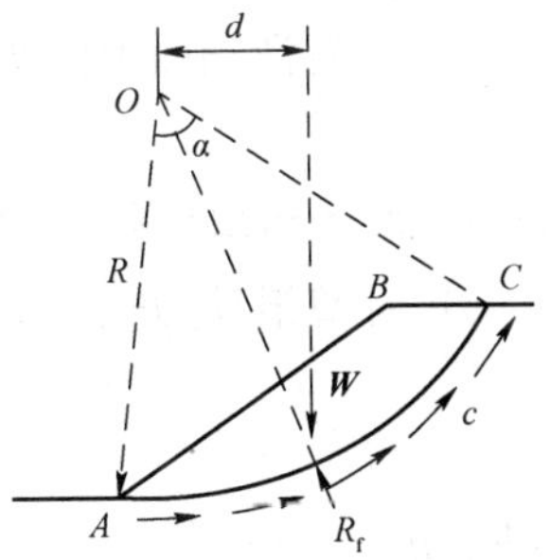


图 12–16　土坡的整体稳定性分析

$$M_R=\tau_f LR \tag{12–20}$$

稳定安全系数：

$$K=\frac{抗滑力矩}{滑动力矩}=\frac{M_R}{M_s}=\frac{\tau_f LR}{Wd} \tag{12–21}$$

式中：$L$——滑弧弧长；

$R$——滑弧半径；

$d$——滑动土体重心离滑弧圆心的水平距离。

2）瑞典条分法

（1）基本原理。

当按滑动土体这一整体力矩平衡条件计算分析时，由于滑面上各点的斜率都不相同，自重等外荷载对弧面上的法向和切向作用分力不便按整体计算，因而不清楚整个滑动弧面上反力分布。另外，对于 $\varphi>0$ 的黏性土坡，特别是当土坡由多层土层构成时，求 $\boldsymbol{W}$ 的大小和重心位置就比较麻烦。故在土坡稳定性分析中，为便于计算土体的重量，并使计算的抗剪强度更加精确，常将滑动土体分成若干竖直土条，求各土条对滑动圆心的抗滑力矩和滑动力矩，各取其总和，再计算安全系数，这即为瑞典条分法的基本原理。该法也假定各土条为刚性不变形体，不考虑土条两侧面间的作用力。

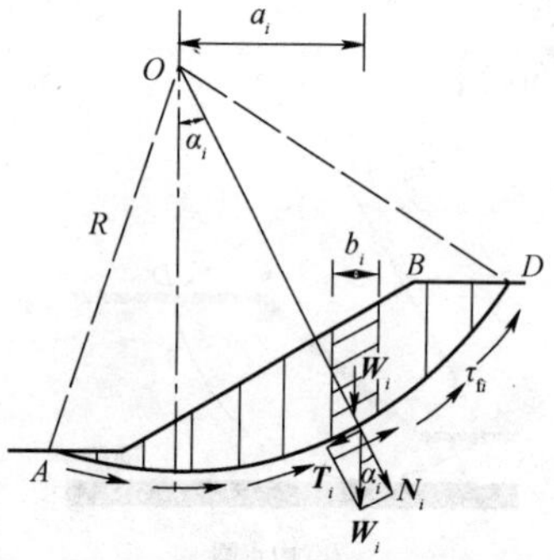

图 12–17　采用瑞典条分法计算土坡稳定性分析图

（2）计算步骤。

图 12–17 为采用瑞典条分法计算土坡稳定性分析图，具体的计算步骤如下。

① 按一定比例尺画坡。

② 初步拟定一个圆心 $O$，以半径 $R$ 画弧线 $AD$。

③ 分条并编号，为了计算方便，土条宽度可取滑弧半径的1/10，即 $b_i=0.1R$，以经过圆心 $O$ 的垂直线为分界线，向上顺序编为 0，1，2，3，…，向下顺序为−1，−2，−3，…，这样，第 0 条的滑动力矩为0，第 0 条以上土条的滑动力矩为正值，第 0 条以下土条的滑动力矩为负值。

④ 计算每个土条的自重：

$$W_i=\gamma\cdot h_i\cdot b$$

式中：$h_i$——土条的平均高度。

⑤ 分解滑动面上的两个分力：

$$N_i=W_i\cos\alpha_i\,;\quad T_i=W_i\sin\alpha_i$$

式中：$\alpha_i$——法向应力与垂直线的夹角。

⑥ 计算滑动力矩

$$M_{\mathrm{T}}=R\sum_{i=1}^{n}W_i\sin\alpha_i \tag{12–22}$$

式中：$n$——土条数目。

⑦ 计算抗滑力矩

$$M_{\mathrm{R}}=R\tan\varphi\sum_{i=1}^{n}W_i\cos\alpha_i+RcL \tag{12–23}$$

式中：$L$——滑弧 $AD$ 的长度。

⑧ 计算稳定安全系数

$$K=\frac{M_{\mathrm{R}}}{M_{\mathrm{T}}}=\frac{\tan\varphi\sum_{i=1}^{n}W_i\cos\alpha_i+cL}{\sum_{i=1}^{n}W_i\sin\alpha_i} \tag{12–24}$$

⑨ 求最小稳定安全系数，即找最危险的滑弧，重复步骤②～⑧，选不同的滑弧，求 $K_1$，$K_2$，$K_3$ 值，取最小者。

该法计算简便，有长时间的使用经验，但工作量大，可用计算机进行，由于它忽略了条间力对 $N_i$ 值的影响，可能低估安全系数 5%～20%。

3）毕肖普法

假定滑动面是以 $O$ 为圆心，半径为 $R$ 的滑弧，从中任取一土条 $i$ 为分离体，其分离体的周边作用力为：土条重 $W_i$ 引起的切向力 $T_i$ 和法向反力 $N_i$，并分别作用于底面中心处；土条侧面作用法向力 $E_i$、$E_{i+1}$ 和切向力 $X_i$、$X_{1+i}$，。

根据静力平衡条件和极限平衡状态时各土条力对滑动圆心的力矩之和为零等，可得毕肖普法求土坡稳定安全系数的普遍公式，即

$$K=\frac{\sum\frac{1}{m_{ai}}\{c_iL_i\cos\alpha_i+[W_i+(X_{i+1}-X_i)]\tan\varphi_1\}}{\sum W_i\sin\alpha_i}$$

或

$$K=\frac{\sum\frac{1}{m_{ai}}\{c_ib_i+[W_i+(X_{i+1}-X_i)]\tan\varphi_1\}}{\sum W_i\sin\alpha_i} \tag{12–25}$$

式中：$m_{ai}=\cos\alpha_i+\frac{\sin\alpha_i\tan\varphi_1}{K}$。

式（12–25）用起来十分繁杂，为此，毕肖普忽略了条间切向力，即 $X_{i+1}-X_i=0$，这样就得到了国内外广泛使用的毕肖普简化式：

$$K=\frac{\sum\frac{1}{m_{ai}}(C_iL_i\cos\alpha_i+W_i\tan\varphi_i)}{\sum W_i\sin\alpha_i} \tag{12–26}$$

由于推导中只忽略了条间切向力，因此毕肖普法比瑞典条分法更为合理，但与更精确的方法相比，可能低估安全系数 2%～7%。

## 思考与练习

1. 何谓主动土压力、静止土压力和被动土压力？三者之间有何关系？

2. 兰金土压力理论和库仑土压力理论的假定条件是什么？

3. 土坡稳定性分析的目的是什么？何谓稳定安全系数？

4. 计算如图 12–18 所示墙上的静止土压力（墙后填土为黏性土），并绘出主动土压力分布图。

5. 用兰金土压力理论计算如图 12–18 所示墙上的总主动土压力，并绘出主动土压力分布图。

6. 求如图 12–19 所示挡土墙的静止土压力、主动土压力（假定 $\delta=0°$）。

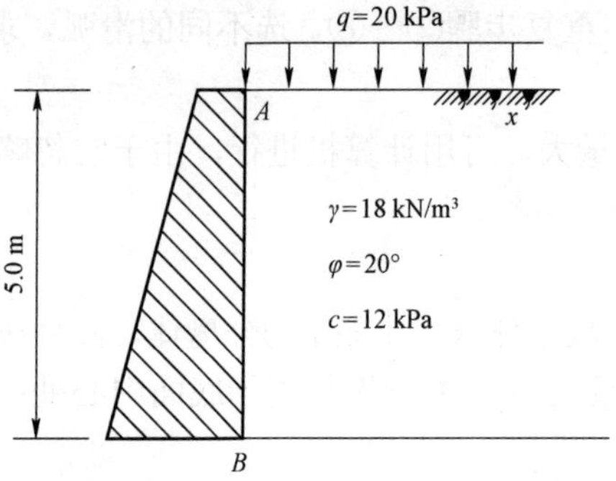


图 12-18 第 4、5 题图

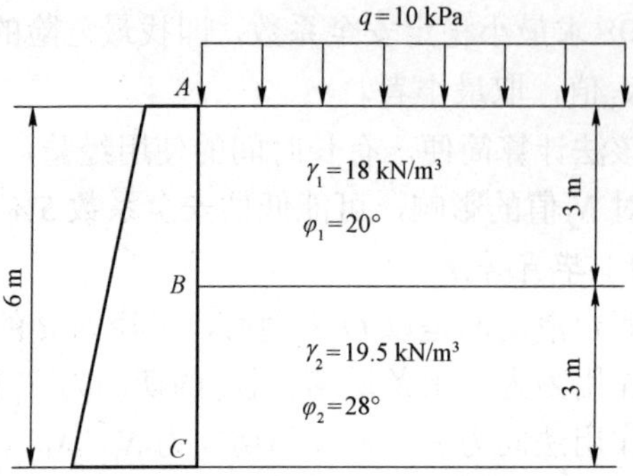


图 12-19 第 6 题图

**7. 挡土墙如图 12-20 所示，求墙所受到的主动土压力，并绘出主动土压力分布图。**

**8. 挡土墙如图 12-21 所示，墙与土之间的摩擦角 $\delta$ 为 $\frac{2}{3}\varphi$，求作用在墙上的主动土压力和它的垂直和水平分力。**

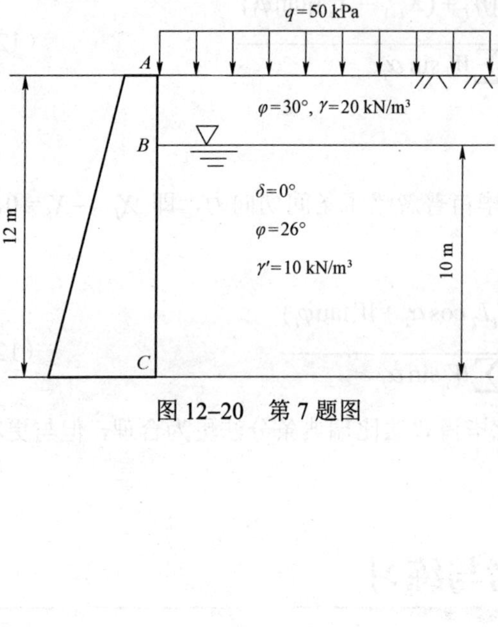


图 12-20 第 7 题图

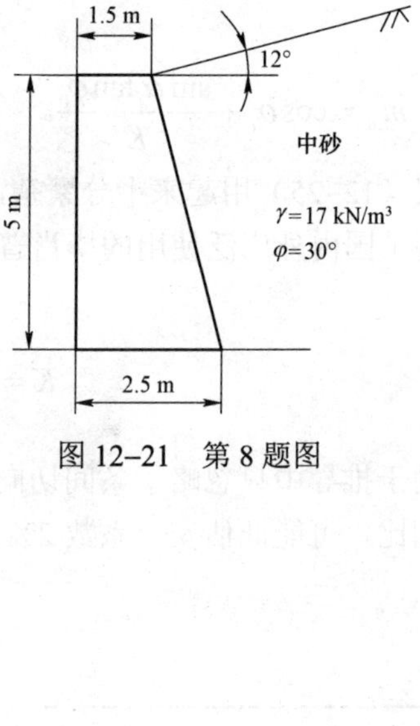


图 12-21 第 8 题图

# 参考文献

[1] 李广信，张丙印，于玉贞．土力学[M]．2 版．北京：清华大学出版社，2013．
[2] 王成华．土力学[M]．武汉：华中科技大学出版社，2010．
[3]《工程地质手册》编委会．工程地质手册[M]．5 版．北京：中国建筑工业出版社，2018．
[4] 陆培毅．土力学[M]．北京：中国建材工业出版社，2000．
[5] 唐大雄，孙愫文．工程岩土学[M]．北京：地质出版社，1987．
[6] 许惠德，马金荣，姜振泉．土质学及土力学[M]．徐州：中国矿业大学出版社，1995．
[7] 赵明华．土力学与基础工程[M]．武汉：武汉工业大学出版社，2000．
[8] 赵明华，李刚，曹喜仁，等．土力学地基与基础疑难释义[M]．2 版．北京：中国建筑工业出版社，2003．
[9] 胡厚田．土木工程地质[M]．北京：高等教育出版社，2001．
[10] 中华人民共和国住房和城乡建设部．建筑地基基础设计规范：GB 2007—2011[S]．北京：中国建筑工业出版社，2012．
[11] 中华人民共和国住房和城乡建设部．岩土工程勘察规范（2009 年版）：GB 50021—2001[S].北京：中国标准出版社，2001．
[12] 中华人民共和国住房和城乡建设部．建筑基坑支护技术规范：JGJ 120—2012[S]．北京：中国建筑工业出版社，2012．
[13] 中华人民共和国住房和城乡建设部．建筑地基处理技术规范：JGJ 79—2012[S]．北京：中国建筑工业出版社，2012．
[14] 中华人民共和国住房和城乡建设部．土的工程分类标准：GB/T 50145—2007[S]．北京：中国计划出版社，2008．
[15] 中华人民共和国交通运输部．公路土工试验规程：JTGE 40—2007[S]．北京：人民交通出版社，2008．
[16] 赵明华．土力学与基础工程[M]．4 版．武汉：武汉理工大学出版社，2014．
[17] 陈希哲，叶菁．土力学地基基础[M]．5 版．北京：清华大学出版社，2013．
[18] 周景星，李广信，张建红，等．基础工程[M]．3 版．北京：清华大学出版社，2015．
[19] 宋志斌，肖启扬，尤志国，等．土力学[M]．武汉：华中科技大学出版社，2013．
[20] 高大钊．土力学与基础工程[M]．北京：中国建筑工业出版社，1998．
[21] 华南理工大学，东南大学，浙江大学，等．地基及基础[M]．3 版.北京：中国建筑工业出版社，1997．
[22] 张宏，王智远．土力学与基础工程习题集[M]．北京：人民交通出版社，2013．

